R. Hedtke

Mikroprozessor-systeme

Zuverlässigkeit, Testverfahren, Fehlertoleranz

Mit 110 Abbildungen

Springer-Verlag
Berlin Heidelberg New York Tokyo 1984

Dr.-Ing. Rolf Hedtke

Robert-Bosch GmbH
Geschäftsbereich Fernsehanlagen
Abt. ESM
Robert-Bosch-Straße 7
6100 Darmstadt

CIP-Kurztitelaufnahme der Deutschen Bibliothek
Hedtke, Rolf:
Mikroprozessorsysteme: Zuverlässigkeit, Testverfahren, Fehlertoleranz / R. Hedtke. –
Berlin; Heidelberg; New York; Tokyo: Springer, 1984.

ISBN-13:978-3-540-12996-7 e-ISBN-13:978-3-642-93257-1
DOI: 10.1007/978-3-642-93257-1

2060/3020-542310

Inhaltsverzeichnis

1 Einleitung

Mit dem Einzug der Mikroelektronik in fast alle Bereiche des täglichen Lebens muß die altbekannte Tatsache, daß sämtliche elektronische Systeme Fehler aufweisen können stärker berücksichtigt werden. Das Zuverlässigkeitsproblem ist dabei nicht nur bei Geräten der Luft- und Raumfahrt, bei Überwachungen von Kraftwerken, Steuerungen von Signalanlagen und ähnlichen Anwendungen relevant, wo bei einem Versagen Menschenleben gefährdet sind, sondern auch bei der Prozeßsteuerung oder Nachrichtenübermittlung, wo technische Unzuverlässigkeiten zu beträchtlichen wirtschaftlichen Auswirkungen führen können.

Nachdem die erste Euphorie über das neue Bauelement „Mikroprozessor" abgeklungen ist, haben viele Entwickler die enttäuschende Erfahrung gemacht, daß die Mikroprozessorsysteme doch häufiger ausfallen als erwartet. Diese Beobachtungen haben im wesentlichen zwei Ursachen:
Zum einen bewirken Bauelementfehler oder Fehler, die durch unsachgemäßen Aufbau verursacht wurden zumeist den Totalausfall des Mikrocomputers, auch dann, wenn der Fehler nur kurzzeitig aufgetreten ist. Das erklärt sich aus der Tatsache, daß Störungen auf den Adreß-, Daten- oder Steuerleitungen zu Fehlinterpretationen des Mikroprozessors führen und somit die richtige Ablauffolge der Befehle gestört wird, wenn keine besonderen Schutzmaßnahmen dagegen getroffen werden. Im Vergleich dazu führen einzelne Fehler in diskret aufgebauten Logiksystemen oftmals nur zu einem lokal begrenzten Fehlverhalten, was somit die Funktionsfähigkeit des Gesamtsystems nicht entscheidend beeinträchtigt, zumal das System bei kurzzeitig auftretenden Störungen meist in der gewünschten Weise weiterarbeitet. So bemerkt z. B. der Benutzer kaum, daß für eine kurze Zeit eine Ziffer einer Anzeigeeinheit ausgefallen ist, oder ein kurzzeitiger Einbruch der Steuergröße hat durch die Massenträgheit des zu steuernden Systems kaum Einfluß auf die Funktionsfähigkeit des Gerätes. Die Auswirkungen eines Fehlers in einem Mikrocomputersystem sind also viel gravierender als in einem mit diskreten Logikelementen aufgebauten System, sodaß hierbei besondere Maßnahmen zum Schutz gegen Bauelementefehler sinnvoll sind.

Zum anderen treten bei Mikrocomputersystemen zusätzlich Fehlerquellen in der Programmierung auf. Aus der Informatik ist bekannt, daß es unmöglich ist größere Programme vollkommen fehlerfrei zu entwickeln, ja sogar ein Programm vollständig auszutesten ist meist nicht möglich. Daher ist es nicht verwunderlich, daß ca. 50 % der Ausfälle bei neuentwickelten Rechnersystemen auf solche Softwarefehler zurückzuführen sind, die sich erst im Laufe der Einsatzzeit bemerkbar machen. Der Entwickler eines Mikrocomputersystems sollte diese Fehlermöglichkeit mit einkalkulieren und weitere Schutzmaßnahmen sowohl von der Hardware- als auch von der Softwareseite einplanen.

Bei dem Einsatz der digitalen Mikroelektronik muß überwiegend in drei Ebenen mit dem Auftreten von Fehlern gerechnet werden:

– Auf der <u>Bauelementebene:</u> Die komplexe Struktur der hochintegrierten Bauelemente erlaubt es nicht mehr, sämtliche Funktionen vollständig auszutesten. Bei den heute eingesetzten Prüfmethoden können nur noch stichprobenartige Untersuchungen durchgeführt werden, so daß durchaus Bauteile mit unentdeckt gebliebenen Fehlern in Systeme eingesetzt werden. Eine aufwendige Qualitätskontrolle, die natürlich die Systemkosten entsprechend erhöht, kann zwar dieses Problem mindern aber nicht vollständig vermeiden.

– Auf der <u>Entwurfsebene:</u> Bei dem Entwurf von Mikroprozessorsystemen müssen bestimmte Entwurfsregeln (siehe Kap. 5 u. 6) beachtet werden, um die erwünschte Betriebssicherheit zu erreichen.
  Wegen der komplexen Strukturen der verwendeten Bauteile und Programme ist es sehr schwierig Fehler, die durch unsachgemäßen Aufbau und Entwurf entstanden sind, im späteren Einsatz zu entdecken.

– Auf der <u>Einsatzebene:</u> Trotz sorgfältiger Auswahl der Bauelemente und einwandfreiem Entwurf sind Fehler während des Einsatzes niemals vollständig auszuschließen, da ein System aus einer Anzahl von Komponenten mit einer statistischen Ausfallrate besteht. Mit zunehmender Zahl von Komponenten steigt dementsprechend auch die Fehleranfälligkeit des Gerätes stark an. Vor allem machen sich hierbei die Softwarefehler bemerkbar, die durch unvollständige Tests bisher unentdeckt geblieben sind.

Da Systeme mit geringerer Zuverlässigkeit häufiger ausfallen, muß man mit höheren Kosten für Reparaturen und Wartung rechnen. Gerade bei den komplexen hochintegrierten Systemen ist eine Fehlersuche schwierig und erfordert daher einen großen Zeitaufwand, wenn keine zusätzlichen Hilfsmittel zur Fehlerlokalisierung eingeplant worden sind. Wegen der steigenden Personalkosten kann in Zukunft dieser Kostenanteil in einigen Fällen sogar größer sein als die Anschaffungskosten des Gerätes. Daher bemüht man sich die Systemzuverlässigkeit zu erhöhen, wobei allerdings mit einer Erhöhung der Entwicklungs- und Bauelementekosten zu rechnen ist. Die Gesamtkosten einer Anlage ergeben sich dann aus der Summe von Anschaffungs- und Betriebskosten. Wie im Bild 1.1 an einem Beispiel zu sehen ist, weisen die Gesamtkosten in Abhängigkeit von der Systemzuverlässigkeit ein Minimum auf, so daß es vom wirtschaftlichen Standpunkt aus sinnvoll ist, schon bei der Entwicklung einen bestimmten Grad an Zuverlässigkeit mit einzuplanen. Welcher Zuverlässigkeitsgrad gewählt werden muß, hängt natürlich von dem individuellen System und dem geplanten Einsatzgebiet ab.

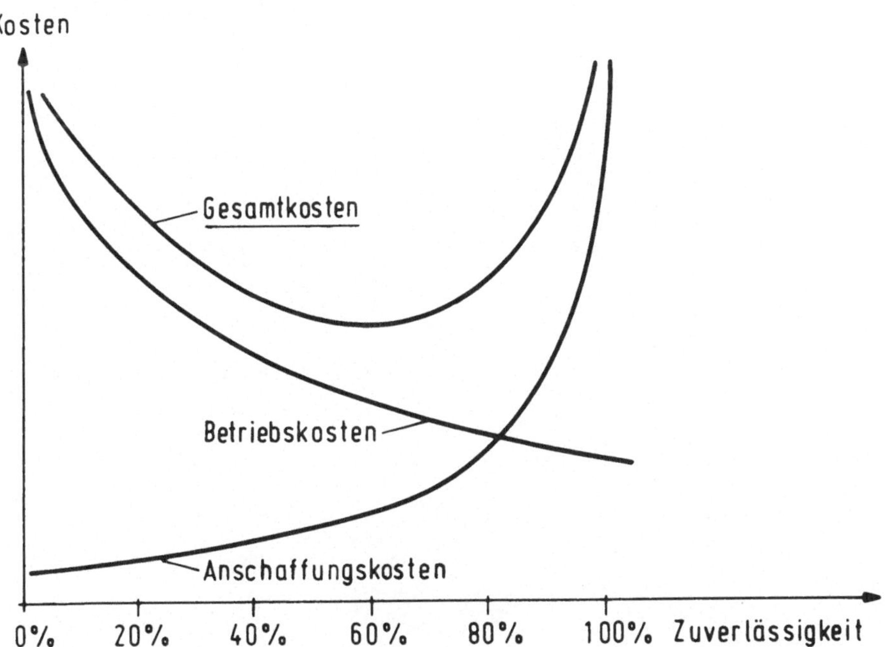

Bild 1.1: Darstellung der Gesamtkosten eines Systems in Abhängigkeit von seiner Zuverlässigkeit

Durch die Fortschritte der Technologie bei der Großintegration werden die Bauteilkosten drastisch verringert. Für den Aufbau eines Systems werden immer weniger Elemente benötigt, so daß die zusätzlichen Kosten für Aufbau, Platinen, Stromversorgung usw. geringer werden. Allerdings sind in einem einzigen Gehäuse eine große Anzahl von Funktionen integriert, wobei ein Fehler in einem Element zu dem Ausfall des gesamten Chips und in vielen Fällen auch des Systems führen kann. Daher kann sich hier der Einsatz von zusätzlichen fehlertolerierenden Schaltungen lohnen, zumal der Anteil der Bauelementekosten an den Gesamtkosten der Anlage im Laufe der Zeit weiter abnimmt.

Andererseits steigen die Kosten für die Softwareerstellung, so daß es hierbei gilt möglichst zuverlässige und gut wartbare Programme zu entwickeln. Höhere Programmiersprachen und strukturierte Programmiertechnik sind dabei unerläßlich. Zusätzlich sollten aber auch noch weitere Anstrengungen unternommen werden um zuverlässigere Programme zu erstellen. In Kapitel 5 werden einige Anregungen dazu gegeben. Wegen der enormen Auswirkungen der Software auf die Systemzuverlässigkeit wird für die Zukunft eine größere Aktivität der Wissenschaftler und Entwickler auf diesem Gebiet erwartet.

2 Fehler in Mikrocomputerkomponenten

2.1 Fehlerursachen bei hochintegrierten MOS-Schaltkreisen

Die überwiegende Anzahl von hochintegrierten Schaltkreisen wird heute in MOS-Technologie hergestellt, da diese zur Zeit das günstigste Verhältnis von Integrationsdichte und Leistungsfähigkeit zu den Herstellungskosten aufweist. Daher sollen zunächst die Ausfallursachen von MOS-Schaltkreisen eingehender betrachtet werden. Obwohl sich diese Technologie wiederum in unterschiedliche Verfahren aufgliedert, lassen sich die wesentlichen Fehlermechanismen prinzipiell in fünf Klassen unterteilen:

a.) <u>Oxydfehler:</u> Bei MOS-Schaltkreisen wird das Siliziumoxyd nicht nur als Isolationsmaterial, sondern auch als Gateoxyd (Dünnoxyd) verwendet, welches die elektrischen Transistoreigenschaften festlegt. Deswegen sind Oxydfehler die häufigste Ausfallursache. Diese Defekte werden durch folgende Herstellungsmängel hervorgerufen:

- <u>zu dünnes Gateoxyd:</u> Die Dicke des Gateoxyds beträgt etwa 100 nm, so daß kurzzeitige Spannungsspitzen zu irreversiblen Durchschlägen zwischen Gate und Substrat führen können. Dazu ist wegen der Gatekapazität von einigen Zehntel pF nur eine geringe elektrische Energie notwendig, die sich z. B. schon aus der statischen Aufladung beim unsachgemäßen Umgang mit diesen ICs ergeben kann. Seit einiger Zeit sind zwar die Eingänge an MOS-Bauelementen mit speziellen Schutzschaltungen versehen, doch sind Zerstörungen, die auf statische Überspannung zurückzuführen sind, immer noch anzutreffen, da auch eine defekte Schutzschaltung zu einem Bauelementeausfall führen kann. Durch Störeinflüsse bei dem Herstellungsprozeß während oder nach dem Aufwachsen des Gateoxyds kommt es zu unterschiedlichen Schichtdicken. Hier genügen während des späteren Einsatzes sogar Spannungen zwischen Gate und Substrat, die durchaus im zulässigen Bereich liegen können, um Durchschläge hervorzurufen. Dieser Fehler tritt erwartungsgemäß vor allem dort auf, wo der Gateoxydanteil besonders hoch ist. Er besitzt also bei Speicherschaltungen größeren Einfluß auf die Zuverlässigkeit, als bei sogenannten „wilden" Logikschaltungen. Eine Ausnahme hiervon bilden die Eingangspuffer, die zumeist noch einem größeren Belastungsgrad unterworfen sind, so daß hier häufig solche Gateoxydfehler zu beobachten sind, die sich entweder als Kurzschlüsse oder durch veränderte elektrische Parameter bemerkbar machen.

- Verunreinigungen sind bei der Herstellung von integrierten Bauelementen nie vollständig auszuschließen. Diese erzeugen bewegliche Ionen, die sich in den Gateregionen der Transistoren ansammeln und dabei eine Verschiebung der Schwellspannung bewirken. Aufgrund der Richtung des angelegten Feldes bei den p-n-Übergängen sind n-Kanal-Transistoren von diesem Fehler stärker betroffen als p-Kanal-Transistoren, da die Ionen in Richtung des Gates gezogen werden (Bild 2.1). Dies bewirkt eine Verringerung der Schwellspannung.

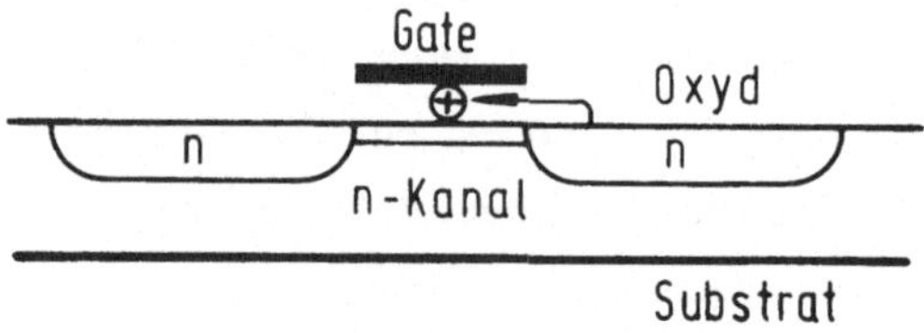

Bild 2.1: N-Kanal-Transistor mit beweglichen Ionen

b.) Metallisierungsdefekte bei den Metalleiterbahnen auf dem Chip stellen einen weiteren Anteil der möglichen Fehlerquellen dar:

- Leiterbahnbrüche treten durch Verunreinigungen der Oberfläche vor dem Aufdampfen der Leiterbahnen, aber auch an steilen Oxydstufen auf. Dadurch haftet das Aluminium nicht so gut auf dem Untergrund und es kann zu verringerten Metallquerschnitten kommen, die dann unter der Belastung durch Temperatur und Spannung wie unterdimensionierte Sicherungen durchschmelzen können. Durch Abschrägen der Kanten bei den Oxydstufen kann der Anteil dieses Fehlers verringert werden.

- Überlegierungen der Metallschicht über die dotierten Bereiche bewirken im Laufe der Zeit ein Eindringen des Metalls in das Halbleitermaterial, was zu veränderten elektrischen Parametern und sogar zu Nebenschlüssen führen kann. Auch dieser Fehler ist bei n-Kanal-Transistoren häufiger zu beobachten, als bei p-Kanal-Transistoren.

- Massetransport: Diese Fehlerart ist vorwiegend von Schaltkreisen mit hohen Stromdichten (über 10^5 A/cm^2) her bekannt. Dabei werden an einigen Stellen der Leiterbahnen Aluminiumpartikel abgetragen und an anderer Stelle wieder angehäuft, was sich sowohl in Leiterbahnunterbrechungen wie auch in Kurzschlüssen zwischen Leiterbahnen bemerkbar macht.

c.) Oberflächendefekte entstehen durch Verunreinigungen der Kristalloberfläche während der Fertigung. Dadurch werden bewegliche Ionen auf der Chipoberfläche erzeugt, so daß durch diese zusätzliche Ladungsträgerkonzentration parasitäre Transistoren oder unerwünschte Strompfade entstehen. Zurückgebliebene chemische Substanzen oder undichte Gehäuse führen im Laufe der Zeit zu Korrosionserscheinungen, die meist bei den Aluminiumleiterbahnen beginnen. Besonders gefährdet sind Schaltungen, die bei hohen Betriebsspannungen geringe Verlustleistungen aufweisen, wie z. B. C-MOS-Schaltkreise.

d.) Gehäusefehler: Bei hohen Temperaturen können sich an der Schweißstelle zwischen dem Aluminiumanschluß des Schaltkreises und dem Gold der Bonddrähte intermetallische Verbindungen bilden („Goldpest"), die zu hochohmigen und leicht brüchigen Kontakten führen. Während der Verkapselung des ICs muß darauf geachtet werden, daß das Gehäuse absolut dicht ist, da sonst Feuchtigkeit eindringen kann, die zu Oberflächendefekten führt. Bei digitalen Schaltkreisen werden im verstärkten Maße Plastikgehäuse angeboten, die außer dem geringeren Preis auch den Vorteil bieten, daß sie gute Widerstandsfähigkeit gegen Stoß und Vibrationen besitzen. Allerdings bestimmen zwei Nachteile deren Einsatzgrenzen:

- Da die thermischen Ausdehnungskoeffizienten von Plastik, Silizium und den Verbindungsmaterialien unterschiedlich groß sind, kann es vorwiegend bei größeren Gehäusen zu Undichtigkeiten durch thermische Einflüsse kommen, so daß Feuchtigkeit eindringen und Korrosionsschäden verursachen kann.

- In der Plastikmasse können ionisierende Materialien oder andere Verunreinigungen vorhanden sein, die zu Oberflächendefekten führen.

Während der letzten Jahre wurden bei der Entwicklung neuerer und besserer Plastikmaterialien große Fortschritte erreicht, so daß die heute gefertigten Plastikgehäuse den keramischen und hermetisch abgeschlossenen Gehäusetypen in der Zuverlässigkeit kaum noch nachstehen.

Überwiegend bei Keramikgehäusen, die Spuren von Uranium und Thorium enthalten, kann es zu nichtreproduzierbaren kurzzeitigen Fehlern durch α - Strahlung kommen. Diese Materialien senden α - Partikel aus, die aus 2 Proten und 2 Neutronen bestehen, welche mit einer kinetischen Energie von 5 MeV in den Halbleiter eindringen. Dies genügt, um an der Eindringstelle bis zu einer Tiefe von 25 µm ca. 1,4 Millionen Elektronen-Löcher-Paare aus dem Atomverband herauszutrennen, die dann unter Einfluß der herrschenden Spannung driften und somit zu einem entsprechenden Ladungsabbau führen. Bei modernen sehr hoch integrierten Bauelementen beträgt die kritische Ladung - dies ist die kleinste Ladungsänderung, die eine Änderung des logischen Zustands bewirkt - weit weniger als 1 Million Elektronen, so daß ein α - Teilchen durchaus in der Lage ist, eine Informationseinheit zu verändern. Dies führt allerdings nicht zu bleibenden Schäden für das Bauteil.

e.) <u>Andere Fehlerarten:</u> Weitere Ausfälle werden z. B. bei der Herstellung durch Fehler im Kristall oder bei den Diffusionen hervorgerufen. Auch die Masken, die für die einzelnen Prozeßschritte benötigt werden, können mit Defekten behaftet sein, wobei die für die entsprechende Technologie benötigte Anzahl von Masken die Fehlerhäufigkeit mitbestimmt. So ist bei einem n-Kanal MOS Prozeß mit 7 Masken ein höherer Anteil dieser Fehlerart zu beobachten als bei einem p-Kanal MOS-Prozeß mit nur 4 Masken. Mit zunehmender Integrationsdichte werden auch die Sicherheitsreserven der dynamischen Parameter immer geringer. So kann z. B. die Temperatur die Gatterlaufzeiten der einzelnen integrierten Schaltungsteile unterschiedlich beeinflussen, was unter Umständen zu funktionellen Fehlern führt.

Bild 2.2 zeigt die durchschnittliche Verteilung dieser Fehlerarten bei hochintegrierten MOS-Schaltkreisen, wobei zu erkennen ist, daß die Oberflächendefekte und Oxydfehler über 80 % der Gesamtfehler ergeben.
Da diese Fehlerarten überwiegend statistisch verteilt und in ihren geometrischen Abmessungen klein sind, werden meist nur einzelne Schaltungsteile eines integrierten Bauteils beeinflußt.

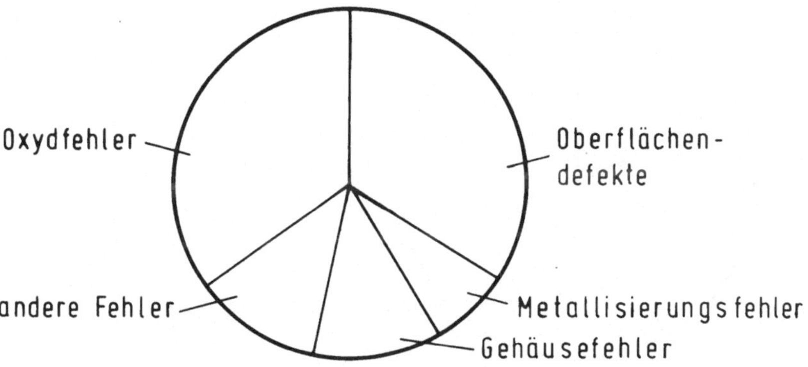

Bild 2.2: Durchschnittliche Fehlerartenverteilung bei hochintegrierten MOS-Schaltkreisen.

2.2 Fehlerursachen bei bipolaren Schaltkreisen

Prinzipiell sind bei bipolaren Schaltkreisen ähnliche Ausfallmechanismen festzustellen, wie bei den MOS-Elementen; nur sind deren Häufigkeitsverteilungen unterschiedlich, da der MOS-Herstellungsprozeß weniger Diffusionen benötigt, als der von bipolaren Schaltungen. Auch das Oxyd hat für den bipolaren Prozeß nicht die signifikante Bedeutung wie bei den MOS-Transistoren. Dagegen besitzen im allgemeinen bipolare Schaltkreise eine größere Leistungsaufnahme, so daß sich höhere Chiptemperaturen einstellen, wodurch die temperaturabhängigen Fehler ein größeres Gewicht bekommen. Eine Ausnahme könnte hier in Zukunft die I^2L Technologie darstellen, die bekanntlich weniger Maskenschritte und Diffusionen als die MOS-Technologie benötigt und deren Leistungsverbrauch ganz wesentlich unter dem anderer bipolaren Technologien liegt.

Bei hochintegrierten Schaltkreisen ist eine große Anzahl von internen Verbindungsleitungen notwendig. Während dieses Problem bei MOS-Schaltkreisen durch Mehrlagenverdrahtung unter Verwendung von Polysilizium relativ leicht zu lösen war, benötigt man bei bipolaren Schaltungen aufwendige Methoden, die wiederum anfälliger gegenüber Fehlern sind. In Bild 2.3 ist die durchschnittliche Fehlerverteilung von bipolaren LSI-Schaltkreisen dargestellt. Allerdings sind diese Werte - ebenso wie bei der MOS-Technologie - nur als Anhaltspunkte zu betrachten, da die Fehleranteile von Typ zu Typ und auch von Hersteller zu Hersteller variieren.

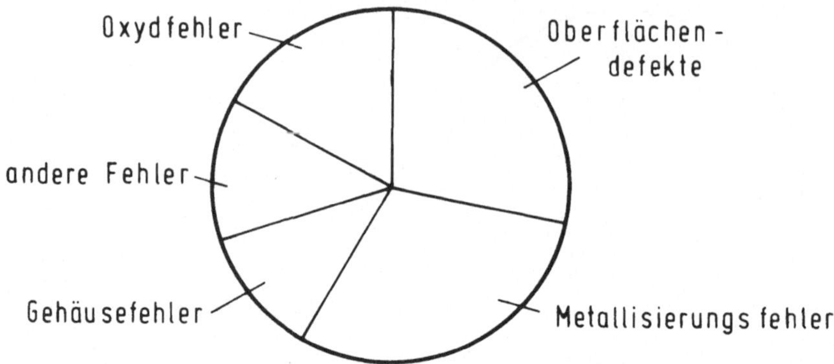

Bild 2.3: Durchschnittliche Fehlerartenverteilung bei hochintegrierten bipolaren Schaltkreisen.

Erwartungsgemäß bilden die Metallisierungsfehler einen weitaus größeren Anteil an der Gesamtfehlerzahl als bei der MOS-Technologie festzustellen ist. Dagegen sinkt der Prozentsatz von Oxydfehlern, während bei den Gehäusefehlern - bis auf das Fehlen von „soft-errors" durch α- Strahlung - keine signifikanten Unterschiede vorhanden sind.

In vielen Mikroprozessorsystemen werden eine Anzahl von niedriger integrierten bipolaren Schaltkreisen eingesetzt, z. B. als Bustreiber, Decoder usw. Bei diesen Bauelementen sind die geometrischen Abmessungen der einzelnen Elemente nicht so kritisch, so daß die Toleranzbereiche weiter ausgelegt sind. Außerdem sinkt hier die Anzahl der Metallisierungsfehler, da nicht so viele Verbindungsleitungen der Elemente untereinander auf dem Chip benötigt werden. Dies wirkt sich natürlich in einer höheren Zuverlässigkeit der niedriger integrierten Bauteile aus.

2.3 Klassifizierung der Fehlerarten

Man unterscheidet zwischen der physikalischen Ursache eines Fehlers - hervorgerufen durch den Ausfall eines Bauteils -, die eine Abweichung einer oder mehrerer logischer Variablen von ihrem spezifizierten Wert zur Folge hat und dessen Auswirkungen auf die Schaltungsausgänge. In einem ungünstigen Fall kann ein einziger Defekt zu mehreren fehlerhaften Ereignissen führen. Die physikalischen Fehler werden nach ihrer Dauer, Ausdehnung und Wert klassifiziert:

- Dauer: Kurzzeitige Fehler können entweder durch temporäres Fehlverhalten der Komponenten oder äußere Störfelder hervorgerufen werden. Die Ursachen liegen

z. B. in Wackelkontakten, kritischen Gatter- oder Leitungslaufzeiten, zu eng ausgelegten Toleranzbereichen, Überkopplungen und Reflexionen auf Leitungen oder in dem Ladungsverlust bei dynamischen Speicherzellen durch ionisierende Strahlung des den Halbleiter umgebenden Materials (α-Partikel). Diese kurzzeitigen Fehler treten bei modernen hochintegrierten Schaltkreisen wesentlich häufiger auf als statische Fehler, die durch irreversible physikalische Defekte der Bauteile entstehen.

- Ausdehnung: Die Ausdehnung definiert die Anzahl von logischen Variablen, die von einem physikalischen Defekt beeinflußt werden. Lokale Einzelfehler beeinträchtigen nur eine logische Funktion, während verteilte Mehrfachfehler mehrere benachbarte Elemente in Mitleidenschaft ziehen und somit auch gleichzeitig mehrere Variable verändern. Wegen der engen physikalischen Nachbarschaft der einzelnen Elemente ist diese Fehlerart bei LSI-Bauteilen häufig anzutreffen. Aber auch Defekte in kritischen nichtlogischen Schaltungsteilen, wie z. B. Taktgeneratoren, Stromversorgung oder Leitungen können zu abhängigen Mehrfachfehler führen.

- Wert: Der Wert eines Fehlers ist definiert, wenn die logische Variable zu den relevanten Zeitpunkten einen bestimmten logischen Pegel annimmt - entweder ständig logisch 1 (s-a-1=stuck-at-1), oder ständig logisch 0 (s-a-0). Schwankt der Wert zwischen diesen beiden Pegeln, so ist er unbestimmt. Die meisten Fehler in digitalen Schaltungen sind bestimmt, so daß nur diese Fehlerart berücksichtigt werden braucht.

Die Fehlerrate (λ) ist definiert als das Verhältnis der Anzahl von aufgetretenen Fehlern in einem bestimmten Zeitintervall bezogen auf die Anzahl der anfänglich funktionsfähigen Exemplare, dividiert durch die Länge des Intervalls. Bei Halbleiterbauteilen ist dies eine Funktion der Zeit, deren prinzipieller Verlauf in Bild 2.4 dargestellt ist. Hierbei sind drei Bereiche zu unterscheiden:
Frühausfälle entsprechen den bislang unentdeckten Herstellungsfehlern. Die Fehlerrate nimmt im Laufe der Zeit ab, da durch den Prüfbetrieb die Schwachstellen entdeckt und die entsprechenden Bauteile ausgesondert werden. Typische Fehlerursachen in diesem Bereich sind Oxydfehler, Oberflächendefekte und Gehäusefehler. Nach einer Zeit von etwa 10 bis 100 Stunden erreicht die Ausfallrate einen annähernd konstanten Wert.

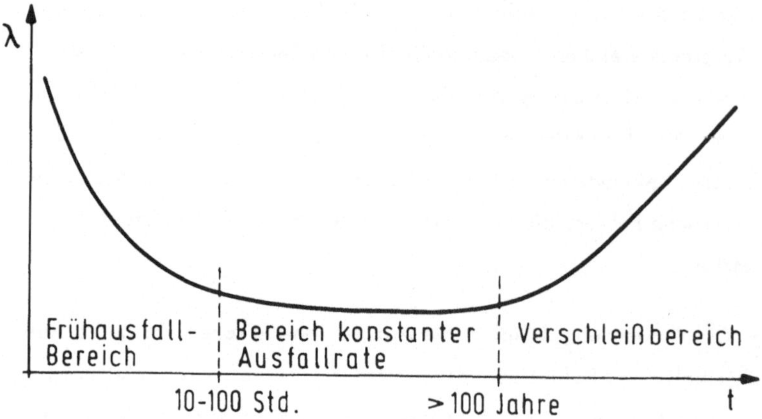

Bild 2.4: Zeitlicher Verlauf der Ausfallrate von integrierten Bauteilen ("Badewannenkurve")

Dies ist der Bereich der Zufallsausfälle. Hierbei sind sämtliche Ausfälle - hauptsächlich Oxydfehler und Metallisierungsdefekte - statistischer Natur. Man kann von der Vorstellung ausgehen, daß sämtliche Defekte schon zu Beginn der Herstellung in einem Bauteil latent vorhanden und in ihrer Intensität statistisch verteilt sind. Dabei wird eine Schwelle definiert, oberhalb derer das Element nicht mehr funktionsfähig ist (Bild 2.5). Abhängig von der Zeit und dem ausgesetzten Streß erniedrigt sich dieser Schwellwert, so daß auch Defekte geringerer Intensität zu einem Ausfall führen. Durch künstliche Erzeugung von Streß, z. B. durch erhöhte Temperatur und Spannung, kann ein Teil der latenten Fehler entdeckt und diese Bauteile ausgesondert werden. Damit wird auch die Ausfallrate in diesem Zeitbereich, der über 100 Jahre dauern kann, erniedrigt. Dies ist die Zeitspanne des eigentlichen Einsatzbereiches der integrierten Bauteile, so daß die Zuverlässigkeit von Systemen mit statistischen Methoden zu berechnen ist. Am Ende der Lebensdauer steigt die Fehlerrate wieder an, da der Chip Alterungsausfälle aufweist. Diese werden im wesentlichen durch Oxydfehler, Oberflächendefekte und Massetransport der Metallisierungsbahnen hervorgerufen.

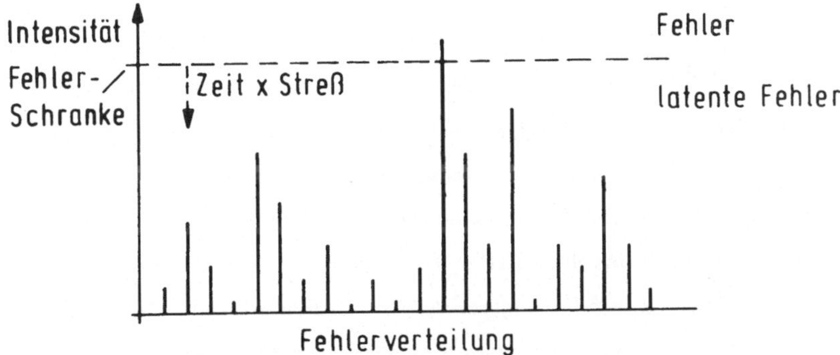

Bild 2.5: Fehlermechanismus der Zufallsausfälle, bei dem durch den Einfluß von Zeit und Streß latente Fehlerstellen auf einem Chip zu Ausfällen führen.

2.4 Funktionsspezifische Ausfallursachen

Die einzelnen Baugruppen eines Mikroprozessorsystems weisen aufgrund ihrer unterschiedlichen Funktionen einige spezifische Fehlerarten auf, die jeweils auf den entsprechenden Bausteintyp beschränkt sind:

a.) PROM

Bei den bipolaren programmierbaren Lesespeichern sind die funktionsspezifischen Ausfallursachen im wesentlichen von den zur Programmierung benötigten Elementen, den „Schmelzsicherungen" abhängig. Eine programmierte Bitstelle entspricht dabei einem durchgeschmolzenen Element. Im Laufe der Zeit kann es vorkommen, daß durch den Massetransport oder bei nicht vollständig durchgeschmolzenen Elementen während des Betriebs eine solche programmierte Stelle wieder „zurückwächst", so daß sie das gleiche Verhalten aufweist wie ein unprogrammiertes Bit. Bei den Polysilizium-Sicherungselementen ist dieser Fehler kaum anzutreffen, da die Aktivierungsenergie für den Polysiliziumtransport um mehr als eine Größenanordnung höher ist als im normalen Betrieb zulässig ist.
Deswegen bleibt dieses Problem im wesentlichen auf die Nickel-Chrom-Elemente beschränkt, obwohl auch hierbei in letzter Zeit Verbesserungen im Design durchgeführt worden sind, so daß diese Fehlerart bei neuen Bauteilen nur noch selten zu beobachten ist. Ein weiterer Fehler tritt dann auf, wenn die Stellen zum Durchschmelzen beim Herstellungsprozeß zu dünn geraten sind. Dann kann diese Verbindung schon bei den kleinen Strömen, die bei einem Lesevorgang auftreten, durchgetrennt werden, wodurch eine Bitstelle beim Lesen ungewollt programmiert wird.

b.) EPROM

Da ein EPROM durch eine Erhöhung der Schwellspannung bei den entsprechenden Transistoren programmiert wird, ist es gegen diejenigen Fehlerarten empfindlich, die diese Spannung beeinflussen. Hauptsächlich sind dies Ladungsansammlungen an den Oxyd-Silizium-Übergängen. Diese Fehler sind temperaturabhängig und meist statistischer Natur, so daß hierbei mit dem Informationsverlust einzelner Zellen zu rechnen ist. Im Laufe der Zeit tritt auch in fehlerfreien Exemplaren ein Ladungsverlust auf, doch beträgt die Zeitdauer, bis sich dieses in einer Änderung des logischen Pegels bemerkbar macht, nach Herstellerangaben mehr als 10 Jahre.

c.) RAM

In Halbleiterspeichern treten Fehler in einzelnen oder auch mehreren Speicherzellen auf, die abhängig von dem jeweils herrschenden Bitmuster sind. Diese „pattern-sensitive"-Fehler sind nur schwer zu reproduzieren und lokalisieren. Die Ursachen können z. B. in kleinen Kristallfehlern liegen, die zusätzlich Verbindungen zu benachbarten Speicherzellen erzeugen können, so daß ein unbeabsichtigtes gleichzeitiges Ansprechen mehrerer Speicherplätze möglich ist. Hochintegrierte dynamische Speicherzellen sind empfindlich gegenüber Leckströmen, die zu einem Ladungsverlust des Speicherkondensators führen. Auch das ungewollte Pumpen von Ladungen in einzelne Speicherzellen ist möglich, da bei jedem Schreib- oder Lesevorgang der benachbarten Zellen kleine Ladungsmengen in eine nichtangesprochene Speicherzelle gelangen können, die sich dort akkumulieren. Hierbei ist die Dauer zwischen den einzelnen Auffrischzyklen von Bedeutung, da der Pumpvorgang bei jedem Auffrischen wieder von dem jeweiligen Anfangszustand ausgeht. Auch durch zu eng ausgelegte Toleranzbereiche der dynamischen Parameter kommt es häufig zu Speicherausfällen.

Höher integrierte Speicherchips sind gegen α -Strahlungen anfällig, die zu kurzzeitigen Fehlern führen, da deren kritische Ladungsmengen durch die kleineren geometrischen Abmessungen der Elemente auf dem Chip geringer geworden sind. Vorwiegend sind hochintegrierte dynamische Speicherbausteine davon betroffen. Die Information ändert sich nicht nur dann, wenn ein α - Teilchen den Speicherkondensator trifft (wegen der entsprechenden Ladungsverteilung wird hierbei nur der Zustand mit hohem Potential beeinflußt, nicht aber die gespeicherte „0"), sondern auch die Lesverstärker und Bitleitungen sowie die peripheren Schaltungselemente sind gegen α - Teilchen empfindlich (wobei beide Pegel verändert werden können). Trifft in einem dynamischen Speicher ein solches α - Teilchen diese Elemente während eines Wiederauffrischvorgangs, so wird Information schon fehlerhaft wieder eingeschrieben. Untersuchungen haben ergeben, daß die Fehlerrate durch α - Teilchen bei langsameren Speicherzyklen sinkt. Die Speicherhersteller begegnen dieser Fehlerart durch den Einsatz von neuen Gehäusematerialien mit geringerer α - Strahlung und durch verändertes Chip-Design, das unempfindlicher gegenüber dieser lokal begrenzte Ladungsänderung ist. Die Fehlerrate durch α - Teilchen liegt bei ca. 10^{-9} bis 10^{-7} Fehlern/Stunde. Dies ist im Vergleich zu anderen kurzzeitigen Störungen („soft-errors"), die durch kritische Bitmuster, Systemrauschen, Temperatureffekte u. ä. entstehen (Fehlerrate ca. $4 \cdot 10^{-8}$ bis 10^{-6} Fehler/Stunde) zwar relativ gering, jedoch sollte ein System auch gegen diese Fehler geschützt sein. Dafür ist ein fehlerkorrigierender Code (siehe Kapitel 8) am besten geeignet.

d.) Mikroprozessoren

Die zur Herstellung von Mikroprozessoren benötigten Prozeßschritte sind prinzipiell die gleichen wie bei Halbleiterspeichern, so daß hierbei ebenfalls mit den oben genannten Fehlerarten gerechnet werden muß. Zusätzlich sind auch noch Störungen, die durch den jeweiligen Programmablauf induziert werden, zu beobachten.

Dies sind z. B.:

- Fehler, die nur bei einer bestimmten Reihenfolge von Befehlen oder Daten auftreten
- Verlust von Daten bei der Interruptbearbeitung
- Fehlerhaftes Ausführen oder Verlust von Daten bei mehrfach verschachtelten Interrupts

Diese Fehler sind stark von den Betriebsbedingungen wie Temperatur, Versorgungsspannung, Störpegel oder Bitmuster abhängig und deswegen nur schlecht zu reproduzieren, so daß ein Test der Mikroprozessorfunktionen äußerst schwierig ist.

3 Qualitätssicherung

3.1 Berechnung der Zuverlässigkeit von Bauelementen

Besitzt eine Schaltung n_0 gleichartige Elemente, so kann man nach einer Zeit t feststellen, daß davon n_a Elemente ausgefallen sind, während noch n_f Elemente funktionsfähig sind

$$n_0(t) = n_a(t) + n_f(t) \qquad (3.1)$$

Im Laufe der Zeit akkumulieren sich die ausgefallenen Elemente und man erhält für die Überlebenswahrscheinlichkeit in Abhängigkeit von der Zeit

$$R(t) = \frac{n_f(t)}{n_0(t)} = \frac{n_f(t)}{n_a(t) + n_f(t)} \qquad (3.2)$$

Diesen Ausdruck R (t) bezeichnet man auch als Zuverlässigkeit (Reliability), da er angibt, wie groß die Wahrscheinlichkeit ist, daß die Schaltung zum Zeitpunkt t noch korrekt arbeitet. Dementsprechend gilt für die Ausfallwahrscheinlichkeit F (t) :

$$R(t) + F(t) = 1 \qquad (3.3)$$

$$F(t) = 1 - R(t) = \frac{n_a(t)}{n_0(t)} \qquad (3.4)$$

Die Ausfallrate Z (t) gibt das Verhältnis der Zunahme von Ausfällen zu der Zahl von überlebenden Elementen an :

$$Z(t) = \frac{dn_a(t)/dt}{n_f(t)} = - \frac{dR(t)/dt}{R(t)} \qquad (3.5)$$

Durch Integration erhält man aus (3.5) :

$$R(t) = \exp\left[-\int_0^t Z(\tau)\, d\tau\right] \qquad (3.6)$$

Bei dem Einsatzgebiet der integrierten Bauteile sind die Frühausfälle bereits eliminiert, so daß nur die Zufallsausfälle berücksichtigt werden brauchen, d. h. die Ausfallrate Z (t) ist nahezu konstant. Dann entspricht dieser Wert der mittleren Fehlerzahl pro Zeiteinheit und wird mit λ bezeichnet.
Damit wird aus (3.6) :

$$R(t) = \exp(-\lambda t) \qquad (3.7)$$

Die mittlere Betriebszeit t_m des Systems bis zu einem Ausfall ergibt sich zu :

$$t_m = \int_0^\infty R(\tau)d\tau = \int_0^\infty \exp(-\lambda t)dt = 1/\lambda \qquad (3.8)$$

Dieser Mittelwert wird auch als MTTF (mean time to failure) bezeichnet.
Damit kann die Zuverlässigkeitsfunktion (3.7) umgeschrieben werden :

$$R(t) = \exp(-t/MTTF) \qquad (3.9)$$

Die Wahrscheinlichkeit, daß ein System die mittlere Betriebszeit t_m überlebt ist aber nicht 50 %, wie man leicht annehmen könnte, sondern nur ca. 37 %, da

$$R(t_m) = \exp(-\lambda/\lambda) = \exp(-1) \approx 0{,}37 \qquad (3.10)$$

Besteht ein System aus n logisch hintereinander angeordneten Bauteilen, so ist der Ausfall eines Elements gleichbedeutend mit dem Ausfall des gesamten Systems. Die Zuverlässigkeitsfunktion ergibt sich dementsprechend aus dem Produkt der Einzelzuverlässigkeiten

$$R(t) = \prod_{i=1}^{n} R_i(t) \qquad (3.11)$$

wobei R_i (t) die Zuverlässigkeitsfunktion des i-ten Elements mit der Ausfallrate λ_i ist.

$$R(t) = \exp(-\lambda_1 t)\ \exp(-\lambda_2 t)\ \ldots\ \exp(-\lambda_n t) = \exp(-t \sum_{i=1}^{n} \lambda_i), \qquad (3.12)$$

Die Zuverlässigkeit des Gesamtsystems kann dementsprechend wieder durch eine Exponentialfunktion mit der konstanten Systemausfallrate

$$\lambda_s = \sum_{i=1}^{n} \lambda_i \qquad (3.13)$$

beschrieben werden.

Beispiel:

Ein Mikrocomputersystem besteht aus:

1 Mikroprozessor mit der Ausfallrate $\lambda_P = 10^{-5}$ Fehler/Stunde

2 Ein- Ausgabeschaltungen mit jeweils der Ausfallrate $\lambda_{EA} = 10^{-5}$ Fehler/Stunde

und entweder 8 oder 32 Speicherchips zu je 4K x 1 bit mit jeweils der Ausfallrate $\lambda_S = 10^{-6}$ Fehler/Stunde

Damit ist die Zuverlässigkeitsfunktion nach (3.12) gegeben:

a.) Für das Mikroprozessorsystem mit 4K-byte RAM:

$$R_4(t) = \exp(-t(\lambda_p + 2\lambda_{EA} + 8\lambda_S)) = \exp(-t(10^{-5} + 2\cdot 10^{-5} + 8\cdot 10^{-6}))$$

und

b.) Für das Mikroprozessorsystem mit 16K-byte RAM:

$$R_{16}(t) = \exp(-t(\lambda_p + 2\lambda_{EA} + 16\lambda_S)) = \exp(-t(10^{-5} + 2\cdot 10^{-5} + 1{,}6 \cdot 10^{-5}))$$

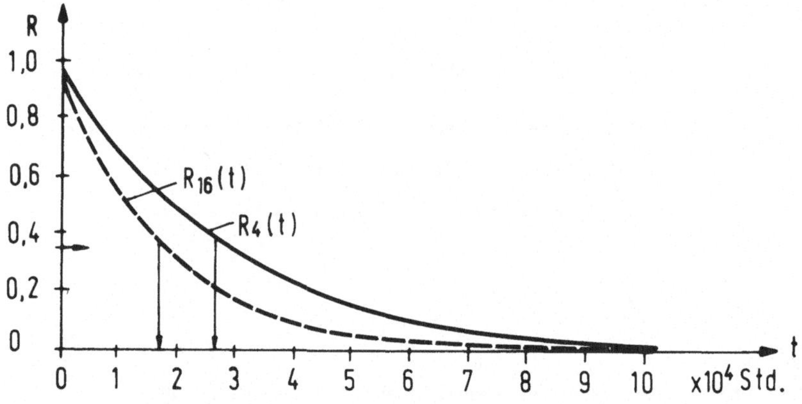

Bild 3.1: **Zeitlicher Verlauf der Zuverlässigkeit von 2 Mikroprozessorsystemen**

Aus Bild 3.1 ist zu sehen, daß die MTTF der Version mit dem 4K-byte Speicher ca. 26000 Stunden und die der 16K-byte RAM-Version nur etwa 16000 Stunden beträgt. Nach ungefähr 2 Jahren ist dementsprechend die Wahrscheinlichkeit, daß dieses System noch ordnungsgemäß funktionsfähig ist, geringer als 37%! Die Grenze von 90% Überlebenswahrscheinlichkeit ist auch bei dem kleineren System bereits nach ca.1/2 Jahr unterschritten.

3.2 Berechnung der Ausfallraten von LSI-Chips anhand des Integrationsgrads

Bei der Berechnung der Ausfallrate eines Chips kann prinzipiell ebenso vorgegangen werden wie bei einem System. Auch hier addieren sich die Ausfallraten der Komponenten, so daß (3.13) ebenfalls gilt. Von besonderem Interesse ist die Vorhersage der Ausfallrate eines höher integrierten Bauteils anhand von bekannten Werten eines niedriger integrierten Chips. Weist man einem Gatter die Fehlerrate λ_E zu, so würde man erwarten, daß ein Chip mit n Gattern eine Fehlerrate von $n \times \lambda_E$ aufweist. Nun werden allerdings bei höher integrierten Bausteinen die geometrischen Abmessungen verkleinert, was dazu führt, daß diese Bauteile gegen Fehler anfälliger werden. So können sich auch kleinere Defekte, die bei niedriger integrierten Bauteilen noch nicht zu Störungen führten, bei den kleiner gewordenen Strukturen als Fehler auswirken. Es ist beobachtet worden, daß die Fehlerrate eines Bauelements von der Komplexität der Schaltkreise abhängt; also von der Größe der Fläche, die für ein Element benötigt wird. Damit ist dieser Beitrag zur Ausfallrate proportional zur Gatteranzahl, dividiert durch die benötigte Fläche:

$$\lambda \sim \frac{n}{A} \qquad (3.14)$$

Will man - ausgehend von den bekannten Werten eines Chips mit n_0 Gattern auf einer Fläche A_0 und der Fehlerrate λ_0 - die Fehlerrate λ eines höherintegrierten Chips mit n Gattern auf einer Fläche A berechnen, so ergibt sich:

$$\frac{\lambda}{\lambda_0} = \frac{n}{n_0} \cdot \frac{A_0}{A} \qquad (3.15)$$

Nach (3.7) gilt für die Zuverlässigkeit

$$R(t) = \exp\left(-\frac{n}{n_0} \cdot \frac{A_0}{A} \cdot \lambda_0 t\right) \qquad (3.16)$$

Somit kann man grob überschlagsmäßig von einem vergleichbaren niedriger integrierten Bauteil auf die zu erwartende Ausfallrate bei einem Chip mit höherer Integrationsdichte schließen.

Allerdings sind bei diesem Modell die statistischen Fehler, die geometrieunabhängig sind, vernachlässigt. Je größer eine Fläche ist, umso höher ist natürlich auch die Anzahl der latent vorhandenen Fehler, die sich in einer erhöhten Ausfallrate bemerkbar machen.

Beispiel

Der Mikroprozessor 8080 ist auf einem Kristall der Größe 2,2mm x 4.8mm aufgebaut und enthält ca. 650 Gatter. Bezieht man die Ausfallrate des Mikroprozessors auf die eines SSI-Bausteins, der z.B. aus 2 Gattern auf einer Fläche von $1{,}3\,mm^2$ besteht und eine Ausfallrate von 2×10^{-7} Fehlern/Stunde aufweist, so erhält man :

$$\lambda_{8080} = \frac{650}{2} \cdot \frac{1{,}3\,mm^2}{20{,}2\,mm^2} \cdot 0{,}2 \cdot 10^{-6} \approx 4{,}2 \cdot 10^{-6} \text{ Fehler/Stunde}$$

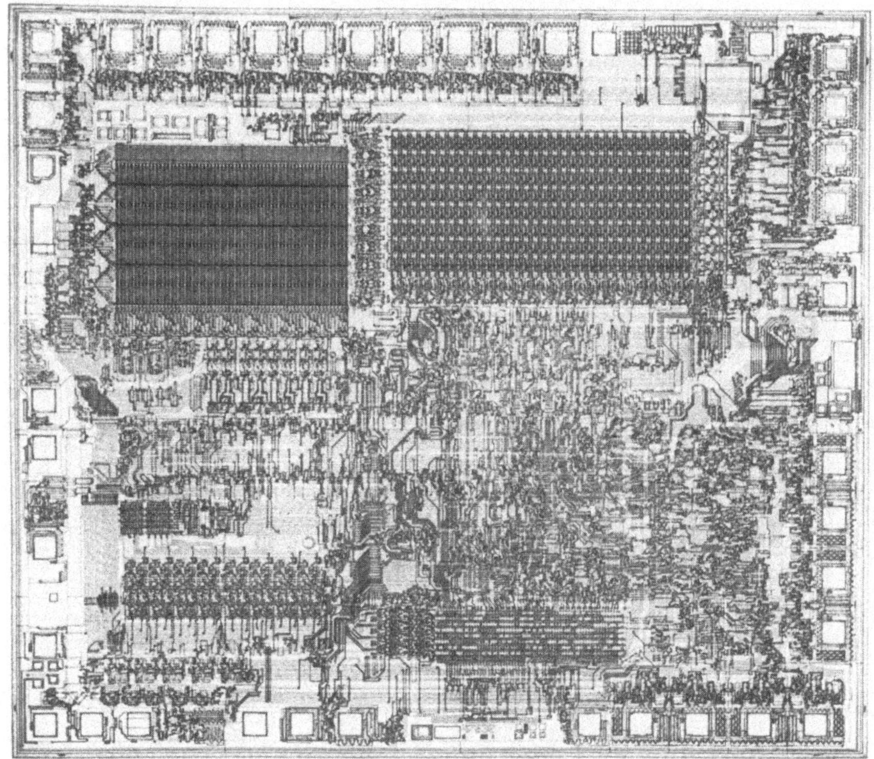

Layout eines Einchipmikrocomputers (8048)

3.3 Zeitabhängigkeit der Ausfallrate

Beobachtet man die Ausfallrate eines Produktes über eine Anzahl von Jahren, so erkennt man, daß die Zuverlässigkeit des Bauteils immer besser wird. Im Laufe der Zeit hat es nämlich der Hersteller gelernt den technologischen Prozess besser zu beherrschen, die

Prozessparameter zu optimieren und damit die Anzahl der Fehlerquellen zu verringern. Diese etwa nach einer e-Funktion verlaufenden Kurven (siehe Bild 3.2) werden daher häufig mit dem Begriff "Lernkurven" bezeichnet. Die Zeitkonstante der Funktion, mit der die Verbesserung der Ausfallrate behaftet ist, ist von der Geschicklichkeit und dem Aufwand, den der Hersteller bei der Produktion aufbringt, abhängig.

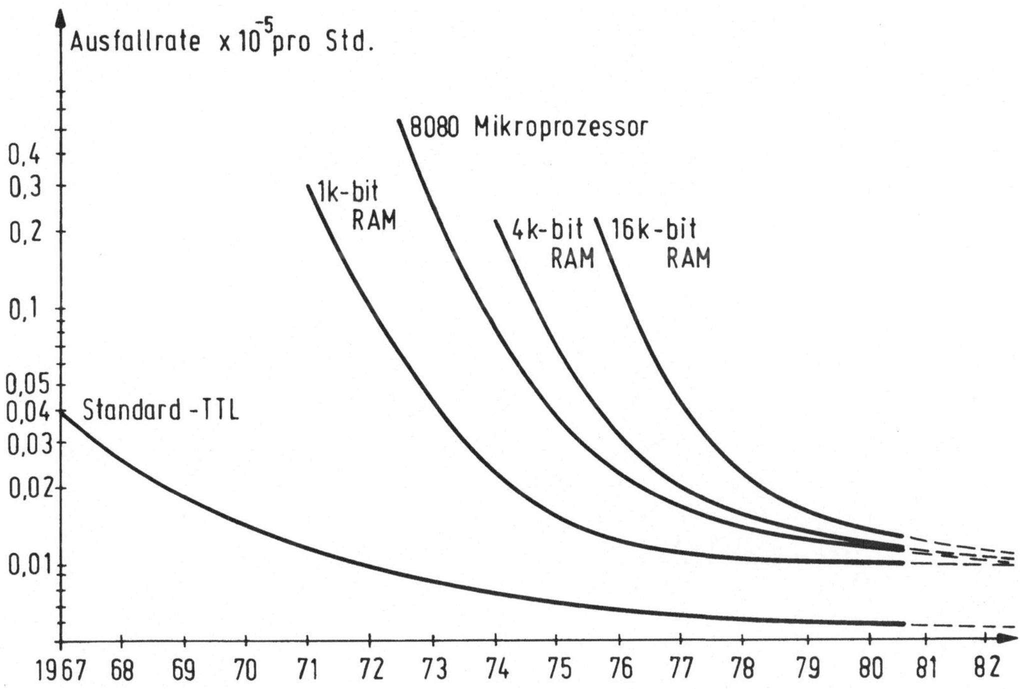

Bild 3.2: Beobachteter Verlauf der Ausfallraten bei unterschiedlichen integrierten Schaltkreisen

Die zeitliche Berechnung der Ausfallrate ergibt sich aus Bild 3.2 zu:

$$\lambda_c(t) = (\lambda_{t0} - \lambda_{tE})\exp(-t/\tau) + \lambda_{tE} \qquad (3.17)$$

wobei λ_{t0} den Anfangswert und λ_{tE} den voraussichtlichen Endwert der Ausfallrate darstellen. Es ist zu beobachten, daß die Ausfallraten hochintegrierter Bauelemente unabhängig von ihrer Komplexität etwa auf den gleichen Endwert (ca. 10^{-7} Fehler/Stunde) hinauslaufen.

Beispiel

Ein System wird mit 500 integrierten Standard TTL - Chips aufgebaut, die bereits den minimal erreichbaren Wert der Ausfallrate λ_{tE} aufweisen. Im Mittel wird angenommen, daß bei jedem Chip 16 Anschlüsse verlötet werden müssen, wobei jeder Lötpunkt eine Ausfallrate besitzt, die um den Faktor 100 besser ist, als das einzelne Chip. Damit ergibt sich eine Systemausfallrate von

$$\lambda_{SSI} = 500\lambda_{tE} + 16\ 500\lambda_{tE}/1000 = 508\lambda_{tE}$$

Das gleiche System soll jetzt mit höher integrierten Bauelementen aufgebaut werden, wobei jedes dieser LSI - Chips n niedriger integrierte Bauteile ersetzt. Dafür ist ist aber die Ausfallrate eines LSI - Chips zu Anfang der Produktion um den Faktor 100 schlechter. Pro Chip werden im Mittel 50 Lötstellen benötigt. Damit ist die Ausfallrate λ_{LSI} unter Berücksichtigung von (3.17) :

$$\lambda_{LSI} = (100\lambda_{tE} - \lambda_{tE})\ \exp(-t/\tau)\ \lambda_{tE} + 50\lambda_{tE}/1000 \cdot 500/n$$

Für das Verhaltnis der Ausfallraten des Systems mit höher integrierten Bauteilen zu dem mit niedriger integrierten Chips gilt:

$$\frac{\lambda_{LSI}}{\lambda_{SSI}} = \frac{\lambda_{tE}(99\ \exp(t/\tau) + 1{,}05)\ \ 500/n}{508\lambda_{tE}} = \frac{97{,}02}{n}\exp(-t/\tau) + \frac{1{,}03}{n}$$

In Bild 3.3 ist dieses Verhaltnis für einige Integrationsdichten in Abhängigkeit von der Zeit angegeben. Die Werte unterhalb der Linie $\lambda_{LSI}/\lambda_{SSI} = 1$ bedeuten, daß ein System mit hochintegrierten LSI - Chips zuverlässiger ist, als eins, das mit SSI - Chips aufgebaut ist. Man erkennt, daß z.B. bei Chips, die n = 50 niedriger integrierte Bauteile ersetzen, bereits nach etwa $t/\tau = 1$ mit geringeren Systemausfallraten zu rechnen ist.

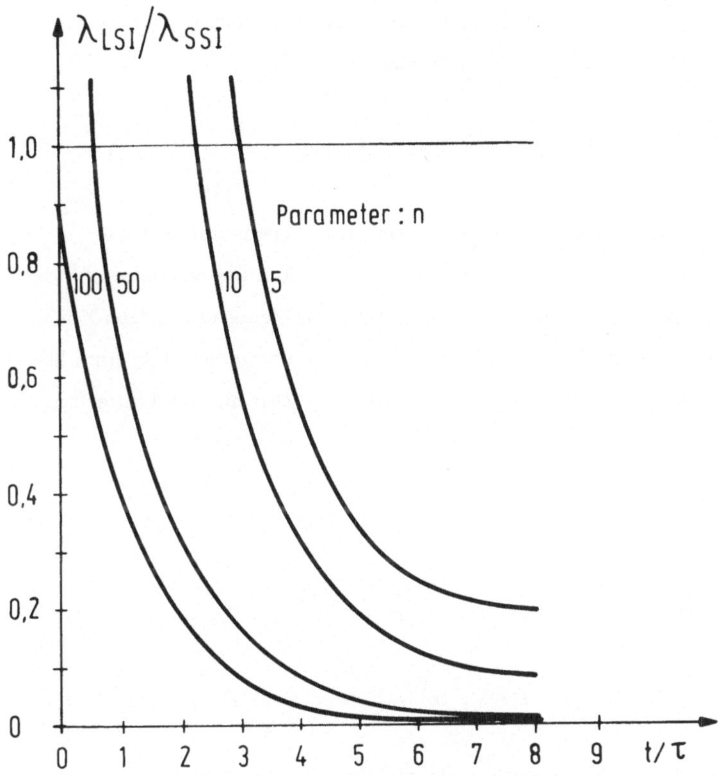

Bild 3.3 Verhältnis der Ausfallraten eines Systems mit SSI-Chips zu einem hochintegrierten System

3.4 Temperaturabhängigkeit der Ausfallrate

Nach der Arrhenius-Regel, die ursprünglich für Diffusionsvorgänge in Gasen aufgestellt wurde, gilt für die Geschwindigkeit einer chemischen Reaktion:

$$dG/dt = C \exp(- \frac{E}{K} T t) \qquad (3.18)$$

wobei K = Boltzmann-Konstante $= 8{,}63 \cdot 10^{-5}$ eV / K

T = Temperatur

E = Aktivierungsenergie bedeuten.

Anstelle der Differentialgrößen können im Grenzfall auch die Differenzen eingesetzt werden. Aufgelöst nach der Lebensdauer Δt ergibt sich

$$\Delta t = \Delta t_0 \exp(\frac{E}{K} (1/T - 1/T_0)) \quad (3.19)$$

Hierbei entspricht Δt_0 der Lebensdauer bei einer bestimmten Umgebungstemperatur T_0. Diese Beziehung kann auch auf Halbleiter übertragen werden, da diese aus unterschiedlich dotierten Bereichen bestehen, die - ebenso wie Gase - die Tendenz besitzen Konzentrationsdifferenzen im Laufe der Zeit durch Diffusionen auszugleichen. Für diese Betrachtungen entspricht der Lebensdauer die mittlere fehlerfreie Zeit bis zum Eintreffen eines Fehlers (MTTF):

$$MTTF(T) = MTTF(T_0) \exp(\frac{E}{K}(1/T - 1/T_0)) \quad (3.20)$$

oder bezogen auf die Ausfallrate:

$$\lambda = \lambda_0 \exp(- \frac{E}{K}(1/T - 1/T_0) \quad (3.21)$$

Der Beschleunigungsfaktor durch die Temperatur für die Zeit bis zum Ausfall läßt sich mit (3.19) und (3.20) angeben:

$$F = \exp(\frac{E}{K}(1/T - 1/T_0) = \frac{MTTF(T)}{MTTF(T_0)} \quad (3.22)$$

Man erkennt, daß die Ausfallrate mit steigender Temperatur exponentiell zunimmt. Als Faustformel kann annähernd gelten, daß sich für jede 10° C Temperaturerhöhung die Ausfallrate verdoppelt. Schon bei kleineren Systemen muß daher im Betrieb auf eine gute Wärmeabfuhr geachtet werden, damit über einen längeren Zeitraum ein zuverlässiges Arbeiten des Gerätes sichergestellt werden kann.

Bild 3.4 zeigt in einem Diagramm für unterschiedliche Aktivierungsenergien die Abnahme der Lebensdauer von integrierten Schaltkreisen in Abhängigkeit von der Temperatur. Man erkennt z. B. daß bei einer Aktivierungsenergie von 1 eV die Temperaturerhöhung von 50° C auf 125° C eine Senkung der relativen Lebensdauer eines Bauelements von 10^6 Std. auf 10^3 Std. bedeutet, d. h. der Beschleunigungsfaktor F durch diese Temperaturdifferenz beträgt 10^3.

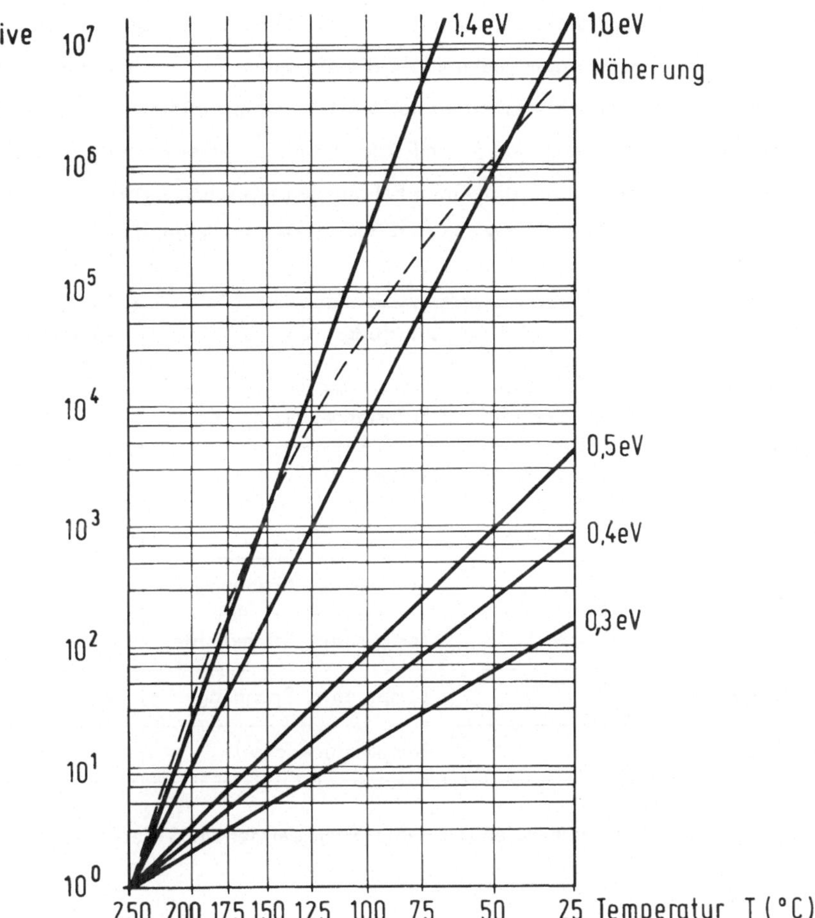

Bild 3.4: Lebensdauer integrierter Schaltkreise in Abhängigkeit von der Temperatur. (Kurve für Näherung entspricht der Verdopplung der Fehlerrate bei jeden 10° C Temperaturerhöhung).

Die einzelnen Fehlerarten besitzen unterschiedliche Aktivierungsenergien. Um diese bestimmen zu können, muß (3.20) umgerechnet werden:

$$E = KT \ln(MTTF(T) \;/\; MTTF(T_0)) \qquad (3.23)$$

Bei bekannten Temperaturen kann die jeweilige Aktivierungsenergie experimentell bestimmt werden, indem die Lebensdauer bei der Temperatur T und bei T_0 ermittelt wird. Als grobe Näherung können folgende Aktivierungsenergien angenommen werden:

bipolare Schaltkreise (außer ECL)	:	0,4 eV
MOS- und ECL-Schaltkreise	:	1,0 e V

Untersucht man die Abhängigkeiten der einzelnen MOS-Fehlerarten noch genauer, so stellt man fest, daß innerhalb dieser Technologie die einzelnen Fehlerarten unterschiedliche Aktivierungsenergien aufweisen. Nicht nur die Temperatur sondern auch andere Streßfaktoren, wie z. B. Spannung und Stromdichte, führen zu einer höheren Ausfallrate. In Tabelle 3.1 sind die für die einzelnen Fehlerarten typischen Aktivierungsenergien und auch die weiteren Einflußgrößen auf die Lebensdauer aufgeführt.

Fehlerart		Einflußgrößen	Aktivierungs-energie
Oxyd-Fehler	zu dünnes Gateoxyd	Feldstärke, (Temperatur)	0,3 eV
	Verunreinigung	Temperatur, Spannung	1,2 ... 1,4 eV
Metallisierungs-defekte	Leiterbahnbrüche	Stromdichte	—
	Verunreinigung	Temperatur, Spannung	0,3 ... 0,6 eV
	Massetransport	Temperatur, Stromdichte	1,0 ... 1,2 eV
Oberflächendefekte		Temperatur, Spannung	0,5 ... 1,0 eV
Zusammenbaufehler		Temperaturwechsel	—

Tabelle 3.1: Aktivierungsenergien der Fehlerarten bei der MOS-Technologie

Für eine Qualitätskontrolle integrierter Schaltkreise ist es notwendig, die zu erwartende Lebensdauer zu bestimmen. Dazu sind langwierige und aufwendige Prüfungen notwendig, die dadurch wesentlich beschleunigt werden können, daß während des Tests die Umgebungstemperatur der Bauteile stark erhöht wird. Anhand der Arrhenius-Regel (siehe 3.20) wird dieses Ergebnis auf normale Betriebstemperaturen zurückgerechnet, so daß eine Aussage über die voraussichtliche MTTF möglich ist.
Ein weiterer Effekt dieser Prüfungen unter erhöhter Temperatur ist der, daß durch diesen zusätzlichen Streß Bauelemente mit Schwachstellen bereits während der Testphase ausfallen und nicht erst später während des Einsatzes. Da diese Fehler dann schon eliminiert worden sind, kann mit einer höheren Betriebssicherheit der Bauteile gerechnet werden, die diesem Temperaturstreß („Burn-in") ausgesetzt waren.

Beispiel

Bei einem Mikroprozessor ist eine Aktivierungsenergie von 1,0 eV festgestellt worden. Diese Bauteile werden bei 125 °C getestet, wobei eine Lebensdauer MTTF(125 °C) von 5500 Stunden ermittelt wurde.

Anhand von (3.20) kann dieser Wert auf eine Betriebstemperatur von 50 °C umgerechnet werden:

$$MTTF(T_0) = MTTF(T) \exp(- \frac{E}{K} (1/T - 1/T_0))$$

$$MTTF(50^{\circ}C) = MTTF(125^{\circ}C) \exp(- \frac{0{,}1\ eV}{8{,}63 \cdot 10^{-5}\ eV/K} (\frac{1}{(273{,}15+125)K} - \frac{1}{(273{,}15+50)K})$$

$$\approx MTTF(125^{\circ}C)\ 858 = 4{,}72 \cdot 10^{6} \text{ Stunden}$$

Dies entspricht einer Ausfallrate von $\lambda = 0{,}21 \cdot 10^{-6}$ Fehler/Stunde.

Das gleiche Ergebnis ist auch aus dem Arrhenius-Diagramm (Bild 3.4) bei der Kurve mit 1,0 eV Aktivierungsenergie abzulesen:

$$\text{Relative } MTTF(50^{\circ}C) = 9 \cdot 10^{5} \text{ Stunden}$$

$$\text{Relative } MTTF(125^{\circ}C) = 10^{5} \text{ Stunden}$$

$$MTTF(50^{\circ}C) \approx 900 \cdot MTTF(125^{\circ}) = 4{,}95 \cdot 10^{6} \text{ Stunden.}$$

Die angegebene Faustformel, daß sich die Ausfallrate pro 10 °C Temperaturdifferenz verdoppelt, ist in diesem Fall als viel zu günstig anzusehen, da sich hier nur ein Beschleunigungsfaktor von 180 (gegenüber 858 bei der Arrhenius- Regel) ergibt. Allerdings hängt dies auch von der betrachteten Aktivierungsenergie ab. Wendet man diese Faustformel z.B. auf bipolare Schaltkreise (Aktivierungsenergie 0,4 eV) an, so erhält man zu große Werte (siehe gestrichelte Linie in Bild 3.4).

3.5 Zuverlässigkeitsvorhersage nach MIL-HDBK-217B

Für den Bereich der militärischen Beschaffung in den USA wurde eine umfangreiche Datensammlung (MIL-HDBK-217B) durchgeführt, die auch Anwendererfahrungen mitberücksichtigte. Allerdings haben die Fortschritte der Technologie bei hochintegrierten

Schaltkreisen inzwischen diese Untersuchungen überholt, so daß die hierbei ermittelten Werte als viel zu pessimistisch anzusehen sind. Trotzdem ist das in dem MIL-HDBK-217B angegebene empirische Modell im Laufe der Zeit zum Standardwerk der Zuverlässigkeitsberechnung geworden. Dabei wird zwischen den Ausfallraten unterschieden, die von der Temperatur und den mechanischen Belastungen abhängig sind . Die Ausfallrate berechnet sich damit zu:

$$\lambda = \pi_L \, \pi_Q \, \pi_P \, (C_1 \, \pi_T + C_2 \, \pi_E) \qquad (3.24)$$

wobei die einzelnen Parameter folgende Bedeutungen haben:

π_L : Lernkurvenfaktor ($\pi_L = 1 \ldots 10$) – berücksichtigt die Erfahrungen im Herstellungsprozeß („Lernkurve"). Der Faktor $\pi_L = 1$ bedeutet, daß das Bauteil bereits lange gefertigt wurde, so daß sich die bekannte Lernkurve bereits ihrem Endwert genähert hat;

π_Q : Qualitätsfaktor ($\pi_Q = 1 \ldots 300$) – entspricht der Güteklasse des Bausteins, die u.a. von den Testverfahren abhängig ist, mit denen vor der Auslieferung das Produkt geprüft worden ist. Für kommerzielle Teile (im nichtmilitärischen Anwendungsgebiet) ist hier ein mittlerer Wert von 150 einzusetzen;

π_P : Anschlußfaktor ($\pi_P = 1$ bzw. $1{,}1$) – bei größeren Gehäusen mit vielen äußeren Anschlüssen sinkt die Zuverlässigkeit des Bausteins. Für Chips mit weniger als 26 Anschlüssen ist der Wert 1 und darüber der Wert 1,1 einzusetzen;

π_E : Umgebungsfaktor ($\pi_E = 0{,}2 \ldots 10$) – berücksichtigt die Einsatzumgebung im Hinblick auf Temperaturbelastung und mechanische Beanspruchung. Der Wert 0,2 entspricht einer Laborumgebung und 10 z. B. dem Einsatz in einer Rakete;

π_T : Temperaturbeschleunigungsfaktor $\left(\pi_T = 0{,}1\, e^{K\left(\frac{1}{298} - \frac{1}{T_i + 273}\right)}\right)$ – gibt den Einfluß der Temperatur auf die Ausfallrate nach der bekannten Arrhenius-Regel an.

Dabei ist: T_i = Kristalltemperatur

$K = \begin{cases} 4794 \text{ für TTL} \\ 8121 \text{ für MOS;} \end{cases}$

C_1, C_2: Komplexitätsfaktoren – sind im wesentlichen von der Anzahl der Gatter pro Chip abhängig. Typische Werte für C_1 und C_2 sind z. B. ($\times 10^{-6}$/Std.):

Typ	C_1	C_2
7400	0,0033	0,0064
74147	0,013	0,013
8080	0,4	0,2
4K dyn. RAM	0,3	0,12

Beispiel:

Es soll die Ausfallrate des Mikroprozessors 8080 nach MIL-HDBK-217B berechnet werden. Dabei ist für eine Umgebungstemperatur von 50°C eine Kristalltemperatur T_j von etwa 75°C einzusetzen, womit sich π_T zu 5,02 ergibt. Für nichtmilitärische keramische Gehäuse ist ein Qualitätsfaktor π_Q von 150 zu berücksichtigen, der Lernkurvenfaktor π_L sei 1 und für eine feste Bodeninstallation wird $\pi_E = 1$ angenommen:

$$\lambda_{8080} = 1 \cdot 150 \cdot 1{,}1 \cdot (0{,}4 \cdot 5{,}02 + 0{,}2 \cdot 1) \cdot 10^{-6} = 364 \cdot 10^{-6} \text{ Fehler/Stunde.}$$

Vergleicht man diesen Wert mit den genannten Ausfallraten (nach Herstellerangaben ca. $2 \cdot 10^{-7}$ Fehler/Stunde), so ist an diesem Beispiel deutlich zu sehen, daß die Berechnungen der Ausfallraten nach MIL-HDBK-217B bei hochintegrierten Bauteilen zu pessimistisch sind, so daß diese Werte nur obere Grenzwerte darstellen.

Zur schnellen überschlagsmäßigen Berechnung der Ausfallraten von mittel- bis hochintegrierten Schaltungen kann auch die folgende ebenfalls empirisch ermittelte Formel angewendet werden, die nicht in dem MIL-Handbuch angegeben ist:

$$\lambda = (0{,}00370925 + (0{,}00005976)P + (0{,}00000925)G)\pi_T \pi_Q \pi_E \qquad (3.25)$$

wobei die Fehlerrate in 10^{-6} Fehler/Std. angegeben ist und P die Anzahl der Anschlüsse und G die Gatterzahl bedeutet.

Beispiel:

Für den Mikroprozessor 8080 mit den Werten des letzten Beispiels und ca. 649 Gattern ist mit (3.25):

$\lambda = 0{,}00370925 + (0{,}00005976)\cdot 40 + (0{,}00000925)\cdot 649)\cdot 5\cdot 150\cdot 1 \approx 9{,}1\cdot 10^{-6}$ Fehler/Stunde.

3.6 Bestimmen der Ausfallraten integrierter Bauteile durch Materialprüfungen

Bisher wurde vorausgesetzt, daß die Parameter zur Zuverlässigkeitsbestimmung bekannt sind. Diese Daten müssen aber normalerweise durch entsprechende Testverfahren bestimmt werden. Der Prüfbetrieb sollte dabei möglichst bei ähnlichen Umweltbedingungen erfolgen, wie sie im späteren Einsatz vorgesehen sind. Um allerdings eine statistische Aussage treffen zu können, müssen in diesem Testbetrieb auch eine größere Anzahl von Ausfällen auftreten. Bei den integrierten Bauteilen liegen die Ausfallraten in einer solchen Größenordnung, daß sehr viele Elemente über einen sehr langen Zeitraum beobachtet werden müssen, damit eine statistische Aussage gerechtfertigt ist. Um diese zeitraubende Prüfverfahren zu beschleunigen, kann man die Testbedingungen verschärfen und den Prüfling unter größerem Streß testen als später im Betrieb zu erwarten ist. Wie bereits in den vorangegangenen Kapiteln gezeigt wurde, sind die Ausfallraten integrierter Bauteile stark temperaturabhängig, so daß die Testverfahren, die bei höheren Temperaturen durchgeführt werden auch zu höheren Ausfallraten führen, die dann mit der Arrhenius-Regel wieder auf die Betriebsbedingungen bei Normaltemperatur zurückzurechnen sind.

Die einfachste Methode die Fehlerrate eines Bausteintyps zu bestimmen ist die Anzahl der beobachteten Fehler durch die Gesamttestdauer zu dividieren:

$$\bar{\lambda} = \frac{\text{Anzahl der Fehler}}{(\text{Anzahl der Bauelemente})\text{x}\text{Testzeit}} \qquad (3.26)$$

Beispiel:

1000 integrierte Bauelemente werden gleichzeitig mit einem Prüfverfahren 1000 Stunden lang getestet, wobei insgesamt 10 Ausfälle beobachtet werden. Damit ist die mittlere Ausfallrate:

$$\bar{\lambda} = \frac{10}{1000\cdot 1000} = 10^{-5} \text{ Ausfälle/Stunde}$$

Bei integrierten Bauteilen liegt die Fehlerrate in dem Bereich von ca. 10^{-6} bis 10^{-8} Fehler/Std. Um bei einer solch niedrigen Ausfallrate z. B. 10 Fehler beobachten zu können, müßten 1000 Bauelemente zwischen 1 Jahr und 100 Jahren getestet werden! Wird dieser Test allerdings bei einer Testtemperatur von 125° C durchgeführt, so ist mit einer wesentlich höheren Ausfallwahrscheinlichkeit zu rechnen. Das Arrhenius - Diagramm (Bild 3.4) gibt Aufschluß über die zu erwartende Lebensdauer. So liest man z. B. bei einer Aktivierungsenergie von 1,0 eV, die für MOS-Schaltkreise anzunehmen ist, und einer Testtemperatur von 125° C eine relative MTTF von 10^{3} Stunden ab. Dies entspricht bei einer Umgebungstemperatur von 50° C einer äquivalenten MTTF von 10^{6} Stunden, was einen Temperaturbeschleunigungsfaktor von 10^{3} ergibt. In dem obigen Beispiel könnten dementsprechend die 10 Ausfälle bei 1000 Testobjekten durch die erhöhte Temperatur bereits nach 10 Stunden bis 40 Tagen, je nach erwarteter Ausfallrate, erreicht werden. Allerdings ist eine gewisse Skepsis angebracht, ob dieser so ermittelte Wert sich auch in der Praxis bestätigt, da hierbei die Umwelteinflüsse stark verändert wurden. Bei integrierten Schaltkreisen sind deswegen umfangreiche Untersuchungen bei Anwendern während des Einsatzes durchgeführt worden, wobei sich tatsächlich Abweichungen von den errechneten Werten ergeben haben. Glücklicherweise wurden aber nur kleinere Ausfallraten während des Betriebs beobachtet.

Im allgemeinen ist es aus Aufwandsgründen nicht möglich, jedes einzelne Bauteil zu testen, sondern man muß sich auf die Prüfung von Stichproben beschränken und dann daraus auf das gesamte Kollektiv schließen. Diese Vorgehensweise bedeutet natürlich, daß eine gewisse Unsicherheit über die Gültigkeit der Stichprobenprüfung besteht. Eine Aussage über die ermittelten Ausfallraten ist daher nur innerhalb bestimmter Vertrauensgrenzen möglich. In dem Bereich der konstanten Ausfallrate ist in erster Näherung anzunehmen, daß die Häufigkeitsverteilung der Fehlerrate einer Normalverteilung entspricht (siehe Bild 3.5).

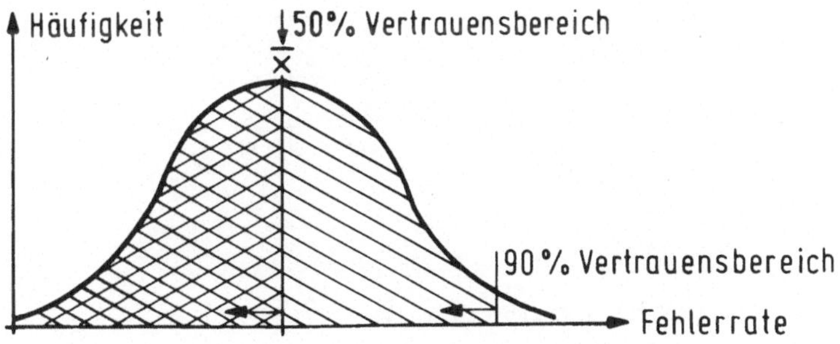

Bild 3.5: Häufigkeitsverteilung einer Fehlerfunktion

Mit Formel (3.26) wird daher der Mittelwert der Fehlerrate bestimmt.
Das bedeutet, daß nur die Hälfte die angegebenen Spezifikationen erfüllt, die andere Hälfte aber durchaus eine wesentlich höhere Ausfallrate besitzen kann, d. h. der Vertrauensbereich beträgt 50 %. Ein Anwender, der Bauteile in Platinen einsetzen will, ist meist an einer höheren Aussagesicherheit interessiert, z. B. an einem Vertrauensbereich von 90 %, wo nur 10 % der Bauteile die Spezifikationen nicht erfüllen.

Bei der Berechnung der notwendigen Stichprobengrößen gilt die Poisson-Beziehung

$$P_{m,n} = \frac{(np)^m}{m!} \exp(-np) \qquad (3.27)$$

$P_{m,n}$ gibt die Wahrscheinlichkeit an, daß bei n Versuchen ein Ereignis mit der Einzelwahrscheinlichkeit p genau m-mal auftritt. Auf das Problem der Bauelementeprüfung bezogen bedeutet dies, daß bei konstanter Ausfallrate λ während der Zeit t die Wahrscheinlichkeit $P_{m,n}$ besteht, daß von insgesamt n Bauteilen genau m Ausfälle eintreten:

$$P_{m,n} = \frac{(n\lambda t)^m}{m!} \exp(-n\lambda t) \qquad (3.28)$$

Betrachtet man die Wahrscheinlichkeit α, daß bis zum Zeitpunkt t maximal c Ausfälle vorhanden ist, so ist

$$\alpha = \sum_{m=0}^{c} \frac{(n\lambda t)^m}{m!} \exp(-\lambda t) \qquad (3.29)$$

Beispiel:

Wie groß ist die Ausfallrate mit einem Vertrauensbereich von 95%, wenn bei einem Test von 3000 Bauelementen, die 1000 Stunden lang geprüft werden, 1 Ausfall beobachtet wurde?

Die Wahrscheinlichkeit, daß kein Ausfall auftritt, ist nach (3. 28) (m = 0):

$$P_{0,n} = \exp(-\lambda nt)$$

Die Wahrscheinlichkeit, daß ein Ausfall auftritt soll 95% betragen:

$$1 - P_{0,n} = 1 - \exp(-\lambda nt) \overset{!}{=} 95\%$$

also ist

$$P_{0,n} = 5\%$$

Daraus folgt: $\ln 0{,}05 = -\lambda n t$

$$\lambda = -\frac{\ln 0{,}05}{n\lambda t} = \frac{3}{3 \cdot 10^6} = 10^{-6} \text{ Fehler/Stunde}$$

Zum Vergleich kann die mittlere Ausfallrate nach (3.26) berechnet werden:

$$\bar{\lambda} = \frac{1}{3000 \cdot 1000} = \frac{1}{3} \ 10^{-6} \text{ Fehler/Stunde}$$

Diese gibt also einen zu optimistischen Wert an.

Oftmals wird zur Fehlerbestimmung die χ^2-Funktion eingesetzt, die sich aus (3.29) ableiten läßt. Die genaue Herleitung ist der einschlägigen Literatur zu entnehmen. Dort sind auch Tabellen zur χ^2-Verteilung in Abhängigkeit von dem Vertrauensbereich und den K-Freiheitsgraden (mit K = 2 c + 2) angegeben. Zum Bestimmen der Ausfallrate λ gilt:

$$\lambda = \frac{\chi^2(K)}{2nt} \qquad (3.30)$$

Analog dazu ist die mittlere fehlerfreie Zeit

$$MTTF = 1/\lambda = \frac{2nt}{\chi^2(K)} \qquad (3.31)$$

Da die experimentell nach (3.26) bestimmte fehlerfreie Zeit nur für einen Vertrauensbereich von 50 % gilt, müssen die den Anwender interessierenden Werte mit höherem Vertrauensbereich nach (3.31) berechnet werden. Je mehr Fehler beobachtet werden können, d. h. je größer die Stichprobe ist, umso näher liegen diese Werte an den aktuellen Testergebnissen und je größer der Vertrauensbereich sein soll, umso weiter ist die gemessene MTTF von dem errechneten Wert, vor allem bei kleinen beobachteten Fehlerzahlen, entfernt. In Bild 3.6 ist der Faktor dargestellt, mit dem die gemessene MTTF bei unterschiedlichen geforderten Vertrauensbereichen multipliziert werden muß.

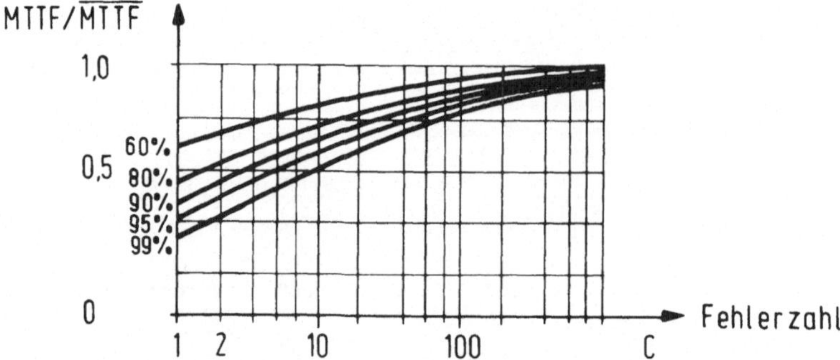

Bild 3.6: MTTF/gemessene MTTF bei unterschiedlichen Vertrauensbereichen in Abhängigkeit von der beobachteten Fehlerzahl.

Neben dieser unteren Vertrauensgrenze kann auch eine obere definiert werden, doch ist diese bei der Qualitätssicherung von untergeordneter Bedeutung, da wohl kaum ein Anwender ein Bauteil deswegen nicht einsetzt, weil dessen Zuverlässigkeit zu gut ist.

Beispiel:

Ein Kollektiv von 1000 integrierten Bauelementen wird 1000 Stunden lang getestet. Dabei wird bei Zwischenbeobachtungen festgestellt, daß nach 100 Stunden 1 Element ausgefallen ist und nach 300, 500, 600 und 7000 Stunden jeweils ein weiteres. Welchen Wert hat die Ausfallrate bei 90% Vertrauensgrenze?

Zunächst müssen die Gesamtbauelementestunden berechnet werden. Um einen Minimalwert zu erhalten, wird angenommen, daß die Ausfälle jeweils zu Beginn des Beobachtungsintervalls aufgetreten sind.

$$\sum_{i=1}^{n} t_i = 995 \cdot 1000 + 0 + 100 + 300 + 500 + 600 = 996\ 500 \text{ Stunden}$$

Für den Mittelwert der Ausfallrate erhält man mit (3.26):

$$\bar{\lambda} = \frac{5}{9{,}965 \cdot 10^5} \approx 0{,}5 \cdot 10^{-5} \text{ /Std.}$$

Bei 5 Ausfällen ergeben sich K = 2·5 + 2 = 12 Freiheitsgrade. Aus einer Tabelle der χ^2 Funktion findet man für die 90% Vertrauensgrenze den Wert

$$\chi^2(90\%) = 18{,}549$$

Mit (3.30) erhalt man damit

$$x^2(90\%) = \frac{18,549}{2\ 9,965\cdot 10^5} = 0,93\cdot 10^{-5} \text{ Fehler/Stunde}$$

Dies bedeutet, daß die Ausfallrate mit 90% Wahrscheinlichkeit gleich oder besser ist als $0,93\cdot 10^{-5}$ Fehler/Stunde.

Zu diesem Ergebnis gelangt man auch mit Hilfe des Diagramms (Bild 3.6): Für c = 5 Fehler liest man bei der Kurve mit 90% Vertrauensbereich etwa den Wert 0,54 ab. Damit ist die gemessene MTTF zu multiplizieren, bzw. die mittlere Ausfallrate zu dividieren:

$$\lambda(90\%) = \bar{\lambda}/0,54 = 0,5\cdot 10^{-5}/0,54 = 0,93\cdot 10^{-5} \text{ Fehler/Stunde.}$$

Zur schnellen Berechnung der Ausfallrate kann das Nomogramm (Bild 3.7) benutzt werden. Auf der linken Seite sind die Bauelementestunden der Prüfung aufgetragen. Verbindet man diesen Punkt mit dem Wert der Fehlerzahl bei dem gewünschten Vertrauensbereich, so erhält man auf der rechten Seite den entsprechenden Wert der Fehlerrate. In dem obigen Beispiel sind $0,996 \cdot 10^6$ Bauelementestunden mit 5 beobachteten Fehlern bei 90 % Vertrauensbereich zu verbinden. Die Verlängerung dieser Gerade ergibt den Wert $\lambda \approx 0,93 \cdot 10^{-5}$ Fehler pro Stunde auf der zu dem gewünschten Vertrauensbereich gehörenden Achse der Fehlerrate.

3.7 Fehlerraten von Mikrocomputerelementen

Zur Bestimmung der Systemzuverlässigkeit müssen die aktuellen Fehlerraten der verwendeten Bauteile bekannt sein. Dabei ist es notwendig, daß diese Angaben folgende Informationen enthalten:

- Prüfdatum — Gerade bei neuentwickelten hochintegrierten Schaltkreisen ist das Prüfdatum von großem Interesse, da zu Beginn einer Produktion noch hohe Zuverlässigkeitsverbesserungen zu erwarten sind (siehe Kap. 3.3).

- Vertrauensbereich — Je nach gewünschtem Vertrauensbereich kann die Angabe der Ausfallrate stark variieren. So verdoppelt sich z. B. die Ausfallrate eines Bauteils, wenn von einem

60 % Vertrauensbereich auf 90 % übergegangen wird (siehe Kap. 3.6).

– Umgebungstemperatur — Integrierte Bauteile sind in ihrer Ausfallrate sehr stark von der Temperatur abhängig (siehe Kap. 3.4).

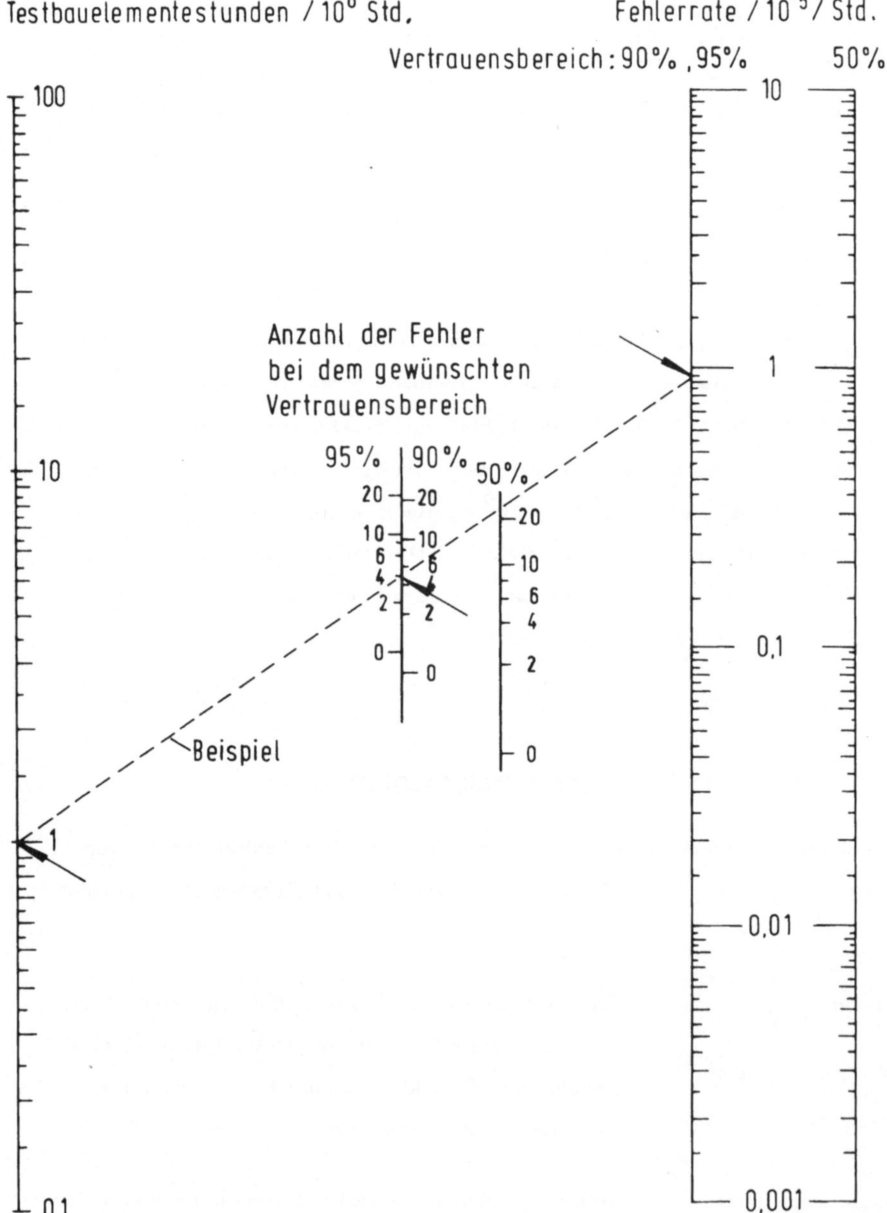

Bild 3.7: Fehler-Nomogramm

Die Tabelle 3.1 stellt eine Auswahl typischer Ausfallraten von Mikrocomputerelementen dar, die die Hersteller dieser Bauteile angegeben haben. Die Aktivierungsenergien der Fehlermechanismen, die in den einzelnen Elementen vorherrschen, sind ebenfalls angegeben, damit diese Werte auf die entsprechenden Bezugstemperaturen nach der Arrhenius - Regel umgerechnet werden können.

Bauteil			$(10^{-6}/\text{Std})$	Aktivierungs-energie	Ver-trauens-bereich	Tempe-ratur	Datum
RAM	1K-bit statisch	N-MOS	0,24...0,4	0,4 eV	90%	55°C	1975
		C-MOS	0,15	0,5 eV	90%	55°C	1975
	4K-bit dynamisch	N-MOS	0,2 ...0,5	0,3 eV	90%	70°C	1975
	4K-bit statisch	N-MOS	0,12	0,3/1,0 eV	60%	55°C	1978
	16K-bit dynamisch	N-MOS	0,27	0,3/1,0 eV	60%	55°C	1979
EPROM	8K-bit (uv-Löschbar)	N-MOS	0,13	0,4/0,8 eV	90%	55°C	1976
PROM	polysilizium Elemente	bipolar	0,5	0,4 eV	90%	85°C	1975
Mikroprozessor 8-bit		N-MOS	0,22	0,5 eV	90%	55°C	1976
1-Chip Mikroprozessor 8-bit		N-MOS					
	mit	RAM	0,45	0,3/1,0 eV	60%	55°C	1979
	mit	EPROM	0,64	0,3/0,8 eV	60%	55°C	1979
Mikrocomputer (8-bit N-MOS auf 1 Platine 1K-byte RAM, 4K-byte PROM/RAM parallele und serielle I/0)			39,9	—	90%	55°C	1977
Mikrocomputer-Entwicklungssystem (32K-byte RAM, Doppel-Floppy, Netzteil Bildschirm und Tastatur, I/0 Controller)			450	—	90%	Einsatz	1980
Mikroprozessor 16-bit		N-MOS	0,6	0,3 eV	60%	55°C	1981
Mikrocomputer (16-bit N-MOS auf 1 Platine)			10,93	—	60%	55°C	1981

Tabelle 3.1 : Ausfallraten von Mikrocomputerelementen

3.8 Stichprobenprüfungen

Jeder Fehler, der in einem System auftritt, verursacht für den Anwender zusätzliche Kosten. Diese beschränken sich nicht nur auf den Aufwand für die Fehlersuche und Reparatur, sondern auch der Arbeitsausfall muß bei diesen Überlegungen mitberücksichtigt werden. Je mehr Komponenten in einem System vereinigt sind, umso höher ist die Wahrscheinlichkeit eines Systemausfalls. Daher müssen schon auf den Ebenen vorher - der Bausteinebene und der Platinenebene - ausführliche Tests durchgeführt werden. Bild 3.8 zeigt für zwei exemplarische Anwendungen die relativen Kosten für einen Fehler.

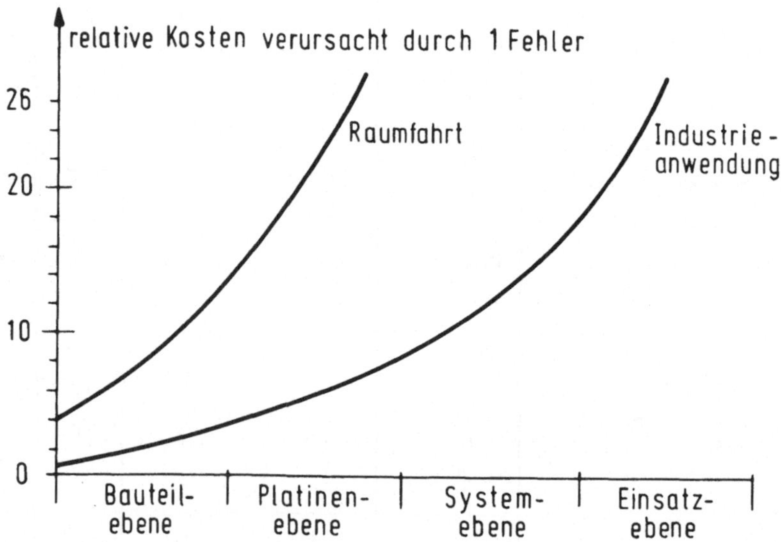

Bild 3.8: Durch einen Fehler verursachte relative Kosten in den verschiedenen Ebenen.

In Bild 3.8 ist deutlich zu sehen, daß die Kosten, die ein Fehler verursacht umso geringer werden, je früher er erkannt wird. Daher ist es vor allem bei größeren Stückzahlen notwendig, bereits die einzelnen Bauteile vor dem Einsetzen in die Schaltung zu testen. Bei größeren Mengen von zu prüfenden Elementen muß sich der Anwender häufig auf den Test von Stichproben beschränken. Hier tritt die Frage auf, wie groß die Proben sein müssen, um statistische Aussagen über den Qualitätsstandard (AQL = acceptable quality level) treffen zu können. Da die Menge N der vorhandenen Bauteile sehr viel größer ist als die n Elemente der Stichprobe kommt das Binomialgesetz zur Anwendung:

Werden n unabhängige Versuche durchgeführt und ist bei jedem dieser untersuchten Teile die Wahrscheinlichkeit, daß es fehlerhaft ist gleich p, so errechnet sich die Gesamtwahrscheinlichkeit, daß N Bauteile defekt sind zu:

$$P = \binom{n}{N} p^N (1 - p)^{n-N} \qquad (3.32)$$

Wenn dieser Fehler nur maximal 1-mal auftreten darf gilt:

$$P = \sum_{i=0}^{1} \binom{n}{i} p^i (1 - p)^{n-i} = (1 - p)^{n-1}(1-p+np) \qquad (3.33)$$

Beispiel:

Wie groß muß eine Stichprobe sein, damit 1% Ausschuß mit 90% Wahrscheinlichkeit erkannt wird?

$$P \overset{!}{=} 0{,}1 = 0{,}99^{n-1}(0{,}99 + n \cdot 0{,}01)$$

Diese Gleichung ist nicht mehr einfach nach n aufzulösen, sondern nur noch mit numerischen Methoden berechenbar. Danach kann für n die Annahme 661 Stück getroffen werden. Es ist mit 90% Wahrscheinlichkeit anzunehmen, daß sich in dieser Stichprobe nur ein fehlerhaftes Exemplar befindet. Sollten mehrere defekte Bauteile festgestellt werden, so braucht diese Lieferung nicht akzeptiert zu werden.

Da die Gleichung (3.33) mit einfachen Rechnungen nicht mehr zu lösen ist, sind von den Herstellern integrierter Schaltkreise Stichprobenpläne aufgestellt worden, die je nach Losgröße die Stichprobenmenge angeben und die bei den vom Hersteller garantierten AQL-Werten die Anzahl der akzeptierbaren fehlerhaften Bauteile ausweisen:

Losgröße	Stichprobe	AQL= 0,1	0,15	0,65	1,0	1,5	2,5
26 bis 50	8						
51 90	13						
91 150	20					1	1
151 280	32				1	1	2
281 500	50			1	1	2	3
501 1 200	80			1	2	3	5
1 201 3 200	125			2	3	5	7
3 201 10 000	200		1	3	5	7	10

Tabelle 3.2: Stichprobenplan

Beispiel:

Eine Sendung enthält 1000 integrierte Schaltkreise. Der Hersteller garantiert einen AQL von 1,0. Wie groß muß die Stichprobe sein und wieviele dieser getesteten Bauteile dürfen defekt sein, ohne daß der Hersteller das gesamte Los zurücknehmen muß?

In der Tabelle 3.2 findet man in der Zeile der Losgröße von 501 bis 1200 eine Stichprobengröße von 80 Exemplaren, von denen bei einem AQL von 1,0 maximal 2 Stück defekt sein dürfen. Wird ein drittes fehlerhaftes Bauteil entdeckt, muß der Hersteller die gesamten 1000 Bauteile wieder zurücknehmen.

Wie wichtig der Qualitätsstandard bei den Bauteilen ist, kann aus Bild 3.9 ersehen werden. Hier ist bei unterschiedlichen AQL-Werten die Wahrscheinlichkeit aufgetragen, daß eine Platine fehlerhaft ist in Abhängigkeit von der Anzahl der Bauelemente pro Platine. Mit steigender Bauteilezahl ist auch die Wahrscheinlichkeit, daß nach dem Platinentest defekte Bauteile ausgewechselt werden müssen, entsprechend höher.

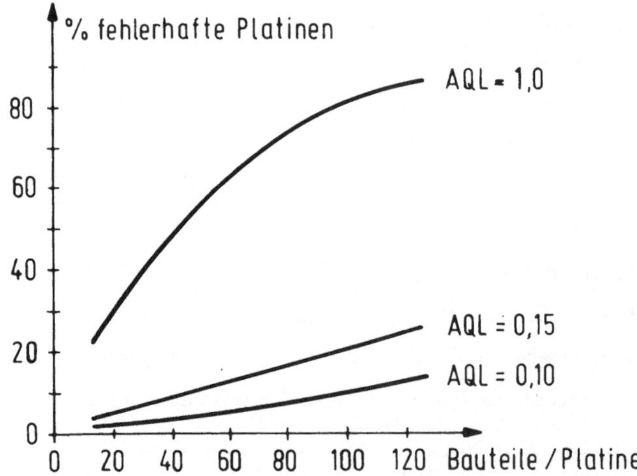

Bild 3.9: Wahrscheinlichkeit für fehlerhafte Platinen in Abhängigkeit von der Anzahl der Bauelemente bei unterschiedlichen AQL-Werten.

4 Testverfahren bei integrierten Schaltkreisen

4.1 Bausteintest

Aus den vorangegangenen Überlegungen geht hervor, daß es sinnvoll sein kann, Tests bereits auf der Bausteinebene durchzuführen. Prinzipiell können diese Bausteintests in 4 Gruppen unterteilt werden:

a.) Gleichspannungstest: Bei diesem einfachen Testverfahren werden die entsprechenden Eingangspegel an das Chip angelegt und gemessen, ob sich Ströme und Spannungen in den spezifizierten Bereichen befinden. Dadurch ist es möglich, minderwertige Chips zu eliminieren.

b.) Temperaturstreß: In den vorangegangenen Kapiteln wurde bereits über die Temperaturabhängigkeit der Ausfallraten integrierter Bausteine berichtet. Diese nutzt man bei der Testphase aus, um eventuell verborgene Fehlermechanismen zu beschleunigen und so einen Ausfall herbeizuführen, der sonst erst während des Betriebs aufgetreten wäre. Dabei kann dieser Temperaturstreß auf verschiedene Arten erfolgen:

- Bei dem „ Voraltern" durch erhöhte Temperaturen ohne Anlegen der elektrischen Potentiale werden die Bauteile für mindestens 24 Stunden auf 150°C erhitzt. Dadurch werden z. B. die chemischen Reaktionen durch Verunreinigungen und auch die Schwellspannungsdrift bei MOS-Transistoren beschleunigt.

- Ein Temperaturzyklus wird durchgeführt, um Metallisierungsfehler und Fehler bei dem Zusammenbau zu entdecken. Dabei werden die Chips z. B. für 10 Zyklen zunächst ca. 10 Minuten auf niedrige Temperaturen abgekühlt und anschließend wieder für 10 Minuten erhitzt.

- Am wirkungsvollsten ist ein elektrischer Funktionstest bei erhöhter Temperatur, wobei das Testobjekt in seiner dynamischen Betriebsart getestet wird. Hierbei werden nicht nur die Fehler durch Verunreinigen und die Metallisierungsdefekte sondern auch die Diffusionsfehler entdeckt.

c.) Spannungsstreß: Der bei den MOS-Bauelementen am häufigsten auftretende Fehler - Oxydfehler - zeigt mit 0,3eV Aktivierungsenergie eine nur sehr geringe Temperaturabhängigkeit. Um diesen Fehler entdecken zu können, erhöht man die an das Chip angelegten Spannungen um etwa 50 % über die spezifizierten oberen Grenzwerte für jeweils 1 bis 2 Sekunden. Dadurch fallen eine große Anzahl von Bausteinen mit Gateoxydfehlern aus. Diese Testmethode kann auch zusätzlich unter Temperaturstreß durchgeführt werden, so daß damit die größtmögliche Anzahl von Fehlern entdeckt werden kann.

Bild 4.1 zeigt den Einfluß der verschiedenen Testmethoden auf die Fehlerrate. Durch den höheren Streß, dem die Bauteile ausgesetzt sind, ist eine größere Anzahl von Ausfällen während der Testphase zu beobachten. Nachdem wieder auf normale Betriebsbedingungen übergegangen worden ist, sind diese Fehler bereits eliminiert, so daß dann mit einer Verringerung der Ausfallrate zu rechnen ist.

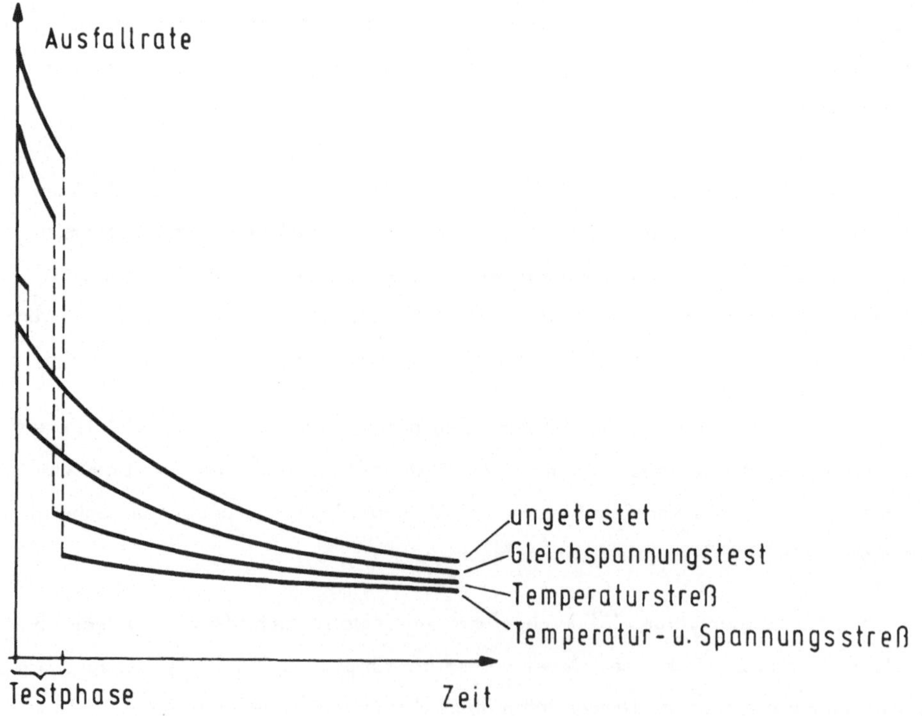

Bild 4.1: Einfluß unterschiedlicher Testverfahren auf die Ausfallraten integrierter Schaltkreise.

d.) Funktionstest: Je nach Art des integrierten Bauelements sind funktionsbedingte Fehler zu erwarten, die mit entsprechenden Prüfprogrammen entdeckt werden müssen. Kritisch sind hierbei wegen ihrer hohen Komplexität vor allem Mikroprozessoren und Speicher.

Tabelle 4.1 gibt einen Überblick darüber, welche der Fehlerarten bei der MOS-Technologie durch die beschriebenen Testverfahren entdeckt werden können.

		OXYDFEHLER		METALLISIERUNGSFEHLER			OBERFLÄCHENDEFEKT	ZUSAMMENBAUFEHLER
		Gateoxyd	Verunreinigungen	Leiterbahnbrüche	Überlegierung	Massetransport		
GLEICHSPANNUNGSTEST				X				
TEMPERATURSTRESS	gleichmäßig		X				X	
	zyklisch			X				X
	dynamisch		X	X	X	X		
SPANNUNGSSTRESS		X				X		

Tabelle 4.1: Entdeckbare Fehler bei hochintegrierten MOS-Schaltkreisen durch verschiedene Testverfahren.

4.2 Testfreundliche Strukturen

Bei den niedrig- und mittelintegrierten Bauelementen können Funktionsprüfungen durchgeführt werden, indem sämtliche mögliche Eingangskombinationen an den Prüfling angelegt und die entsprechenden Ausgangszustände analysiert werden. Mit Hilfe geeigneter Testgeräte können solche Bausteinprüfungen in kürzester Zeit durchgeführt werden. Hochintegrierte Schaltkreise besitzen dagegen eine große Anzahl von Zustandskombinationen, so daß diese Prüfstrategie nicht mehr anwendbar ist. So besitzt z. B. ein Bauelement, das 100 voneinander unabhängige Elemente enthält, die jeweils die binären Werte „1" und „0" annehmen können, $2^{100} \approx 1,3 \cdot 10^{30}$ verschiedene Zustandskombinationen. Würde dieser Baustein in kleinere Blöcke unterteilt, die man getrennt prüfen kann, so wäre wieder ein Funktionstest möglich. Werden bei dem Beispiel die 100 Elemente in 20 Blöcken zu je 5 Elementen aufgeteilt, so wären nur 20 x 32 = 640 Einzeltests notwendig. Allerdings setzt diese Methode voraus, daß die Schaltung intern in Unterblöcke aufgetrennt werden kann und sämtliche Funktionsausgänge an Anschlüsse herausgeführt werden, die für die eigentliche Schaltung nicht belegt sind. Nun ist aber das Problem der großen Anschlußzahlen bei hochintegrierten Schaltkreisen sehr kritisch, so daß möglichst wenig zusätzliche Kontaktierungen eingeführt werden dürfen. Daher müssen Prüfstrukturen in die zu realisierende Halbleiterschaltung mitintegriert werden.

Die einfachste Lösung besteht darin, zusätzliche Testpunkte innerhalb der Schaltung einzuführen und diese Werte parallel in ein Schieberegister einzuspeichern. Der Ausgang dieses Registers wird nach außen geführt und die Testwerte sequenziell mit Hilfe eines Taktsignals ausgegeben (siehe Bild 4.2). Bei diesem Verfahren werden nur zwei zusätzliche Anschlüsse benötigt: Der Takteingang für das Schieberegister und der Datenausgang für die Prüfwerte. Durch geeignete Schaltungsmaßnahmen können auch die zur Funktion des Chips benötigten Flip-Flop-Elemente als Testregister intern zusammengeschaltet werden, so daß der zusätzliche Aufwand für die Prüfschaltung minimal ist. Hierbei ist nur die Beobachtung zusätzlicher Testinformation möglich, nicht aber das getrennte Austesten einzelner Funktionsblöcke.

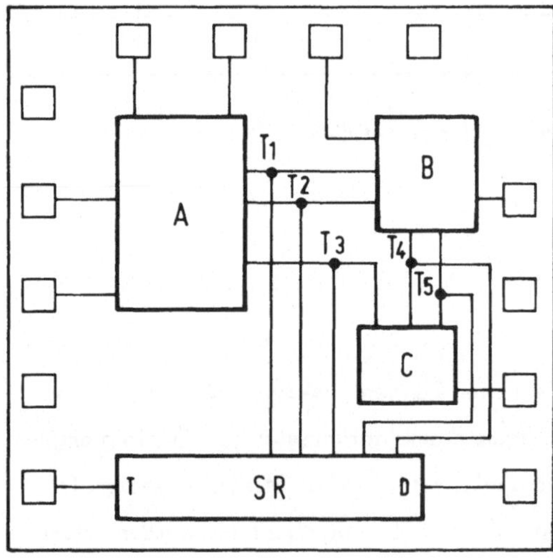

Bild 4.2: Integriertes Schieberegister zum Herausführen zusätzlicher Testpunkte

Zum Auftrennen der Schaltung in voneinander unabhängige Funktionsblöcke sind aufwendigere Elemente notwendig. Statt des Schieberegisters kann ein Zähler mit nachgeschaltetem Verknüpfungsnetzwerk eingesetzt werden, das zusätzlich integrierte Umschalter steuert. So wird z. B. im Testfall für den Block A der Zähler getaktet und dadurch die Schalter so gestellt, daß dieser Block von den anderen Funktionsblöcken völlig abgetrennt werden kann (Bild 4.3). Bei dem nächsten Taktimpuls wird dann mit Block B ebenso verfahren usw. Die Testmuster werden ebenfalls auf schon vorhandenen Anschlüssen eingegeben. Im normalen Einsatz muß sichergestellt sein, daß sämtliche Schalter im Betriebszustand sind. Daher existiert ein weiterer Anschluß, der den Zähler in seine Ursprungslage zurücksetzt.

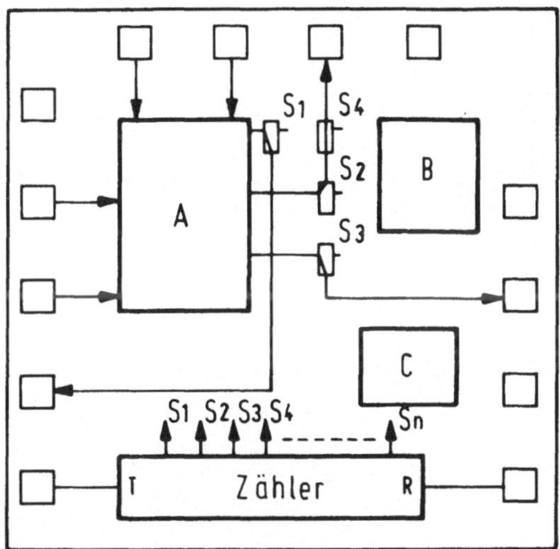

Bild 4.3: Integrierte Prüfschaltung für Funktionsblöcke (dargestellt ist der Test von Block A).

Ein weiterer - wahrscheinlich in naher Zukunft notwendiger - Schritt zum Testen von komplexen hochintegrierten Bausteinen ist die Entwicklung selbstprüfender ICs. Dabei werden die zum Überprüfen der einzelnen Module notwendigen Testmuster in einem auf dem Chip befindlichen Testmustergenerator (TMG) erzeugt. Die Auswertung der Reaktionen der betroffenen Blöcke wird ebenfalls auf dem Chip durch einen Testmusterauswerter (TMA) vorgenommen und nur das Ergebnis der Prüfung, ob das Bauelement defekt ist oder nicht, wird nach außen dem Benutzer durch einen zusätzlichen Anschluß gemeldet (Bild 4.4).

Ein derartiges selbsttestendes Konzept kann allerdings nur dann wirtschaftlich sein, wenn der Mehraufwand für die zusätzlich benötigte Hardware gering ist. Eine interne Auswertung der Testdaten innerhalb der Bauelemente ist mit Hilfe von Datenkompressionstechniken möglich, die die wesentlichen Testaussagen in möglichst kurze Codewerte komprimieren. Die bei der Datenübertragung verwendeten zyklischen Codes, auf die später noch eingegangen wird, lassen sich relativ einfach implementieren, wobei auch das als

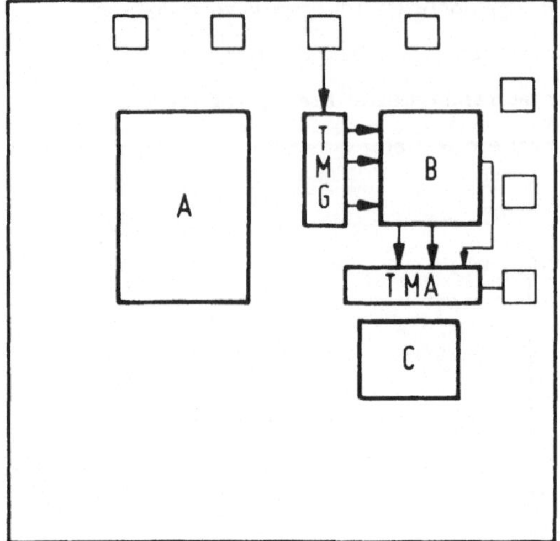

Bild 4.4: Selbsttesteigenschaft des ICs durch integrierten Testmustergenerator (TMG) und Testmusterauswerter (TMA).

„Signaturanalyse" bekannte Testverfahren zur Anwendung kommen kann. Ebenso kann ein einfacher „Testcomputer" mitintegriert werden.

Mit diesen selbsttestenden Bauelementen kann auch bei hochintegrierten ICs der Zeitaufwand für die Prüfung klein gehalten und eine hohe Fehlerentdeckungswahrscheinlichkeit erreicht werden. Bis solche Schaltungen allerdings in größerem Umfang in der Praxis eingeführt sind, bleibt dem Anwender nur die Möglichkeit, unvollständige Funktionstests an den äußeren Anschlüssen vorzunehmen.

4.3 Testverfahren bei Mikroprozessorsystemen

Bei der Entwicklung eines sinnvollen Funktionstests für Mikrocomputerkomponenten befindet sich der Hersteller in einer besseren Situation als der Anwender, da er sowohl die Schaltungsauslegung als auch den Herstellungsprozeß kennt und damit weiß wo die Schwachstellen des Produktes sind. Auf diesem Wissen aufbauend kann er seine LSI-Bausteine mit speziellen Testmustern prüfen. Dem Anwender fehlen meist die Kenntnisse über Details der Hardwarestruktur und des Produktionsablaufs, so daß ihm nur die Möglichkeit bleibt, den Baustein als „black box" zu betrachten und allgemeine Testverfahren zu entwickeln.

Die bei weniger komplexen digitalen ICs benutzten Verfahren zur Testmustererzeugung sind im wesentlichen:

- manuelle Testmustererzeugung: Diese werden anhand von Wahrheitstabellen aufgestellt und manuell an den Prüfling angelegt. Ein solches Verfahren ist für einen LSI-Test nicht anwendbar, da wegen dessen hohen Komplexität keine vollständigen Wahrheitstabellen aufgestellt werden können.

- algorithmische Testmustererzeugung: Dieses Verfahren geht von einem Gattermodell der Schaltung aus und ist für LSI-Schaltung nur mit hohem Aufwand auf einem Großrechner, mit Einschränkungen, anwendbar, wenn die Schaltungsstruktur bekannt ist.

- Testmustererzeugung mit Hilfe von Zufallsgeneratoren: Bei diesem Verfahren werden statistisch erzeugte Testmuster an den Prüfling angelegt und am Ausgang die „1" - bzw. „0" - Signale oder die Signalwechsel gezählt und ausgewertet. Diese Art der Testmustererzeugung ist wegen der hohen Komplexität von LSI-Schaltkreisen ebenfalls unzureichend.
  Der Anwender von Mikroprozessorsystemen muß daher andere Prüfverfahren einsetzen, um seine Bauteile wirksam testen zu können.
  Dabei lassen sich im wesentlichen zwei Testverfahren unterscheiden:

  Vergleichtest mit einem Bezugsobjekt
  Selbsttestmethode

a.) Vergleichstest mit einem Bezugsobjekt

Das Prinzip dieser Testmethode liegt darin, daß sämtliche Daten zum Prüfling auch an einen bekannt guten Referenztyp angelegt werden (Bild 4.5). Die Ausgänge des Prüflings werden mit den Ausgängen des Referenzobjektes verglichen und vom dem Ergebnis eine Gut-/Schlechtaussage abgeleitet.

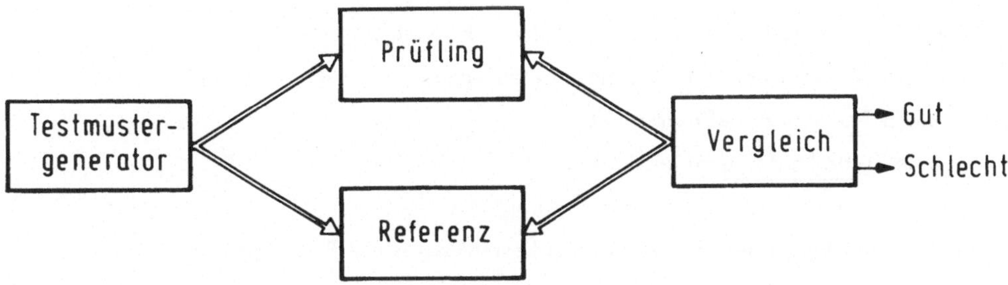

Bild 4.5: Vergleichstest mit einem Bezugsobjekt.

Der Nachteil dieser Testmethode liegt darin, daß ein wirklich „guter" Referenztyp benötigt wird, der unter sämtlichen Betriebsbedingungen auch vollkommen fehlerfrei arbeitet.

b.) Selbsttestmethode

Unter Selbsttest wird hier der Test eines Mikrocomputers verstanden, bei dem der Mikroprozessor selbst die Ablaufsteuerung mit seinem eigenen Befehlssatz übernimmt. Dabei arbeitet der Mikroprozessor zumeist in seiner vorgesehenen Umgebung, so daß mit relativ geringem Aufwand eine wirkungsvolle Funktionsprüfung, nicht nur des Prozessors selbst, sondern auch seiner Peripherie, durchzuführen ist.
Diese Testprogramme können Bestandteil des Anwenderprogrammes bleiben, damit zu bestimmten Zeiten im späteren Einsatz, z. B. beim Einschalten des Gerätes, die Funktionsfähigkeit des Mikrocomputers überprüft wird.

Der Selbsttest eines Mikroprozessors besteht aus einer Befehlsfolge, die sämtliche Befehle mit jeweils typischen Daten ausführt und nur bei korrekter Funktion ein definiertes Datenwort unter einer bestimmten Adresse ablegt. Dadurch kann aber die Ursache einer Fehlfunktion nicht immer sicher erkannt werden und mehrere Fehler können sich unter ungünstigen Bedingungen gegenseitig aufheben.

Wegen der großen Bedeutung, die ein Selbsttest des Mikroprozessorsystems in der Praxis besitzt, wird auf diese Methode im folgenden ausführlicher eingegangen.

4.3.1 Mikroprozessortest

Bei dem Mikroprozessorselbsttest soll der Prozessor mit Hilfe seiner eigenen Ablaufsteuerung Fehler bei sich selbst finden, wobei der jeweilige Fehlerzustand zu diesem Zeitpunkt noch vollkommen unbekannt ist. Dies erfordert eine Konzeption des Tests, die es ermöglicht, trotz defektem Mikroprozessors Fehler zu erkennen und auch anzuzeigen.

Um zu einer Testmethode zu gelangen, ist es notwendig,

- den Mikroprozessor in Testobjekte zu zerlegen,
- einen Testkern zu definieren und
- eine Testreihenfolge zu bestimmen.

Der Minimalzyklus eines Mikroprozessors besteht aus (siehe Bild 4.6):

- Lesen des Befehls
- Dekodieren des Befehls

- Ausführen der Operation, wobei entweder ein Abspeichern von Daten oder ein Sprung auf eine bestimmte Adresse die richtige Befehlsausführung signalisiert.

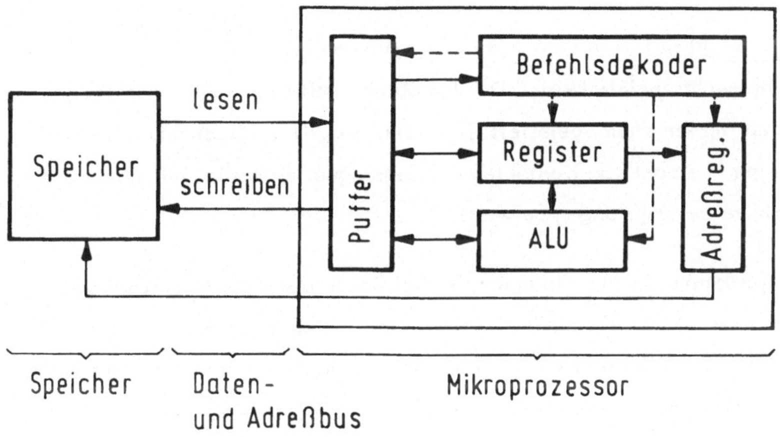

Bild 4.6: Funktionseinheiten eines Mikrocomputers, die bei einem Minimalzyklus benötigt werden.

Bei einem Mikrocomputer lassen sich folgende Testobjekte angeben:

- Datenbus,
- Adreßbus,
- ROM und RAM,
- Befehlsdekoder mit Steuerwerk,
- Rechenwerk (ALU) mit Registern,
- Befehlssatz.

Für einen vollständigen Testablauf kommen noch hinzu:

- Interruptsystem,
- Peripherie.

Bei dem Befehlssatz beschränkt man sich zunächst auf den Test der zu einem Minimalzyklus gehörenden Operationen. Darauf aufbauend werden die restlichen Befehle Schritt für Schritt mit den bereits als funktionsfähig erkannten Operationen überprüft. Zur Fehleranzeige gibt es dabei zwei Möglichkeiten: Entweder es wird ein Sprung zu einer bestimmten Adresse ausgeführt oder der Prozessor geht in den inaktiven Zustand („fail-save"-Verhalten).

Als Testkern sind sämtliche Module des Mikroprozessors anzusehen, die zum Test des ersten Testobjekts notwendig sind. Hierbei muß auch davon ausgegangen werden, daß ein Teil dieser Module fehlerhaft sein kann. Daher sollte der Testkern möglichst klein gehalten werden. Wird bei diesem ersten Testabschnitt ein Fehler entdeckt, so ist ein weiteres Testen sinnlos und der Test kann abgebrochen werden.

Für die Testreihenfolge gibt es im wesentlichen zwei Auswahlkriterien:

- Die größte Fehlerwahrscheinlichkeit: Die Testobjekte mit den größten Fehlerwahrscheinlichkeiten werden zuerst getestet. Der Datenbus gilt als besonders fehleranfällig, da er eine Vielzahl von Kontakten und Signalquellen besitzt und außerdem noch meist größere Leitungslängen aufweist.

- Der minimale Testkern: Da ein minimaler Testkern auch die kleinste Anzahl von Fehlerquellen aufweist, ist ein solcher Test in seiner Aussage am zuverlässigsten. Bei einem Bustest werden keine Maschinenaktionen überprüft, sondern nur die Fähigkeit Daten zu übertragen. Damit ist der Datenbustest ein Testobjekt mit minimalem Testkern.

  Da der Datenbustest beide Auswahlkriterien erfüllt, empfiehlt es sich, den Selbsttest mit einem Prüfprogramm für den Datenbus zu beginnen. Die Auswahl weiterer Testobjekte erfolgt anschließend ebenfalls nach den erwähnten Kriterien, wobei der Testumfang mit jedem erfolgreich beendeten Test zunimmt.

  Um den Testablauf zu verkürzen, kann man den Befehlssatz des Mikroprozessors in Gruppen gleichartiger Befehle einteilen. Unter „gleichartig" ist hierbei zu verstehen, daß entweder Operationen mit ähnlichen Abläufen der Mikroprogramme in der Ablaufsteuerung oder Befehle, die gleiche interne Module des Prozessors ansprechen, zusammengefaßt werden.

  Damit kann man z. B. folgende Testreihenfolge aufstellen:

  - Bustest,
  - Test der Grund-Befehle,
  - ROM-Test,
  - Test weiterer Mikroprozessorbefehle,
  - RAM-Test,
  - Test des Interruptsystems,
  - Peripherietest.

a.) Datenbustest

Durch einen Fehler im Datenbus wird der Operationscode bei der Befehlsholphase verfälscht. Dabei kann entweder das Befehlsformat verändert werden (aus einem 1-Byte Befehl wird ein Mehr-Byte-Befehl und umgekehrt), oder der Programmablauf gestört werden (aus einem sequenziellen Befehlscode wird ein Sprungbefehl und umgekehrt), oder das Programm kann stillgesetzt werden, wenn der Fehler den Befehlscode so störte, daß ein HALT-Befehl entsteht. Gerade mit dem letzten Fehlerfall lassen sich Testsequenzen erstellen, die den Datenbus auf Einzelfehler, die hierbei als statisch angenommen werden (stuck - at - 0 und stuck - at - 1), überprüfen. Bei der Erstellung eines solchen statistischen Testprogramms für den Datenbus muß sich ein Befehl um jeweils 1 Bit sowohl von dem vorangegangenen Befehlscode als auch von dem HALT-Befehl unterscheiden. Ist der Prozessor in der Lage, den HALT-Befehl auszuführen, so wird ein solcher Datenbusfehler dadurch angezeigt, daß das Programm nicht weiterbearbeitet wird, da der Prozessor den Operationscode als HALT-Anweisung interpretiert.

Bei Mehr-Byte Befehlen wählt man als Operanden zweckmäßigerweise den Operationscode des HALT-Befehls. Liegt auf mindestens einer Datenleitung ein Fehler vor, so erfolgt eine Fehlinterpretation des Mehrbyte-Befehls und der Operand kann als HALT-Befehl ausgeführt werden.

Beispiel:

Welche fehlerhaften Befehle können bei dem Operationscode LXI B des Mikroprozessors 8080 entstehen, wenn jeweils eine Datenleitung defekt ist?

fehlerhafte Datenleitung	Fehlertyp	Operationscode (binär)	Befehl	Befehlslänge
fehlerfrei		0000 0001	LXI B, Data	3
0	s-a-0	0000 0000	NOP	1
1	s-a-1	0000 0011	INX B	1
2	s-a-1	0000 0101	DCR B	1
3	s-a-1	0000 1001	DAD B	1
4	s-a-1	0001 0001	LXI D, Data	3
5	s-a-1	0010 0001	LXI H, Data	3
6	s-a-1	0100 0001	MOV B, C	1
7	s-a-1	1000 0001	ADD C	1

Wie sieht ein mögliches Testprogramm für den Datenbustest bei dem Mikroprozessor 8080 aus, das den HALT- Befehl (0111 0110) ausnutzt?

Op-Code	Hex	Byte	Mnemonic	Diagnose bei Nicht - HALT Bit	
0111 0111	77	1	MOV M,A	0	s-a-0-frei
0111 0100	74	1	MOV M,H	1	s-a-1-frei
0111 0010	72	1	MOV M,D	2	s-a-1-frei
0111 1110	7E	1	MOV A, M	3	s-a-0-frei
0110 0110	66	1	MOV H, M	4	s-a-1-frei
0101 0110	56	1	MOV D, M	5	s-a-1-frei
0011 0110	36	2	MVI M,76	6	s-a-1-frei
0111 0110	76		(HALT)		
1111 0110	F6	2	ORI	7	s-a-0-frei
0111 0110	76		(HALT)		

Tritt z.B ein s-a-0-Fehler in dem Datenbit 3 auf, so wird statt des Befehls MOV A,M (7EH) ein HALT(76H) ausgeführt.

Es muß bei dem Datenbustest davon ausgegangen werden, daß Fehler in den Datenleitungen den HALT-Befehl ebenfalls verändern können, so daß dieser nicht ausgeführt wird. In diesem Fall muß durch Sprungbefehle eine Endlosschleife erzeugt werden, die ein „Pseudo-Halt" bewirkt (siehe Bild 4.7)

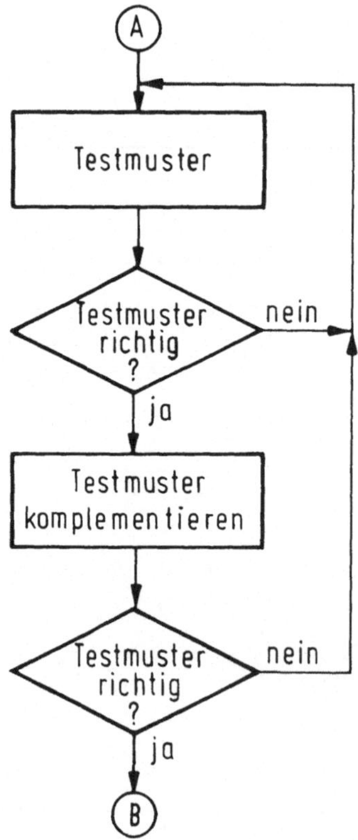

Bild 4.7: Erzeugung eines Pseudo-Halts

Sind die Datenleitungen und die zu diesem Test benötigten Mikroprozessoroperationen fehlerfrei, so wird das Programm linear durchlaufen. Ist aber ein Fehler auf einer Datenleitung vorhanden, so bewirkt eine der beiden Abfragen eine Endlosschleife.

Um eine Befehlsverschmelzung durch eine Formatsveränderung im Fehlerfall zu vermeiden, sollten die einzelnen Testschritte durch „Abstandsbefehle", die keine Aktionen bewirken (NOP-Befehle) getrennt werden.

Beispiel:

Wie sieht ein Prüfprogramm zum Datenbustest mit dem Mikroprozessor 8080 aus?

Eine Möglichkeit ist:

Adresse (hexadezimal)	Code (hexadezimal)	Befehl	Befehls-länge	Prüfung auf Fehlertyp 7	6	5	4	3	2	1	0	Bemerkung
00	01 76 76	LXI B, 76, 76	3		1				1	1	0	
03	7F	MOV A,A	1					0			0	
04	56	MOV D,M	1			1						
05	56	MOV D,M	1			1						
06	66	MOV H,M	1				1					
07	66	MOV H,M	1				1					
08	7E	MOV A,M	1					0				
09	7E	MOV A,M	1					0				
0A	FE 00	CPI 0	2	0				0				
0C	00	NOP	1									Abstandsbefehl
0D	E7	RST 4	1	0	0	0	1	1	0	0	0	Sprung auf 20
0E	76	HLT	1	1	1	1	0	0	1	1	1	
0F	00	NOP	1									
10	F6 00	ORI 0	2	0								
12	00	NOP	1									Abstandsbefehl
20	F7	RST 6	1	0							0	Sprung auf 30
28	EF	RST 5	1									Pseudo-HALT
30	C3 40 00	JMP 40	3									Sprung auf 40
38	FF	RST 7	1									Pseudo-HALT
				s-a-1 Fehler: = 1 s-a-0 Fehler: = 0								
40		weiteres Programm										

Ist kein Fehler vorhanden, so wird nach dem LXI-, den MOV- und dem CPI-Befehl auf die Adresse 20 verzweigt, danach auf 30 und schließlich auf das nachfolgende Programm (ab Adresse 40) gesprungen.

Ist dagegen z.B. die Datenleitung 7 fehlerhaft (s-a-0-Fehler), so hat dieser auf die LXI- und MOV-Befehle keine Auswirkung, da bei diesen Befehlen das Bit 7 sowieso 0 ist (siehe vorangegangenes Beispiel). Dagegen wird der CPI-Befehl in eine MOV A,M (7EH) Operation verfalscht (Adresse 0AH). Da dieser ebenfalls ein 1-Byte-Befehl ist, wird er ausgeführt, ohne einen Fehler zu signalisieren, ebenso der nachfolgende NOP-Befehl. Der nächste Befehl (RST 4 = E7H) wird jedoch als MOV H,A (67H) interpretiert, so daß das Programm bei Adresse OEH auf eine HALT-Operation aufläuft und damit einen Fehler meldet.

Wenn die Datenleitung 7 dagegen ständig 1 ist, so wird schon der LXI-Befehl als ADDC, die nachfolgenden Befehle als ORI (F6H) und F6H als die dazugehörenden Daten interpretiert . Aus MOV A,A (7FH) wird dann ein RST 7-Sprung, womit das Programm mit einem "Pseudo-Halt" (fortwährender Sprung auf Adresse 38H) endet.

Die weiteren möglichen Fehlerfälle (s-a-0 und s-a-1) können anhand der Befehlsliste des 8080-Mikroprozessors nachvollzogen werden.

---

b.) Grundtest

Bei dem Grundtest wird überprüft, ob der Akkumulator beschrieben werden kann. Hierzu wird er mit einem kritischen Bitmuster (z. B. Schachbrettmuster) geladen und unmittelbar darauf mit demselben Muster verglichen. Werden beide Werte als identisch erkannt, so setzt der Mikroprozessor ein Zustandsbit im Statusregister, das meist als "Zero-Flag" bezeichnet wird. Dem Vergleich folgt ein bedingter Sprungbefehl, der in Abhängigkeit vom "Z"-Bit ausgeführt wird. Kann dieser Befehl nicht ausgeführt werden, führt dies auf eine HALT, bzw. Pseudo-HALT-Anweisung. Ist der Sprung korrekt ausgeführt worden, folgt ein Vergleich des Akkumulatorinhalts mit dem komplementären Muster.

Um zu überprüfen, ob eine Information aus dem Akkumulator auf einen Speicherplatz geschrieben werden und von dort auch wieder gelesen werden kann, wird das Muster in einen Speicherplatz abgelegt und der Akkumulator mit einem anderen Wert überschrieben. Anschließend wird die Information wieder eingelesen und mit dem erwarteten Wert verglichen (Bild 4.8)

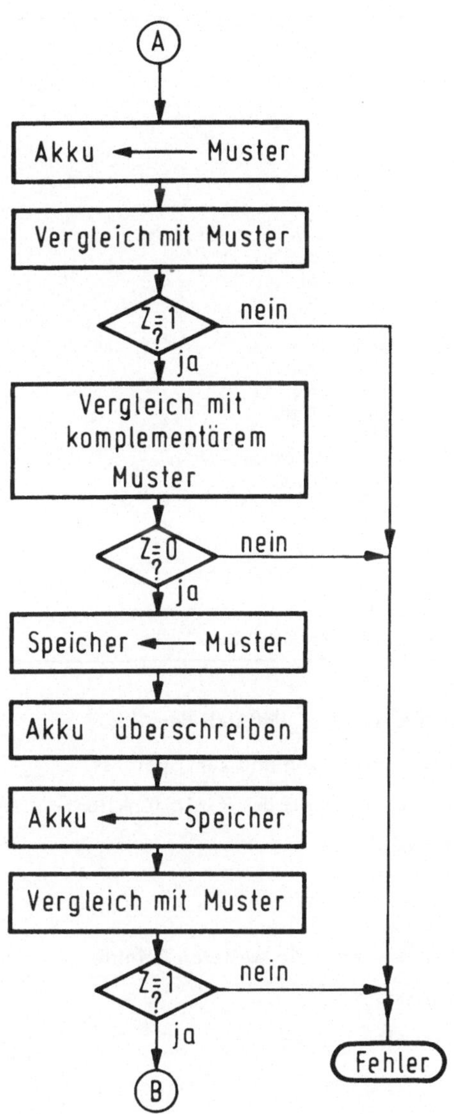

Bild 4.8: Flußdiagramm des Grundtests

Beispiel:

Der Grundtest für den Mikroprozessor 8080 besteht aus folgendem Programmablauf:

Adresse hexadezimal	Code hexadezimal		Befehl		
00	3E	55		LD	A, 55
02	FE	55		CP	55
04	CA	0B 00		JP	Z, T1
07	C3	25 00		JMP	FEHL
0A	CF			RST 1	
0B	FE	AA	T1:	CP	AA
0D	C2	14 00		JP	NZ, T2
10	C3	25 00		JMP	FEHL
13	CF			RST 1	
14	32	(xxxx)	T2:	LD	(MEM), A
17	3E	00		LD	A, 00
19	3A	(xxxx)		LD	A, (MEM)
1C	FE	55		CP	55
1E	CA	28 00		JP	Z, TE
21	C3	25 00		JMP	FEHL
24	CF			RST 1	
25	76		FEHL:	HLT	
28			TE :	weiteres Programm	

Der erfolgreich beendete Grundtest liefert nicht nur die Aussage, daß sich der Akkumulator beschreiben läßt, sondern auch, daß der Datentransfer von und zum Speicher in Ordnung ist, daß die bedingten Sprungebefehle in Abhängigkeit des Z-Bits funktionsfähig sind und daß der Programmzähler richtig gesetzt wird.

c.) weitere Tests

Ausgehend von den im Grundtest geprüften Operationen werden die weiteren Befehle Schritt für Schritt, in Gruppen zusammengefaßt, getetest.
Dabei hat sich z. B. folgende Testreihenfolge als sinnvoll erweisen:

- Transferbefehle
- Registerbefehle
- Sprungbefehle
- Logische Operationen
- Arithmetische Operationen
- Unterprogrammbehandlung
- Interruptbehandlung

Bei den neu hinzu gekommen Befehlen wird die Überprüfung durch eine Parallelrechnung durchgeführt, die möglichst nur bereits getestete Befehle enthält. So kann z. B. der Befehl INCREMENT Register durch die Aktion AKKU + 1 nachvollzogen werden. Ist dies nicht möglich, wird das Ergebnis der Operation mit dem bereits bei der Testerstellung bekannten richtigen Wert, der im Speicher für das Testprogramm abgelegt ist, verglichen. Diese Vergleichsoperation über den Akkumulator ist ja bereits im Grundtest überprüft worden.

Beispiel:

Prüfprogramm für den Additionsbefehl beim 8080 Mikroprozessor:

Bei den folgenden Programmen sind wegen der besseren Übersichtlichkeit die hexadezimalen Adressen und die Hexa- dezimaldarstellung des Operationscodes fortgelassen.

```
             LD       A, 00
T 13    :    ADD      A, 55
             JP       NZ, T14
FEHL 1:      HLT
             RST 1
             JP       NC, T13
             ADD      A, AA
             CP       FE
             JP       Z, TE
FEHL 2:      HLT
             RST 1
TE      :    weiteres Programm
```

Hier wird in einer Schleife solange der Wert 55H auf den Akkumulatorinhalt, der am Anfang zu Null gesetzt wurde, addiert, bis ein Übertrag auftritt. In diesem Fall hat der Akkumulator den Wert 54H. Addiert man dann dazu AAH, so müßte das Ergebnis FEH sein, wenn diese Befehle richtig ausgeführt worden sind. Bei diesem Test haben sämtliche Bits des Akkumulators sowohl den Wert 0 als auch 1 besessen und bei jeder Stelle ist bei der Addition einmal ein Übertrag aufgetreten.

Beispiel:

Prüfprogramm für bedingte Sprungbefehle des 8080-Mikroprozessors:

```
                  LD       A,
                  LD       BC, 0000
                  PUSH     BC
                  LD       BC, CFCF
                  PUSH     BC
TPOP       :      POP      AF
                  JP       NC, TNCJ
                  JP       C,  TN1J
FEHL C     :      HLT
                  RST 1
TNCJ       :      JP       C,  FEHL J
                  JP       M,  FEHL M
                  JP       PE, FEHL P
SPZJ       :      JP       Z,  FEHL Z
SPP        :      JP       P,  TNOJ
```

```
FEHL NON :    HLT
              RST 1
TNOJ     :    JP     PO, TPVOJ
FEHL P   :    HLT
              RST 1
TPVOJ    :    JP     NC, TC P 00
FEHL ZN  :    HLT
              RST 1
TN1J     :    JP     P,  FEHL NOJ
SPPVOJ   :    JP     PO, FEHL PVOJ
SPNZJ    :    JP     NZ, FEHL NZJ
              JP     M,  TPV1J
FEHL N1N :    HLT
TPV1J    :    JP     PE, TZJ
FEHL PV1J :   HLT
              RST 1
TZJ      :    JP     Z,  TC P 01
FEHL ZN  :    HLT
              RST 1
TC P 00  :    NOP
TC P 01  :    JP     Z,  TPOP
              CP     CF
              JP     Z,  TE
FEHL CY  :    HLT
FEHL N   :    HLT
FEHL P   :    HLT
FEHL Z   :    HLT
FEHL NOJ :    HLT
FEHL POJ :    HLT
FEHL NZJ :    HLT
              RST 1
TE       :    weiteres Programm
```

Anstelle der HLT-Befehle können auch bestimmte Fehlercodes in definierte Speicherzellen oder Register geschrieben werden, die in einem Auswerteprogramm eine genaue Fehlerdiagnose liefern können, ohne daß der Prozessor angehalten werden muß.

Bei den PUSH- und POP-Befehlen wird ein kritisches Bitmuster mit Hilfe des PUSH-Befehls in einer Schleife mehrmals hintereinander in den Stackspeicher eingeschrieben, anschließend mit den POP-Befehlen wieder ausgelesen und mit dem erwarteten Muster verglichen.

Die Überprüfung der Interruptbehandlung erfordert zusätzlichen Aufwand, da die Zustände der Unterbrechungseingänge auf ihre logischen Pegel (z. B. mit Hilfe von Oszillograph oder Logik-Analysator) untersucht werden müssen und die Aktivierung des Interruptvorgangs ebenfalls durch Hardware hervorgerufen werden muß.

4.3.2 Speichertest

Hochintegrierte Halbleiterspeicher sind sehr komplexe Bauelemente, die nicht mehr auch nur annähernd vollständig auszutesten sind, da sämtliche Bit-Kombinationen im Betrieb möglich sind und auch Fehler in Abhängigkeit der angelegten Bitmuster auftreten können (pattern-sensitive). Schon bei relativ kleinen Speicherchips von 1 K-bit können bereits über 10^{300} verschiedene Zustände auftreten, wobei zusätzlich noch Fehler möglich sind, die von den Übergängen von einem Datenmuster zum nächsten abhängen. Da aber Speicher bereits in kleineren Mikroprozessorsystemen einen hohen Anteil an der Gesamtausfallrate besitzen, ist ein geeignetes Prüfprogramm von großem Vorteil. Allerdings überwiegen bei sehr hoch integrierten Speichertypen die nichtreproduzierbaren vorübergehenden Fehler, die z. B. durch α-Teilchen, Überkopplungen, kritische Bitmuster und dergleichen hervorgerufen werden, so daß ein Prüfprogramm alleine noch keine allgemeingültige Aussage über die Funktionsfähigkeit des Speichers liefern kann.

Bild 4.9 zeigt den typischen internen Aufbau eines bitorientierten Speicherchips: Die angelegte Adresse wählt über die Reihen- und Spaltendecoder ein Bit aus der Speichermatrix aus, welches über Leseverstärker und Ausgangstreiber beim Lesen an den Ausgang des Chips gelegt wird, bzw. beim Schreiben in den ausgewählten Platz gespeichert wird. Aus aufbautechnischen und elektrischen Gründen können die Reihen- und Spaltendecoder mit den entsprechenden Leseverstärkern auch in der Mitte der Speichermatrix angeordnet sein oder, noch weiter unterteilt, sich an verschiedenen Stellen befinden, was aber für die prinzipielle Betrachtung nicht von Bedeutung ist.

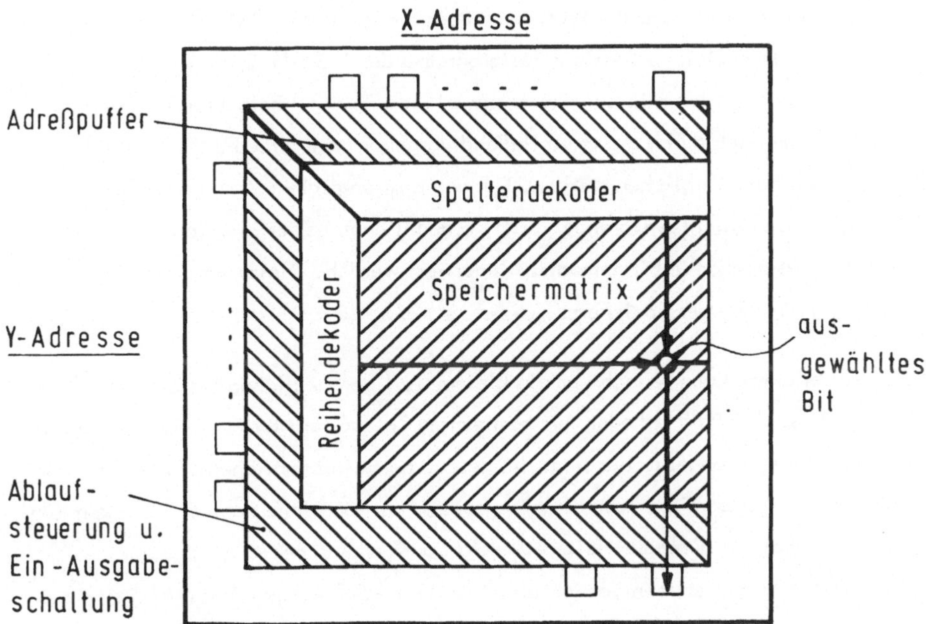

Bild 4.9: Interne Aufteilung der Schaltungsteile eines integrierten Speicherchips

Daran ist ersichtlich, daß man nicht nur mit einem Defekt eines einzelnen Bits rechnen muß, sondern auch mit Decoderfehlern, die ganze Zeilen oder Spalten beeinflussen und mit Beeinträchtigungen benachbarter Speicherzellen und Auswahlleitungen.

Eine bewährte Methode zum Testen des Festwertspeichers (EPROM, PROM, ROM) ist die Prüfsummenbildung.

Hierbei werden die Daten im Festwertspeicher Adresse für Adresse aufaddiert ohne eventuelle Überträge zu berücksichtigen. Die Summe über sämtliche Speicherplätze eines Chips oder über den gesamten Adreßbereich der (E-) PROMs bzw. ROMs wird auf der letzten Adresse bei der Programmierung mit abgespeichert. Das Prüfprogramm liest im Testbetrieb wieder den Speicher aus, addiert die jeweiligen Datenwörter und vergleicht sie mit den gespeicherten Werten. Die Wahrscheinlichkeit, daß sich mehrere Fehler in ihrer Wirkung aufheben, ist relativ gering und kann dadurch noch vermindert werden, indem die Summation über ein Doppelwort durchgeführt wird. Bei Prozessoren, die nicht für doppelt genaue Arithmetik ausgelegt sind, ist dann allerdings der Aufwand für die Programmierung entsprechend höher, so daß bei diesen Typen in der Praxis die einfache Prüfsummenbildung meist das beste Verhältnis von Aufwand zu Fehlerentdeckungswahrscheinlichkeit darstellt.

Für Lese - Schreibspeicher kann ein ähnliches Verfahren angewendet werden: Zu Beginn der Diagnoseroutine wird die Prüfsumme über die gerade im RAM befindlichen Daten gebildet. Danach invertiert das Testprogramm das 1.Bit im Speicher. Da die Prüfsumme bekannt ist, kann leicht das zu erwartende Ergebnis berechnet werden und mit dem Wert, der sich durch die anschließend vorgenommene erneute Prüfsummenbildung ergeben hat, verglichen werden. Um den ursprünglichen Zustand im Speicher wieder herzustellen (nichtzerstörender Test), braucht dann bei erfolgreich verlaufendem Test das entsprechende Bit nur erneut invertiert werden. Dieser Vorgang wiederholt sich mit jedem Bit des Speichers.

Bei diesem Verfahren kann jedoch nur ein kleiner Teil der möglichen Fehlerquellen entdeckt werden, so daß Prüfmethoden mit bestimmten Testmustern für RAM-Tests besser geeignet sind. Diese verändern allerdings die gespeicherte Informationen. Es sei hier nochmals bemerkt, daß auch diese Testverfahren keineswegs sämtliche Fehler entdecken können, so daß im Betrieb durchaus weitere Defekte auftreten können.
Die nachfolgend beschriebenen Testverfahren für Lese - Schreibspeicher (RAM) sind aus der Literatur bekannt und in der Praxis erprobt. Um eine größere Anzahl von Fehlertypen entdecken zu können, muß ein höherer Testaufwand in Kauf genommen werden, d.h.

die Programmlaufzeit wird länger, da jede zu testende Speicherzelle entsprechend öfter beschrieben und gelesen werden muß.

Die folgenden Verfahren werden für bitorientierte Speicher erklärt, können jedoch leicht für wortorientierte Speicher modifiziert werden, bei denen mehrere Bits gleichzeitig unter einer Adresse angesprochen sind.
Bei der Angabe der Testlänge steht N für die Anzahl der Speicherzellen. Unter einem Zyklus wird hier der Schreib- bzw. Lesevorgang einer Speicherzelle verstanden.

a.) Testverfahren "Background"

Testablauf: Der gesamte Speicher wird mit "0" gefüllt. Anschließend werden alle Zellen gelesen. Das gleiche wird für "1" wiederholt. Die Adressen werden dabei von Null an jeweils um eins erhöht.

Testlänge: 4 N Zyklen

erkennbare Fehler: statische Einzelbitfehler

b.) Testverfahren "March"

Testablauf: Der erste Teil dient zur Überprüfung, ob statische Fehler vorliegen. Dies entspricht dem Testverfahren "Background". Im zweiten Teil beginnt das eigentliche "March".

- Erste Zelle lesen (auf "0" prüfen)
- In erste Zelle "1" schreiben
- Zweite Zelle lesen
- In zweite Zelle "1" schreiben usw. bis alle Zellen "1" gesetzt sind
- Erste Zelle lesen (auf "1" prüfen)
- In erste Zelle "0" schreiben
- Zweite Zelle lesen
- In zweite Zelle "0" schreiben usw. bis alle Zellen "0" gesetzt sind

Verfahren mit umgekehrter Adressfolge wiederholen.

Testlänge: 12 N Zyklen

erkennbare Fehler: Einzelbitfehler, Zeilen-/Spaltendecodierfehler, Pattern-Sensitive-Fehler

c.) Testverfahren "Address Parity Bit"

Testablauf: Aus den Adresseingängen wird zunächst ein Parity-Bit gebildet:

P = "0" bei gerader Anzahl von "1" in der Adresse

P = "1" bei ungerader Anzahl

Das so generierte Parity-Bit wird in die jeweilige adressierte Zelle des Speichers geschrieben. Dann wird der Speicher wieder gelesen und auf die Richtigkeit des eingeschriebenen Bits überprüft (Adressen z. B. von Null bis Maximum).

Testlänge: 2 N Zyklen

erkennbare Fehler: Einzelbitfehler, Zeilen-/Spaltendecodierfehler

d.) Testverfahren "Address Complementing Routine"

Testablauf: Es wird ein beliebiges Testmuster in den Speicher geschrieben, anschließend die erste Adresse gelesen, der gelesene Wert invertiert und sofort wieder eingeschrieben. Dann wird das Komplement der Adresse gebildet, die entsprechende Zelle gelesen, der Inhalt invertiert und in dieselbe Speicherzelle geschrieben. Genauso verfährt man mit der zweiten und allen folgenden Adressen bis zur Speichermitte. Denn dann sind bereits alle Speicherzellen einmal angesprochen worden.

Testlänge: 3 N Zyklen

erkennbare Fehler: Einzelbitfehler, Zeilen-/Spaltendecodierfehler

e.) Testverfahren "Write Rows - Read Columns"

Testablauf: Der Speicher habe i Zeilen. Er wird bis zur (i - 1)ten Zeile mit "0" gefüllt, und in die i-te Zeile wird "1" geschrieben. Dann wird der Speicher spaltenweise gelesen, d. h. am Ende jeder Spalte erwartet man eine "1". Das Verfahren wird mit dem inversen Testmuster wiederholt.

Testlänge: 4 N Zyklen

erkennbare Fehler: Einzelbitfehler

f.) Testverfahren "Checkerboard"

Testablauf: In den Speicher werden abwechselnd "0" und "1" geschrieben, sa daß ein Schachbrettmuster entsteht. Im ersten Durchlauf wird der Speicher zeilenweise gelesen, im zweiten spaltenweise. Dann wird das Schachmuster invertiert und der gleiche Lesevorgang wiederholt.

Testlänge: 6 N Zyklen

erkennbare Fehler: Einzelbitfehler

g.) Testverfahren "One disturbed with Cross of Zero"

Es ist zwischen drei Arten von Speicherzellen zu unterscheiden (siehe Bild 4.10a):

– 4 Eckzellen (Zellen A, B, C und D) mit jeweils zwei Nachbarzellen
– 4 ($N^{1/2}$ - 2) Randzellen (schraffiert) mit drei Nachbarzellen
– ($N^{1/2}$ - 2) Kernzellen mit je vier Nachbarn

Ablauf für Kernzellen: (siehe Bild 4.10b)

- "1" in die i - te Zelle (Referenzzelle) schreiben
- In rechten Nachbarn "0" schreiben
- Referenzzelle lesen
- Rechten Nachbarn lesen
- Referenzzelle lesen
- In unteren Nachbarn "0" schreiben
- Referenzzelle lesen
- Unteren Nachbarn lesen
- Referenzzelle lesen
- In linken Nachbarn "0" schreiben
- Referenzzelle lesen
- Linken Nachbarn lesen
- Referenzzelle lesen
- In oberen Nachbarn "0" schreiben
- Referenzzelle lesen
- Oberen Nachbarn lesen
- Referenzzelle lesen

Wenn Eckzellen bzw. Randzellen zur Referenzzelle werden, entfallen von den oben genannten 17 Zyklen entsprechend 8 bzw. 4 Zyklen.

Jede einzelne Speicherzelle wird einmal Referenzzelle. Im zweiten Teil des Testverfahrens wird die Referenzzelle jeweils "0" und die Nachbarzellen "1" gesetzt.

Testlänge: $2\,[17\,\underbrace{(N^{1/2}-2)^2}_{\text{Kernzellen}} +$

$13\,\underbrace{(N^{1/2}-2)^4}_{\text{Randzellen}} +$

$9 \cdot \underbrace{4}_{\text{Eckzellen}}] = \;(34N - 32N^{1/2})$ Zyklen

erkennbare Fehler: Einzelbitfehler, Zeilen-/Spaltendecodierfehler, Pattern-Sensitive-Fehler

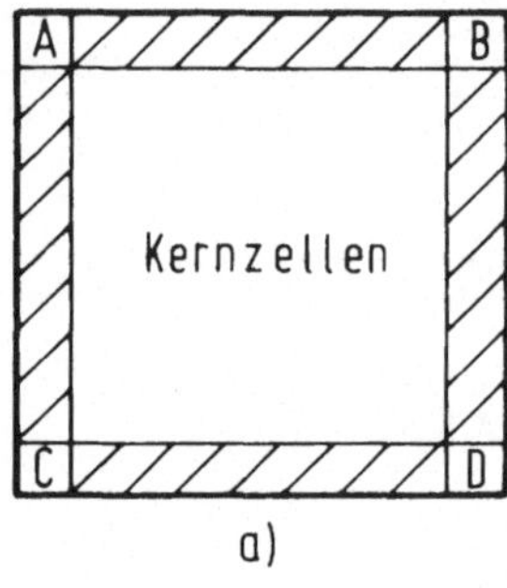

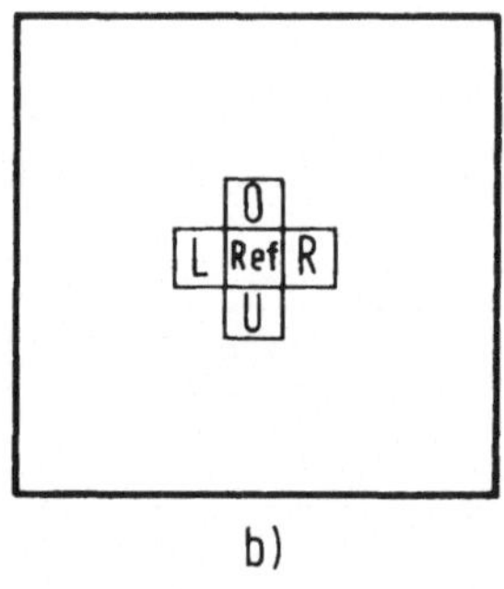

Bild 4.10: Definition der Speicherzellen beim Testverfahren "one disturbed with Cross of Zero"

h.) Testverfahren "Disturb from nearest Neighbor"

Testablauf: Die Speicherzelle mit der Adresse i sei Referenzzelle. Folgender Ablauf gilt dann für jede Referenzzelle:

- In die Referenzzelle "0" schreiben

- In Zelle (i + 1) " 1 " schreiben } b mal
- Zelle (i + 1) lesen
- Referenzzelle lesen
- In Zelle (i - 1) " 1 " schreiben } b mal
- Zelle (i - 1) lesen
- Referenzzelle lesen

Jede Speicherzelle wird einmal Referenzzelle. Bei der ersten und letzten Zelle entfällt natürlich ein Adressnachbar.

Testlänge: (N (8b + 6) - 8b - 4) Zyklen

erkennbare Fehler: Einzelbitfehler, Pattern-Sensitive-Fehler

i.) Testverfahren "Column Bars/Row Bars"

Testablauf: Zunächst wird der Speicher spaltenweise abwechselnd mit " 0 " und " 1 " gefüllt. Dieses Muster kann dann z. B. mit komplementärer Adressfolge gelesen werden. Weiter wird der Speicher nun zeilenweise abwechselnd mit " 0 " und " 1 " gefüllt. Das Auslesen erfolgt in der gleichen Weise. Für das inverse Testmuster wird der Vorgang wiederholt.

Testlänge: 8 N Zyklen

erkennbare Fehler: Einzelbitfehler, Zeilen-/Spaltendecodierfehler

j.) Testverfahren "Shifted Diagonal"

Testablauf: Der gesamte Speicher wird mit "0 " gefüllt. In die Nebendiagonale werden " 1 " geschrieben und der Speicher spaltenweise gelesen (siehe Bild 4.11a). Im zweiten Schritt wird zuerst der Speicher "0 " gesetzt und dann auf die um eins nach rechts verschobene Nebendiagonale " 1 " geschrieben (siehe Bild 4.11b). Dieses Verfahren wird wiederholt, bis jedes Bit des Speichers mit " 1 " belegt war. Derselbe Ablauf wird mit inversem Testmuster durchgeführt.

Testlänge: ($4N^{3/2}$ + 2N) Zyklen

erkennbare Fehler: Einzelbitfehler, Zeilen-/Spaltendecodierfehler

0	0	0	1
0	0	1	0
0	1	0	0
1	0	0	0

a)

1	0	0	0
0	0	0	1
0	0	1	0
0	1	0	0

b)

Bild 4.11: Speicherbelegung beim Testverfahren „Shifted Diagonal"

k.) Testverfahren "Sliding Diagonal"

Testablauf: Bei diesem Verfahren wird im Gegensatz zum Prüfprogramm "Shifted Diagonal" ein "Zeilen-Spalten-Ping-Pong" beim Lesen benutzt.

Der Speicher wird mit "0" gefüllt, die Hauptdiagonale mit "1". Jede Zelle der Hauptdiagonale wird nun einmal Referenzzelle. Für jede Referenzzelle werden folgende Zyklen durchgeführt:

- Referenzzelle lesen
- Ersten Zeilennachbarn lesen
- Referenzzelle lesen
- Zweiten Zeilennachbarn lesen usw. bis alle Zeilennachbarn gelesen wurden
- Referenzzelle lesen
- Ersten Spaltennachbarn lesen
- Referenzzelle lesen
- Zweiten Spaltennachbarn lesen usw. bis alle Spaltennachbarn gelesen wurden

Jetzt wird die Hauptdiagonale um eine Stelle nach links verschoben und die obigen Zyklen wiederholt. Die Hauptdiagonale wird so oft verschoben, bis alle Speicherzellen einmal Referenzzelle waren. Der gleiche Ablauf wird mit dem inversen Testmuster wiederholt.

Testlänge: $(10N^{3/2} - 4N)$ Zyklen

erkennbare Fehler: Einzelbitfehler, Zeilen-/Spaltendecodierfehler, Pattern-Sensitive-Fehler

Das Testverfahren kann dadurch vereinfacht werden, daß nur die erste Hauptdiagonale genommen wird.

l.) Testverfahren "Walk"

Testablauf: Genau wie beim Testverfahren "Sliding Diagonal" wird hier ein "Zeilen-Spalten-Ping-Pong" beim Lesen benutzt. Jede Speicherzelle wird einmal Referenzzelle. Für jede Referenzzelle ergibt sich folgender Ablauf:

- In die Referenzzelle " 1 " schreiben
- Referenzzelle lesen
- In die Referenzzelle " 0 " schreiben
- Referenzzelle lesen

x In den ersten Spaltennachbarn " 1 " schreiben

- Referenzzelle lesen
- In den zweiten Spaltennachbarn " 1 " schreiben
- Referenzzelle lesen usw. bis alle Spaltennachbarn " 1 " gesetzt sind
- In den ersten Zeilennachbarn " 1 " schreiben
- Referenzzelle lesen
- In den zweiten Zeilennachbarn " 1 " schreiben
- Referenzzelle lesen usw. bis alle Zeilennachbarn " 1 " gesetzt sind

Testverfahren mit inversem Testmuster wiederholen (ab x).

Testlänge: ($8N^{3/2}$ - 6N) Zyklen

erkennbare Fehler: Einzelbitfehler, Zeilen-/Spaltendecodierfehler, Pattern-Sensitive-Fehler

m.) Testverfahren "Ping-Pong"

Testablauf: Folgendes Verfahren wird bei jeder Referenzzelle angewandt:

- In die Referenzzelle " 1 " schreiben
- Referenzzelle lesen
- In die Referenzzelle " 0 " schreiben
- Referenzzelle lesen

(Prüfung auf statischen Fehler)

x In den ersten Nachbarn " 1 " schreiben

- Referenzzelle auf "0" prüfen
- In zweiten Nachbarn " 1 " schreiben
- Referenzzelle lesen usw. bis alle anderen Zellen (außer der Referenzzelle) " 1 " gesetzt sind

Ab x wird auf Pattern-Sensitive-Fehler geprüft.
Wenn alle Speicherzellen, beginnend bei Adresse Null, einmal Referenzzelle waren, wird das ganze Programm mit inversem Testmuster (ab x) wiederholt, d. h. die Referenzzelle wird jeweils " 1 " gesetzt, während in die Nachbarn " 0 " geschrieben wird.

Testlänge: $4N^2$ Zyklen

erkennbare Fehler: Einzelbitfehler, Zeilen-/Spaltendecodierfehler, Pattern-Sensitive-Fehler

n.) Testverfahren "Walking One/Walking Zero"

Testablauf: Der gesamte Speicher wird mit "0 " gefüllt.
Für jede Referenzzelle gilt folgendes:
- In die Referenzzelle " 1 " schreiben
- Alle übrigen Speicherzellen lesen
- Referenzzelle auf " 1 " prüfen
- In Referenzzelle "0 " schreiben

Jede Speicherzelle wird einmal Referenzzelle.
Jetzt wird das Verfahren mit inversem Testmuster wiederholt

Testlänge: $(2N^2 + 6N)$ Zyklen

erkennbare Fehler: Einzelbitfehler, Zeilen-/Spaltendecodierfehler, Pattern-Sensitive-Fehler

4.3.3 Peripherietest

Die Überprüfung der peripheren Schaltkreise - wie z. B. paralleler und serieller Schnittstellenbaustein oder Zählerbaustein - ist nicht mehr ohne zusätzlichen Eingriffe in die Schaltung vorzunehmen. Zunächst ist es zweckmäßig einige Lese- und Speicherzugriffe, die möglichst in geringer Wechselwirkung mit der übrigen Hardware stehen, durchzuführen, damit die Funktion der Adreßdecodierung und der Pufferung überprüft wird. Solche Operationen sind z. B. das Schreiben von Steuerworten in einen Ein-/Ausgabe-Baustein oder das Lesen von Statusinformationen aus einem E/A-Baustein.

Ist dieser Testteil erfolgreich beendet, so verbindet man bei den seriellen und parallelen Schnittstellenbausteinen den Ausgabeteil des Elements mit dem Eingabeteil, wobei der in der Schaltung vorgesehene Eingang des Bauteils abgeschaltet werden muß (Bild 4.12). Dies kann entweder durch Stecker geschehen, die manuell in die Schaltung eingesetzt werden oder durch zusätzliche Multiplexer, die sich durch das Testprogramm ansprechen lassen. Allerdings birgt dieser zusätzliche Hardwareaufwand die Gefahr neuer Fehlerquellen, so daß die Diagnose im Fehlerfall nicht eindeutig ist; denn es kann entweder ein Defekt des integrierten E/A-Bausteins vorliegen oder aber der Rückführung.

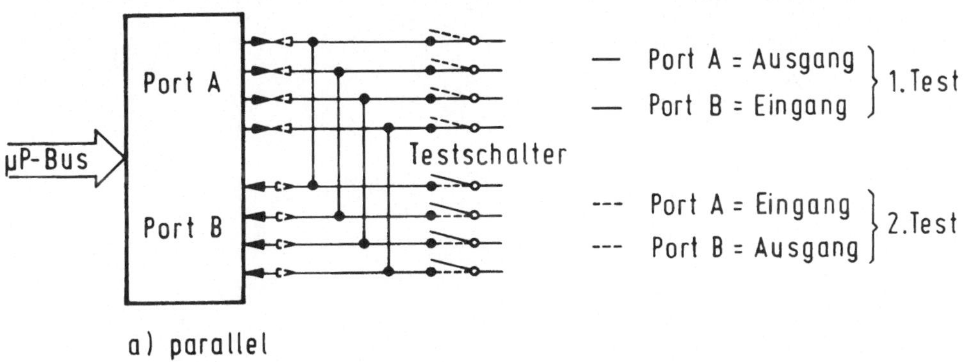

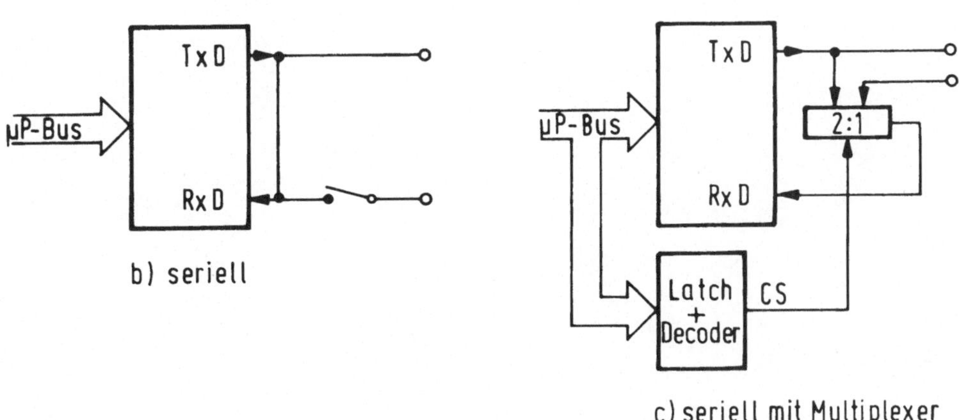

Bild 4.12: Beschaltung zum Test von parallelen und seriellen Schnittstellenbausteinen

Die Funktion eines Zählerbausteins kann dadurch geprüft werden, daß der Ausgang dieses Chips an den Interrupteingang des Mikroprozessors geschaltet wird. Nachdem der Zähler in seinen Grundfunktionen getestet wurde (Lese- und Schreibbefehle sind richtig ausgeführt worden), kann dieser von dem Prüfprogramm gestartet werden. Anschließend incrementiert ein Zählerprogramm einen Registerplatz im gleichen Zeitraster wie auch der Zählerbaustein getaktet wird. Da die Zykluszeit des Prozessors und die Programmlaufzeit des Testprogrammteils bekannt sind, ist ein derartiges Prüfprogramm relativ einfach zu implementieren. Tritt der Interrupt des Zählers auf, wird in der entsprechenden Interrupt-Service-Routine überprüft, ob die Werte des Registers und des Zählers übereinstimmen. Bei asynchron arbeitenden Systemen sollte dabei allerdings eine gewisse Toleranz zugelassen werden, da unter Umständen Synchronisationsprobleme auftreten können, die eine Zeitverschiebung bewirken.

5 Der Einfluß des Hardwareentwurfs auf die Systemzuverlässigkeit

Von den Herstellern hochintegrierter Schaltkreise zum Aufbau von Mikroprozessorsystemen wird oftmals der Eindruck erweckt, als ob der Anwender die angebotenen Systemelemente wie bei einem Baukasten beliebig zusammensetzen kann, ohne irgendwelchen Beschränkungen zu unterliegen. In der Praxis ist dies leider nicht der Fall. Hier sind einige Entwurfsregeln streng zu beachten, da es sonst zu den gefürchteten sporadischen Fehlern kommen kann, die nur sehr schwierig zu lokalisieren sind. Diese Fehler treten immer dann auf, wenn einige Bauelemente über die im Datenblatt angegebenen Grenzen beansprucht werden. Die Streuungen im Produktionsprozeß sind aber so groß, daß es durchaus Bauelemente geben kann, die in einem bestimmten System keine Fehler aufweisen, während andere vom gleichen Typ im gleichen System fehlerhaft arbeiten. Oftmals sind es auch nur Kombinationen unterschiedlicher Betriebsbedingungen, die zu kurzzeitigen Bauelementefehlern führen. Meistens sind diese Fehler nur sehr schwierig zu reproduzieren, da die genauen Umstände, die zu dieser Fehlfunktion geführt haben, dem Anwender in vielen Fällen nicht bekannt sind. In diesem Kapitel werden die häufigsten Fehlerursachen beim Hardwareentwurf, ihre Erkennung und ihre Behebung beschrieben.

5.1 Zusammenschalten von Bauteilen

Die meisten heute angebotenen Mikroprozessortypen werden in N-Kanal - MOS-Technologie – die schnellen Systeme, wie z. B. die Mikroprozessorslices, auch in Schottky-TTL – gefertigt, wobei deren Anschlüsse „TTL-kompatibel" sind.
Die Belastbarkeit dieser Schaltungen sind aber nicht, wie z. B. bei der TTL-Serie genormt, sondern können auch innerhalb einer Mikroprozessorfamilie verschiedene Werte besitzen, die den entsprechenden Datenblättern zu entnehmen sind. Daher muß die Berechnung der maximalen Belastbarkeit bei jedem System explizit durchgeführt werden, wobei die unterschiedlichen Signalpfade des Adreß-, Daten- und Kontrollbusses berücksichtigt werden müssen.

Während der Adreßbus in den meisten Fällen unidirektional betrieben wird, wobei nur der Mikroprozessor als Sender wirkt, ist der Datenbus meist bidirektional, d. h. auch die angeschlossenen Systembauelemente wirken, z. B. beim Lesevorgang, als Sender. In diesem Fall muß natürlich sichergestellt sein, daß zu einer Zeit auch nur ein Sender auf dem Bus aktiv ist, da sonst nicht nur die logische Funktionsfähigkeit beeinträchtigt wird, sondern auch die Bauelemente zerstört werden können.

Für die statische Berechnung müssen die Ausgangs- und Eingangsströme des „logisch-0" und „logisch-1" Zustands getrennt berücksichtigt werden, wobei zu beachten ist, daß auch nichtaktive Bauelemente, die an den Bus angeschlossen sind, Eingangsströme aufweisen.
Bei der dynamischen Berechnung sind die Eingangs- und Ausgangskapazitäten der angeschlossenen Bauteile zu addieren. Hinzu kommt noch die kapazitive Belastung durch die Verbindungsleitungen, Steckeranschlüsse usw.
Die im Datenblatt angegebene maximale Kapazität sollte nicht überschritten werden, damit eine Überlastung der Ausgänge durch zu hohe Auf- bzw. Entladeströme vermieden wird. Außerdem ist die Geschwindigkeit der Mikrocomputerbausteine stark von der Lastkapazität abhängig, so daß es leicht zu dynamischem Fehlverhalten kommen kann, wenn diese maximalen Werte überschritten werden.

Bei den meisten Mikroprozessorsystemen sind zusätzliche niedriger integrierte logische Bauteile notwendig. Wegen des relativ geringen Leistungsverbrauches und der Belastung empfiehlt sich hier der Einsatz der „Low-Power-Schottky-TTL"-Serie (LS-TTL) bzw. der „Advanced LS-TTL"-Reihe.

Zur Vermeidung von Störungen sollten unbenutzte Eingänge von Bauteilen auf ein festes Potential gelegt werden. Einzelne angeschlossenen Bauelemente dürfen nicht getrennt von der Stromversorgung abgeschaltet werden, da sonst undefinierte Zustände entstehen.

Eine Möglichkeit, Pegel festzulegen, was vor allem bei dem Einsatz von 3-state Gattern von Wichtigkeit sein kann, besteht in der Beschaltung der Eingänge mit Spannungsteilern nach Bild 5.2.

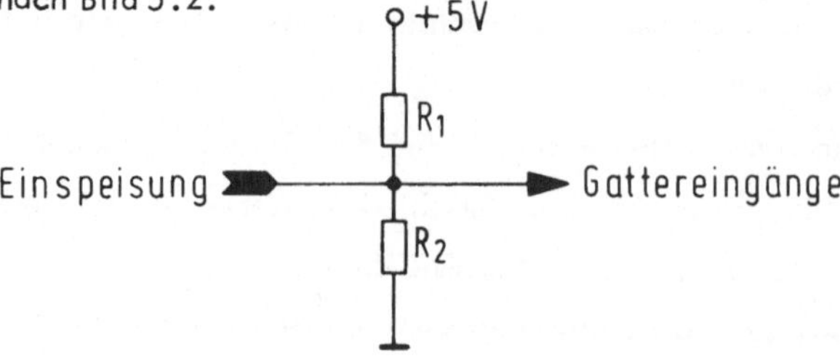

Bild 5.2 Eingangsspannungsteiler

Beispiel:

Ist der Adreßbus des Mikrocomputersystems in Bild 5.1 ohne Treiberbausteine betriebsfahig?

Das System besteht aus:

1 x 8080	Mikroprozessor
3 x 8255	I/O- Port
4 x 2708	EPROM
2 X 8205	Dekoder
8 x 8111	RAM (je 4-bit Datenbreite)

Bausteine	L-Eingangs-strom/mA	H-Eingangs-strom/mA	Eingangs-kapazität/pF
3 x 8255	- 0,03 +	0,03 +	30 +
4 x 2708	- 0,04	0,04	24
8 x 8111	- 0,08	0,08	64
2 x 8205	(- 0,5) ++	(0,04) ++	(10) ++
1 x 8080	–	–	20 (Ausgangs-kapazität)
Verdrahtungs-kapazität	–	–	ca. 60
	- 0,15	0,15	198

\+ nur Adreßleitungen A_0 und A_1

++ wird in der Berechnung der niederwertigen Adreßleitungen nicht berücksichtigt, da nur die höherwertigen Adreßleitungen angeschlossen sind, die nicht zu den anderen Bauteilen geführt sind.

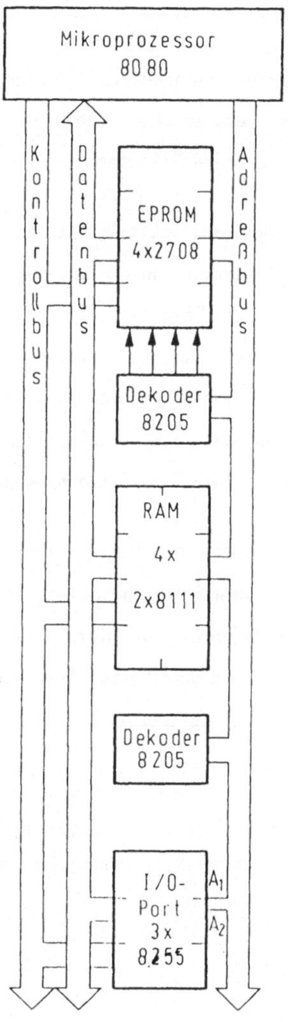

Bild 6.1 Mikrocomputersystem

Man beachte, daß die Belastung des Dekoders nicht mit in die Addition einbezogen worden ist, da hier nur die höherwertigen Adreßleitungen angeschlossen sind, die nicht an die übrigen Bauteile geführt sind. Für diese Leitungen besteht die Belastung also nur in den beiden Dekoderbausteinen. Strenggenommen müßte die Belastungsrechnung für jede Adreßleitung getrennt ausgeführt werden, da z.B. bei den I/O - Ports nur die niederwertigen Adreßleitungen benötigt werden. Die Ströme liegen bei dieser Anordnung weit unterhalb der zulässigen Belastbarkeit des 8080-Mikroprozessors, jedoch ist die kapazitive Belastung etwa doppelt so hoch, wie im Datenblatt als Maximalwert spezifiziert ist (100 pF). Dies würde z.B. eine Zeittverzögerung bei der Adreßausgabe von ca. 40ns bedeuten. Daher muß auch bei diesem relativ kleinen System ein Adreßpufferbaustein eingesetzt werden.

Da die gerade nichtaktiven Sender bei einem Bussystem abgeschaltet sein müssen, gibt es zwei Möglichkeiten, solche Treiber zu realisieren: entweder mit „open-collector" Bauelementen oder mit „3-state"-Gattern.

Bei den „open-collector"-Ausgängen muß extern ein Widerstand gegen Versorgungsspannung geschaltet werden, durch den die Restströme der gesperrten Transistoren in den Senderbausteinen und die Eingangsströme der Empfänger fließen. Da dieser Widerstand so zu dimensionieren ist, daß die im Datenblatt geforderten logischen Pegel jederzeit eingehalten werden, muß er bei Änderungen der Busbelastung natürlich neu berechnet werden. Außerdem muß die Leitung möglichst schnell umgeladen werden, was relativ niederohmige Widerstände (ca. 100 ... 300 Ω) erfordert, welche natürlich auch den Leistungsverbrauch erhöhen.

„3-state"-Gatter benötigen keinen externen Widerstand, so daß der Leistungsverbrauch gegenüber Systemen mit „open-collector"-Ausgängen günstiger ist. Außerdem besitzt auch der „logisch-1"-Pegel eine niedrige Ausgangsimpedanz (ca. 100 Ω), die eine schnelle Umladung der Leitung und damit hohe Übertragungsraten ermöglicht.

Beispiel:

Wieviel LS - Empfängergatter können von einem LS - Ausgang getrieben werden, wenn die Widerstände R_1 = 650 gegen Versorgungsspannung und R_2 = 1,2kΩ gegen Masse betragen?

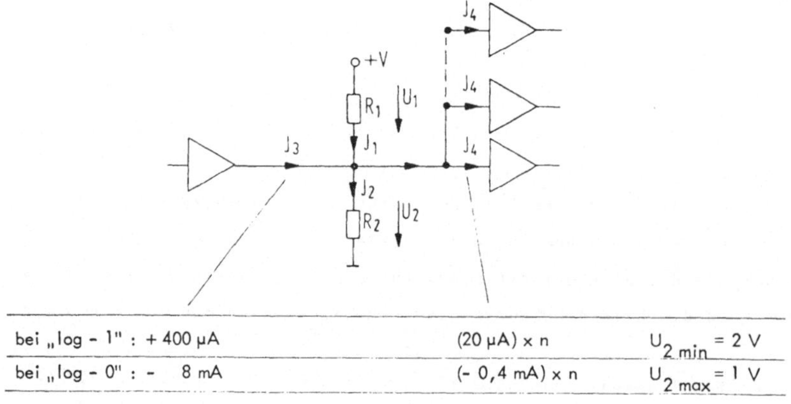

bei „log - 1" : + 400 µA	(20 µA) x n	$U_{2\,min}$ = 2 V
bei „log - 0" : - 8 mA	(- 0,4 mA) x n	$U_{2\,max}$ = 1 V

für "log - 0": $J_2 < \frac{U_2}{R_2} = \frac{1V}{1{,}2K\Omega} = 0{,}8\ mA$; $J_1 > \frac{U_1}{R_1} = \frac{4V}{650\ \Omega} = 6\ mA$

$$J_2 = J_1 + J_3 - J_4\ n$$

$$n = \frac{J_1 + J_3 - J_2}{J_4} = \frac{6\ mA - 8\ mA + 0{,}8\ mA}{-\ 0{,}4\ mA} = \underline{3\ \text{Gattereingänge}}$$

für "log - 1" : $J_2 > \frac{2V}{1{,}2K\Omega} = 1{,}6\ mA$; $J_1 < \frac{3V}{650\Omega} = 4{,}6\ mA$

$$n = \frac{4{,}6\ mA + 400\mu A - 1{,}6\ mA}{20\ \mu A} = \underline{170\ \text{Gattereingänge}}$$

Während die logischen Pegel für den "log-1" - Zustand praktisch unproblematisch sind, können im "log-0" - Bereich nur 3 Gattereingänge angeschaltet werden, wenn die im Datenblatt angegebenen Grenzwerte eingehalten werden sollen.

5.2 Probleme bei der Stromversorgung

Die wohl häufigste Fehlerquelle in einem Mikrocomputersystem wird durch die Stromversorgung bzw. durch Störungen auf den Masseleitungen verursacht. Diese Fehler sind wegen ihres sporadischen Auftretens besonders schwierig zu lokalisieren. Deswegen sollte beim Systemaufbau besonderer Wert auf diesen Schaltungsteil gelegt werden.

Es gibt Mikroprozessorsysteme, die zwar im Laboraufbau einwandfrei funktionsfähig sind, dann aber im Einsatz immer wieder sporadisch ausfallen. Im industriellen Betrieb ist die Netzspannung oftmals mit Störspitzen stark verseucht, die sich über das Netzteil auch auf das Mikrocomputersystem auswirken. Störungen auf den Masseleitungen durch unsachgemäßen Aufbau führen zu einem allgemein erhöhten Störpegel, so daß solche Systeme sehr fehleranfällig sind.

Bei einigen Mikrocomputern ist ein automatischer „Power-down-reset" eingebaut, der beim Einschalten ein Zurücksetzen des Mikroprozessors auf seinen Anfangszustand bewirkt. Fällt in einem solchen System die Versorgungsspannung kurzzeitig unter den eingestellten Schwellwert, so ist die Folge davon, daß während der Programmausführung plötzlich ein „Reset" erzeugt wird und die ersten Programmteile erneut durchlaufen werden. Dies ist umso kritischer, da hierbei meist eine Initialisierung durchgeführt wird und somit die aktuellen Parameter überschrieben werden. Hier sollte eine geschickte Programmierung dafür sorgen, daß das System trotzdem weiterarbeiten kann. Dies ist z. B. möglich, indem der jeweilige Programmzustand in mehreren Speicherplätzen abgelegt ist und ein Neustart von dem Inhalt dieser Register abhängig gemacht wird. Ist nämlich zuvor ein totaler Spannungsabfall geschehen, so besteht der Inhalt dieser Speicherworte aus einem zufälligem Bitmuster, mit großer Wahrscheinlichkeit aber nicht aus einem codierten Statuswort.

Die Maßnahmen um die Störeinflüsse durch die Stromversorgung zu mindern müssen auf der System- und der Platinenebene durchgeführt werden.

a.) Auf der Systemebene kann man sich hardwaremäßig durch den Einsatz von Netzfiltern vor Netzstörungen schützen.
Für unterschiedliche Subsysteme, wie z.B. Leistungselektronik, Analogtechnik und Digitalelektronik sollte man getrennte Netzteile einsetzen, die nach Bild 5.3 mit möglichst kurzen und niederohmigen Verbindungen sternförmig an einen gemeinsamen Massepunkt gelegt werden

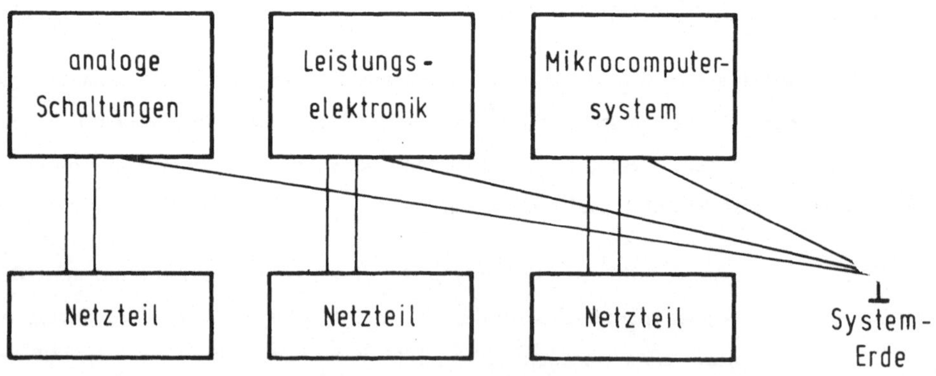

Bild 5.3 Systemaufbau mit getrennten Netzteilen.

Die Spannungszuführungen zu den einzelnen Platinen geschieht ebenfalls über niederohmige Verbindungsleitungen. Innerhalb eines Kassettenträgers eignen sich dafür breite Stromschienen, die wiederum sternförmig mit der Systemerde verbunden sind (siehe Bild 5.4).

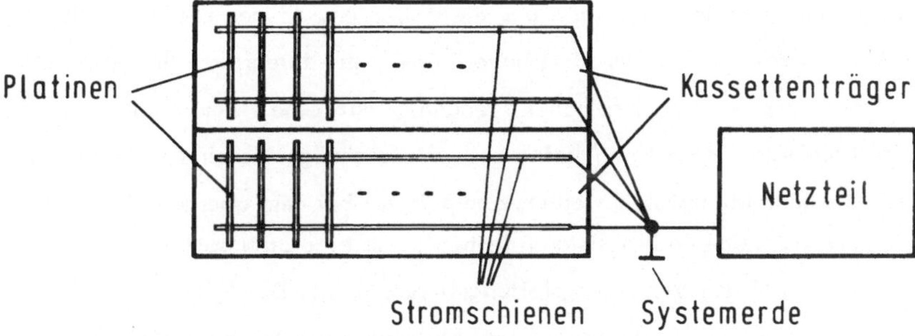

Bild 5.4 Erdverbindungen in einem System

Die Steckverbinder zwischen Platinen und Stromschienen sind eine weitere Schwachstelle im Erdungssystem. Sind die Kontaktflächen zu klein, müssen mehrere Verbindungen für ein Potential vorgesehen werden. Dies allein reicht aber meist nicht aus, um eine impedanzarme Verbindung zu schaffen. Betrachtet man als vereinfachtes Beispiel die Impedanz einer symmetrischen Doppelleitung nach Bild 5.5, so erhält man für die Berechnung des Widerstands:

$$Z_0 = \frac{120}{E_r} \ln \frac{2a}{d} \quad \text{(für a/d größer 2,5)} \qquad (5.1)$$

wobei E_r die Dielektrizitätskonstante des den Leiter umgebenden Mediums darstellt.

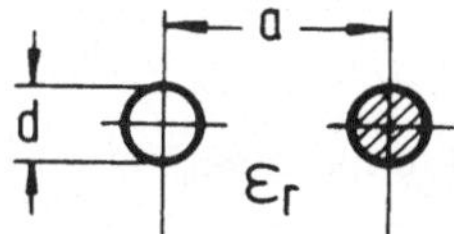

Bild 5.5 symmetrische Doppelleitung

Daran ist zu ersehen, daß die Impedanz einer Leitung mit größerer Entfernung vom Masseleiter zunimmt. Eine einfache Lösung, diesen Wert zu verkleinern ist, die Masseleitung in die Mitte des Steckers zu verlegen. Damit ist die maximale Entfernung einer Leitung vom Erdpotential gegenüber der Lösung wo sich die Masseleitung am Rand des Steckers befindet, halbiert. Besser ist es aber, mehrere Masseleitungen in gleichen Abständen auf dem Stecker vorzusehen.

b.) Auf der Platinenebene sollten ebenfalls einige Entwurfsregeln beachtet werden, um die Störungen durch Spannungsversorgung und Masseleitungen klein zu halten. Die Versorgungsleitungen müssen niederohmig und induktionsarm ausgelegt werden. In der Praxis haben sich hier Leiterbahnbreiten von mindestens 2,5 mm als sinnvoll erwiesen. Integrierte Bauteile schalten allerdings interne Transistoren mit einer so hohen Frequenz, daß eine Anordnung nach Bild 5.6 wegen der Induktivitäten und Kapazitäten keine rein niederohmige Verbindung mehr darstellt. Bei TTL-Gattern mit Gegentaktendstufen werden zum Beispiel bei dem Übergang von "logisch-0" nach „logisch-1" kurzzeitig beide Endtransistoren leitend, was eine Stromspitze von typisch 10 mA für ca. 6 ns auf den Versorgungsleitungen verursacht. Der Schaltvorgang auf „logisch-0" erzeugt wegen der Verdrahtungs- und Eingangskapazitäten ebenfalls eine Störstromspitze, die in die Signalleitungen eingekoppelt wird. Werden gleichzeitig mehrere Gatter geschaltet, so erhöht sich diese Störung um ein Vielfaches.

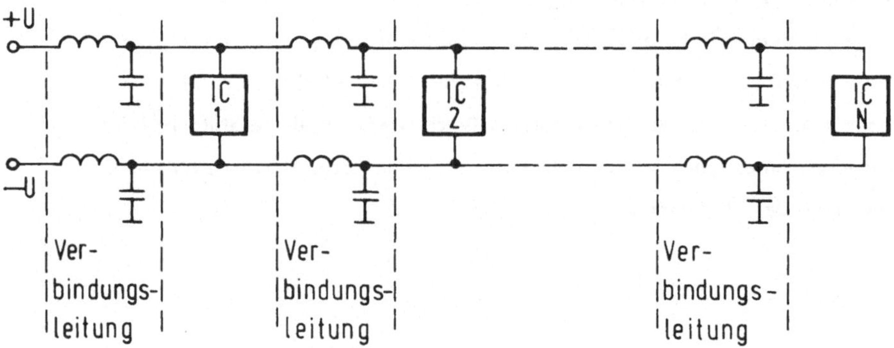

Bild 5.6 Ungünstige Anordnung der Versorgungsleitungen bei integrierten Schaltkreisen.

Um die daraus resultierenden Spannungsspitzen möglichst klein zu halten, sollten die Stromversorgungsleitungen eine geringe Impedanz besitzen, da sich die Störspannung zu

$$U = L\ di/dt \qquad (5.2)$$

berechnet. Dies kann für hohe Frequenzen dadurch geschehen, daß ein keramischer Entkoppelkondensator nahe an das störende Bauteil geschaltet wird, um den für die Zeit des Schaltens entstehenden Überstrom aufzunehmen. Wichtig ist hierbei weniger die Größe der Kapazität des Kondensators sondern vielmehr, daß die Zuleitungen, die ja wiederum eine Induktivität darstellen, möglichst kurz gehalten werden.

Betrachtet man Bild 5.6, so ergibt sich durch die Reihenschaltung der integrierten Bauteile eine Gesamtstörspannung von

$$U_{ges} = \sum_{n=1}^{N} nL\ di_n/dt \qquad (5.3)$$

Schaltet man dagegen sämtliche Schaltkreise parallel, so erniedrigt sich die Impedanz zu Z_0/N, so daß das gewünschte niederohmige Verbindungssystem entsteht. Bei gedruckten Platinen mit mindestens zwei Ebenen geschieht dies am günstigsten dadurch, daß man horizontale Spannungs- und Erdleitungen auf der einen Seite der Platine und vertikale Verbindungsleitungen auf der anderen Ebene vorsieht (siehe Bild 5.7) und so die Platine mit einem Gitter von Versorgungspfaden überzieht („gridding").

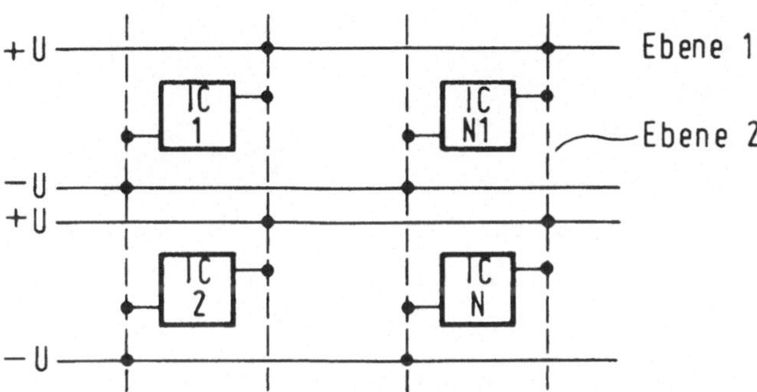

Bild 5.7 Anordnung der Versorgungsleitungen mit geringer Impedanz

Damit auch niederfrequente Störungen nicht auf die Platine gelangen können, sollte am Eingang ein LC-Filternetzwerk, wie in Bild 5.8 dargestellt ist, eingesetzt werden. Typische Werte sind ca. 5 - 10 µF für den Tantal-Kondensator und mehr als 1,5 mH für die Induktivität.

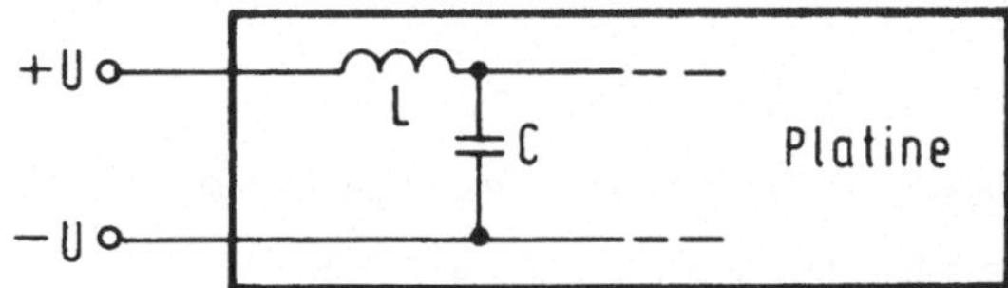

Bild 5.8 Filternetzwerk für den Platineneingang.

Hochintegrierte MOS-Schaltkreise sind empfindlich gegenüber Überspannungsspitzen, wie sie z. B. beim Ein- und Ausschalten mancher Netzgeräte entstehen. Dagegen kann man sich schützen, indem auf jeder Platine zwischen die Anschlüsse der Versorgungsleitungen Zehnerdioden entsprechend der jeweiligen Spannung eingesetzt werden. Eine andere Möglichkeit besteht darin, ein System mit einer höheren Spannung zu versorgen und die gewünschten Spannungswerte durch Spannungsregler auf der jeweiligen Platine zu erzeugen. Diese Methode bietet zusätzlich noch den Vorteil, daß kurzzeitige Spannungseinbrüche der Hauptversorgung etwas durch die Regelbausteine abgefangen werden können.

5.3 Probleme bei Leitungen

Bei größeren Mikroprozessorsystemen kommt es wegen der üblicherweise verwendeten Bustechnik, wo mehrere Signalleitungen über längere Strecken geführt werden müssen, unweigerlich zu Störungen durch das Leitungssystem. Diese Probleme können prinzipiell in drei Gruppen unterteilt werden:

- Reflexionen
- Übersprechen
- Fremdstörungen

a.) Reflexionen:

Die von der Signalquelle erzeugten Spannungssprünge pflanzen sich in einer homogenen Leitung mit einer Geschwindigkeit von etwa 5 bis 7 ns/m fort. Am Ende der Leitung kommt es zu einer Inhomogenität, wenn der Abschlußwiderstand nicht gleich dem Wellenwiderstand ist. Dadurch wird ein Teil der Welle reflektiert und stört somit die Pegel der logischen Signale.

Diese Vorgänge werden am besten durch das Bergeron-Verfahren verdeutlicht. Dies ist ein graphischer Lösungsansatz, der sich auch für die Behandlung nichtlinearer Eingangs- und Ausgangswiderstände eignet, wie sie z. B. bei integrierten Schaltkreisen gegeben sind. Doch zunächst soll das Prinzip dieses Verfahrens an einem einfachen Beispiel erläutert werden.

Eine Leitung mit dem Wellenwiderstand Z_0 ist mit dem Widerstand R_2 am Ende belastet und wird von einer Signalquelle und dem Innenwiderstand R_1 mit einem Spannungssprung von 0 auf U_0 gespeist (siehe Bild 5.9). Man beachte die Richtungen der Strom- und Spannungssymbole (Kettenbepfeilung) !

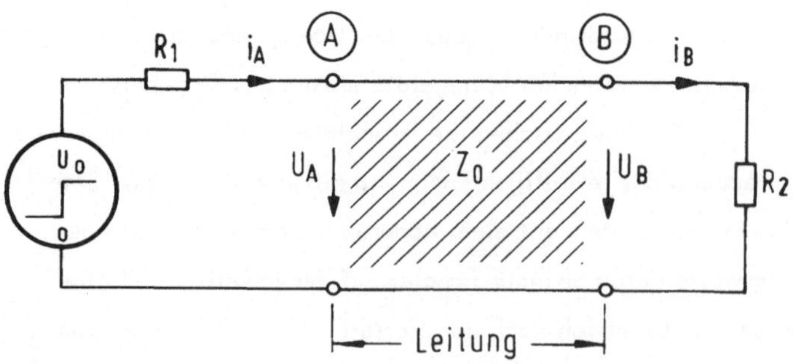

Bild 5.9 Leitungsbeschaltung mit Widerständen

Zum Zeitpunkt des Spannungssprungs (t = 0) ist für die erzeugte Welle am Leitungsanfang nur der Wellenwiderstand Z_0 relevant, d. h.

$$i_A = U_A / Z_0 \qquad (5.4)$$

Ebenfalls gilt für den Widerstand R_1:

$$i_A = (U_0 - U_A)/R_1$$

Diese Werte können als Anfangswerte in ein I - U - Diagramm eingetragen werden (siehe Bild 5.10, Punkt Ⓐ). Die „hinlaufende" Welle trifft nach der Laufzeit T auf den Widerstand R_2, wobei ein Teil absorbiert und ein anderer Teil reflektiert wird, so daß auf der Leitung zwei gegenläufige Wellen existieren:

$$U = U_h + U_r \qquad (5.5)$$

$$i = i_h + i_r \qquad (5.6)$$

Die hinlaufende Welle ist durch (5.4) gegeben. Somit gilt

$$i = U_h/Z_0 + i_r \qquad (5.7)$$

$$i_r = i - i_h = - \frac{1}{Z_0} (U - U_h) \qquad (5.8)$$

Damit kann man die rücklaufende Welle in Bild 5.10 einzeichnen, was einer Geraden mit $- 1/Z_0$ entspricht, also gerade der umgekehrten Steigung der hinlaufenden Welle. Für den Punkt Ⓑ ist natürlich noch

$$i = U/R_2 \qquad (5.9)$$

so daß für den Punkt Ⓑ der Schnittpunkt der beiden Geraden (5.8) und (5.9) in Bild 5.10 gilt. Hier können die entsprechenden Ströme und Spannungen, die nach der Laufzeit T in Punkt Ⓑ herrschen, abgelesen werden.

Für die neu entstandene rücklaufende Welle gelten ebenfalls die oben genannten Bedingungen: Nach einer weiteren Laufzeit T gelangt die Welle wieder an den Punkt Ⓐ , wobei der Schnittpunkt der Geraden mit der Steigung $\sim Z_0$ mit der Widerstandsgeraden R_1 die Zustände für Strom und Spannung nach der Zeit 2T darstellen. Danach wird ein Teil der

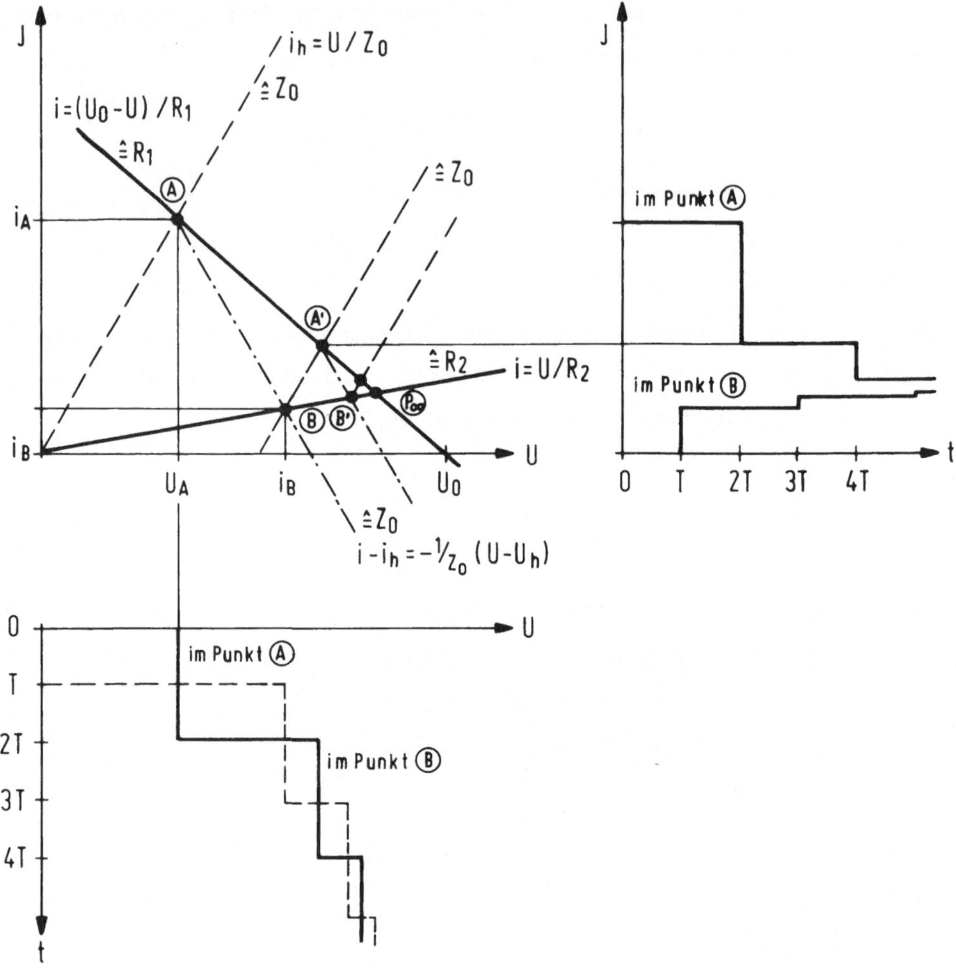

Bild 5.10 Konstruktion des Bergeron - Diagramms

Welle reflektiert und gelangt nach 3T an Punkt (B) usw. Der statische Endwert für $t \to \infty$ ist natürlich der Schnittpunkt der beiden Widerstandsgeraden in P_∞, da dann sämtliche Ausgleichsvorgänge auf der Leitung abgeschlossen sind und demzufolge die Leitung aus dem Ersatzschaltbild 5.9 entfernt werden kann. Aus Bild 5.11a ist zu ersehen, daß dann keine Reflexionen auftreten können, wenn der Abschlußwiderstand gleich dem Wellenwiderstand der Leitung ist, da der statische Endwert sofort erreicht ist. Das gleiche gilt auch bei nichtlinearen Widerständen, wenn sich die Widerstandsgeraden und die Gerade für Z_0 in einem Punkt schneiden (Bild 6.11b).

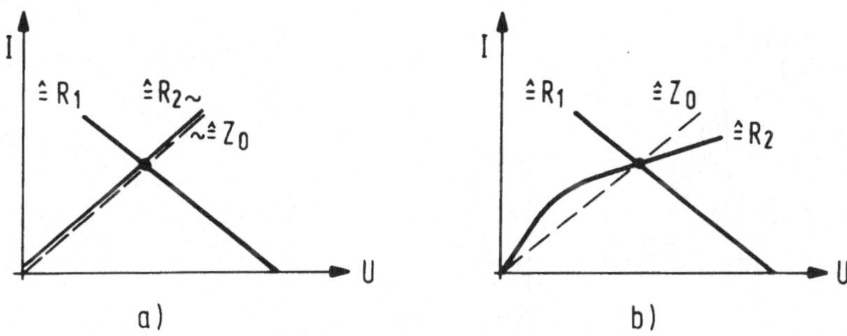

Bild 5.11 Reflexionsfreier Abschluß von Leitungen

Eine Verringerung der Reflexionen erreicht man auch durch Zuschalten von geeigneten nichtlinearen Elementen, z. B. Schwellwertdioden, wie es in Bild 5.12 dargestellt ist. Bei der Konstruktion der Kennlinie für den Abschlußwiderstand R_B, der jetzt nichtlinear ist, geht man davon aus, daß bei einer Parallelschaltung bei gleichen Spannungen U die Ströme der einzelnen Kennlinien für Widerstand, Diode D 1 und Diode D 2 addiert werden. In diesem Beispiel beginnt der Spannungssprung nicht bei 0, sondern bei U_1, was in der Kennlinie eine Verschiebung der Eingangskennlinie bedeutet.

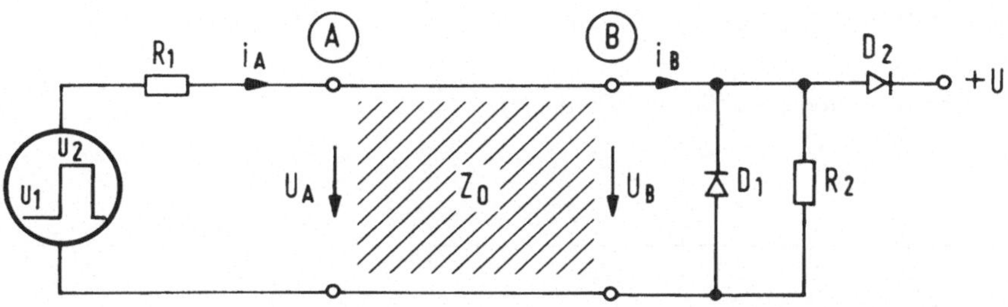

Bild 5.12 Verminderung der Reflexionen durch nichtlineare Abschlüsse

Das zugehörige Bergeron - Diagramm ist in Bild 5.13a) für einen Spannungssprung von U_1 auf U_2 und in Bild 5.13b) für eine Änderung der Spannung von U_2 auf U_1 dargestellt. Da bei einem solchen Abschluß der eigentliche Widerstandswert R_2 sehr viel größer als Z_0 gewählt werden kann, ergeben sich für den Betrieb günstigere Gleichstromwerte, wobei die Treiberelemente mit geringeren Stromstärken auskommen. So ist z. B. bei den Eingängen der TTL-Serie die Diode D_1 als „Clamp-"Diode mitintegriert, um die Reflexionen zu verringern.

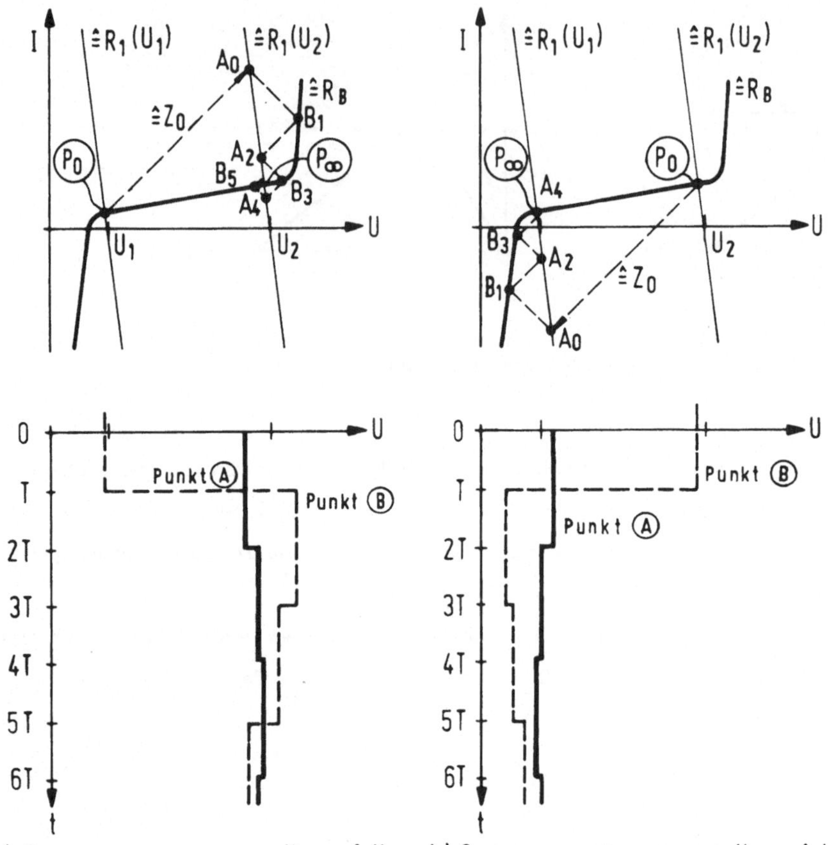

Bild 5.13 Bergeron - Diagramm für die Anordnung aus Bild 5.12

Beispiel:

Wie sehen die Spannungsverläufe am Treiberausgang und am Empfängereingang bei einer Anordnung aus, wo ein Treiber 7400 über eine 100Ω - Leitung einen 7400 Empfänger ansteuert?

Die Eingangs- und Ausgangskennlinien für "log-0" und "log-1" werden aus den Datenblättern der TTL - Serie entsprechend der in Bild 5.9 angegebenen Richtungen der Ströme und Spannungen in die Bergeron - Diagramme eingezeichnet.

Bild 5.14 zeigt den Übergang von "log-0" nach "log-1" und Bild 5.15 den Übergang von "log-1" nach "log-0".

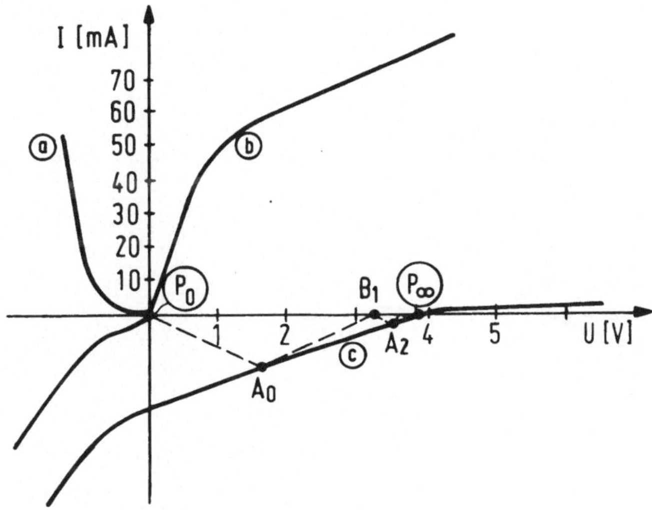

ⓐ Eingangskennlinie

ⓑ Ausgangskennlinie bei „log-0"

ⓒ Ausgangskennlinie bei „log-1"

$Z_0 = 100\ \Omega$

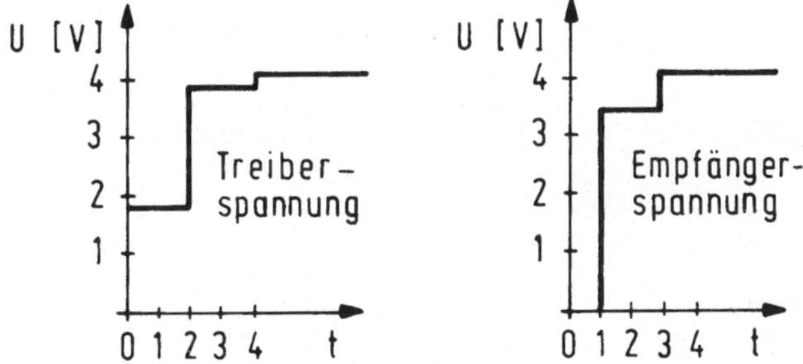

Bild 5.14 Bergeron-Diagramm beim 0-1-Übergang einer TTL-Schaltung

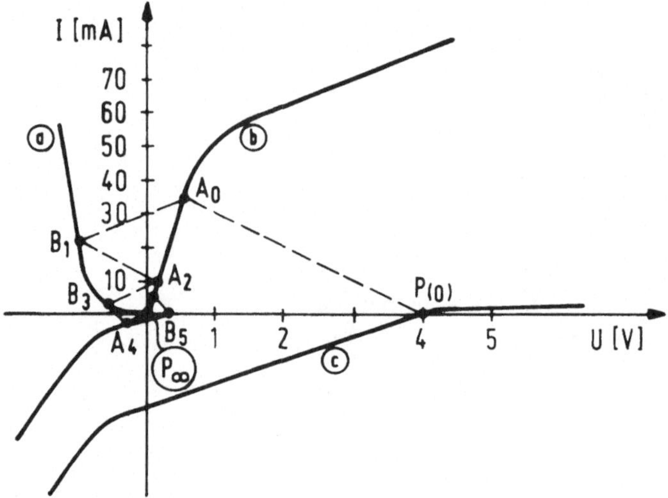

ⓐ Eingangskennlinie
ⓑ Ausgangskennlinie bei „log -0"
ⓒ Ausgangskennlinie bei „log -1'
$Z_0 = 100\ \Omega$

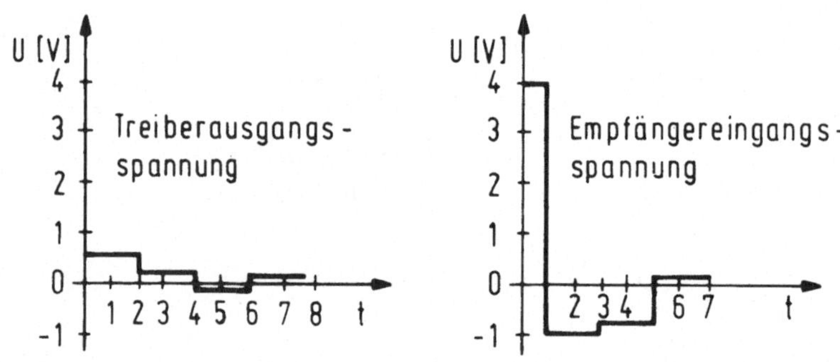

Bild 5.15 Bergeron - Diagramm beim 1-0-Übergang einer TTL-Schaltung

---

Bei dem letzten Beispiel wurde beim 0-1-Übergang deutlich, daß der Spannungspegel am Senderausgang für die doppelte Signallaufzeit 2T durch die reflektierte Welle in den undefinierten Spannungsbereich gelangt. Sind hier weitere Empfänger angeschlossen, so wird die Logik zu einem Fehlverhalten veranlaßt. Kritisch sind dementsprechend alle Leitungen, deren doppelte Laufzeit 2T größer ist, als etwa die halbe Signal-Anstiegszeit t_a. Störungen, die kürzer sind wirken sich im allgemeinen in integrierten Logikelementen nicht aus.

$$\text{Kritischer Fall:} \quad 2T > t_a/2 \qquad (5.10)$$

Damit ist die kritische Leitungslänge:

$$l_{krit} \approx t_a/4v \qquad (v=5...7ns/m) \qquad (5.11)$$

Unterhalb dieser Leitungslänge spielen die Reflexionen praktisch keine Rolle. Die Verhältnisse werden also umso kritischer, je kürzer die Anstiegszeiten der Logiksignale sind.

Beispiel:

Wie groß sind die kritischen Leitungslängen bei einem C-MOS Mikroprozessor mit 80ns Anstiegszeit, bei einem N-MOS System mit 10ns t_a und einem ECL-Prozessor mit t_a = 1ns?

$$l_{CMOS} = \frac{80}{20...28} = 2\ m ... 3\ m$$

$$l_{NMOS} = \frac{10}{20...28} = 25\ cm ... 35\ cm$$

$$l_{ECL} = \frac{1}{20 ... 28} = 3\ cm ... 4\ cm$$

Da auch in kleineren Mikrocomputersystemen in vielen Fällen die kritische Leitungslänge überschritten ist, müssen Reflexionen dadurch vermieden werden, daß die Leitung an ihrem Ende mit dem Wellenwiderstand abgeschlossen wird oder Schwellwert-Dioden eingesetzt werden, wie zuvor beschrieben worden ist. Typische Werte für Wellenwiderstände der üblichen Verbindungsleitungen sind:

Wire-wrap Verbindung	100 ... 200 Ω
gedruckte Platine	50 ... 100 Ω
verdrillte Leitungen	90 ... 110 Ω

Um den Leistungsverbrauch zu erniedrigen, wird dieser Abschlußwiderstand in 2 parallel geschaltete Widerstände R_1 und R_2 gemäß Bild 5.16 aufgeteilt. Bei dieser Anordnung ist es auch möglich, daß ein Sender mehrere auf der Leitung verteilte Empfänger treibt.

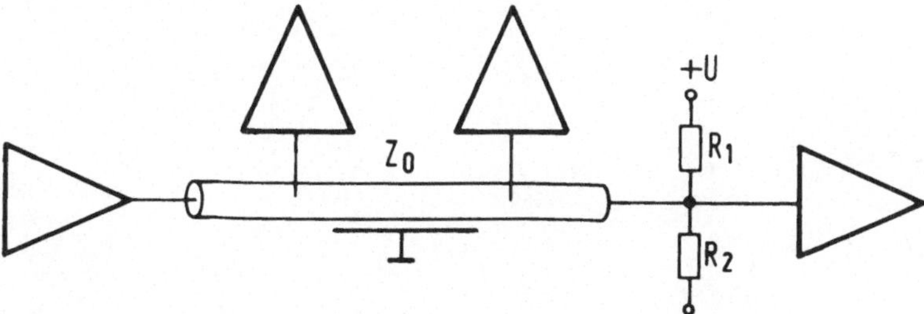

Bild 5.16 Leitung mit parallelen Abschlußwiderständen

Für die Berechnung der Widerstandswerte gilt:

$$Z_0 = R_1 \parallel R_2 \qquad (5.12)$$

und für eine offene Leitung soll der Eingang auf „High"-Pegel liegen:

$$(R_1 + R_2)/U = R_2/U_{IN\ HIGH\ MIN} \qquad (5.13)$$

Beispiel:

Welche Werte ergeben sich bei der TTL - Serie für die Widerstände R_1 und R_2 bei Wellenwiderständen der Leitung von 50 , 100 und 200Ω und welcher Ausgangsstrom ist notwendig, um mindestens 1 Eingang zu versorgen?

Aus (5.13) folgt mit U = 5V und $U_{IN\ HIGH\ MIN}$ = 2V:

$$(R_1 + R_2)/5V = R_2/2V$$

und mit (5.12) ergibt sich:

$$R_1 = 2{,}5 \cdot Z_0$$

daraus ist

$$R_2 = R_1/1{,}5$$

für die Wellenwiderstände 50, 100 und 200Ω berechnen sich die Widerstände

R_1 =	125,	250,	500Ω
R_2 =	83,	167,	333Ω

Für die Berechnung des Stroms ergibt sich folgendes Ersatzschaltbild:

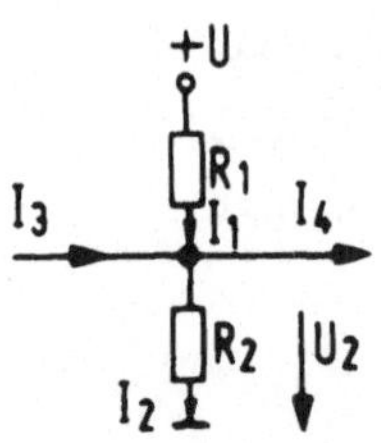

Ausgangsstrom $I_3 = I_2 + I_4 - I_1$

mit: $I_2 = U_2/R_2 = 1{,}5 \cdot U_2/R_1$

$I_1 = (U - U_2)/R_1$

für "log-0" erhält man aus den Datenblättern $U_2 \leq 0{,}8V$ und $I_4 = -0{,}4mA$.

$$I_3 = 1{,}5 \cdot U_2/R_1 + I_4 - (U - U_2)/R_1$$
$$I_3 = 1{,}5 \cdot 0{,}8V/R_1 - 0{,}4mA - 4{,}2V/R_1$$

für "log-1 " sind die angegebenen Werte für $U_2 \geq 2V$ und $I_4 = 20\mu A$:

$$I_3 = 1{,}5 \cdot 2V/R_1 + 20\mu A - 3V/R_1 = 20\mu A$$ für alle Widerstandswerte.

Kritisch ist also hierbei der "log-0" - Bereich. Die benötigten Treiberströme I_3 sind demnach für

$Z_0 =$	50Ω	100Ω	200Ω
$I_3 =$	-24,4mA	-12,4mA	-6,8mA.

Bei den Busleitungssystemen gibt es im allgemeinen mehrere mögliche Sender und Empfänger, die an verschiedenen Stellen der Leitung angeschlossen sind. Daher müssen beide Enden der Leitung mit dem Wellenwiderstand abgeschlossen sein (siehe Bild 5.17). Dies bedeutet aber, daß der Sender eine Belastung von $Z_0/2$ treiben muß, was meist spezielle Treibergatter erforderlich macht.

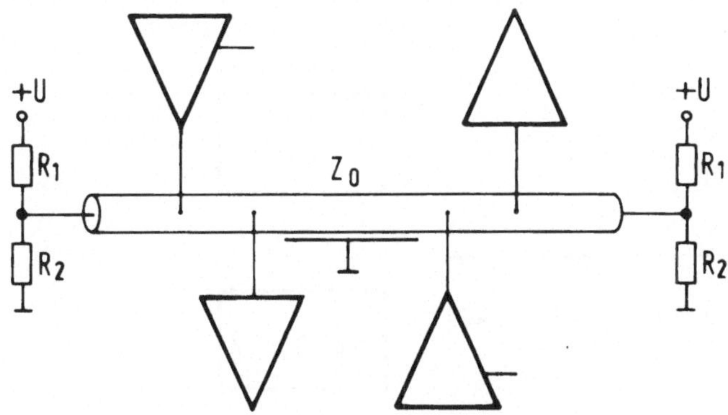

Bild 5.17 Verteilung der Abschlußwiderstände bei einem Bussystem

Wegen des hohen Strombedarfs bei parallelen Abschlußwiderständen kann es bei bestimmten Leitungskonfigurationen sinnvoller sein, die Widerstände in Reihe mit der Leitung zu schalten (Bild 5.18). Der Vorteil liegt in einem geringeren Leistungsverbrauch; nachteilig wirkt sich dagegen aus, daß auf der Leitung keine Abzweigungen zu weiteren Gattern erlaubt sind und daß durch den Widerstand ein Spannungsverlust entsteht, der den Störabstand des Systems beeinträchtigt. Auch die Umladung der Leitung geschieht langsamer, so daß die maximal mögliche Übertragungsrate sinkt.

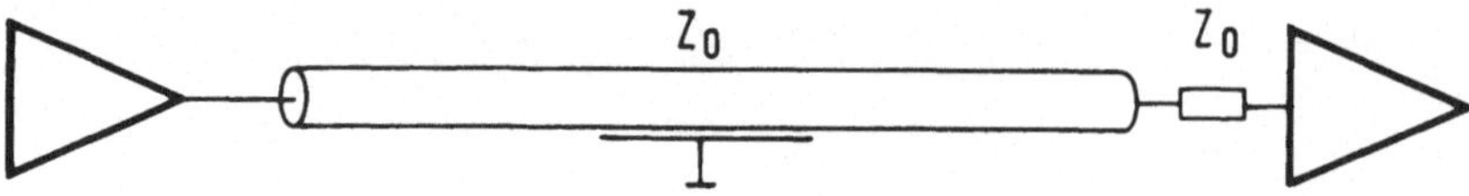

Bild 5.18 serieller Abschluß einer Leitung

Jeder Empfänger stellt ebenfalls eine kapazitive Last dar. Dadurch geschieht die Aufladung mit der Zeitkonstanten

$$\tau = Z_0 C \qquad (5.14)$$

Sind diese Kapazitätswerte nicht mehr vernachlässigbar klein, führt das zu komplizierten Reflexionsvorgängen. Deswegen sollten sich die Empfänger nicht konzentriert an einem Ort befinden, sondern möglichst auf der gesamten Leitung gleichmäßig verteilt sein.

b.) Übersprechen

Werden Leitungen parallel geführt, so entstehen kapazitive und induktive Überkopplungen (Bild 5.19).

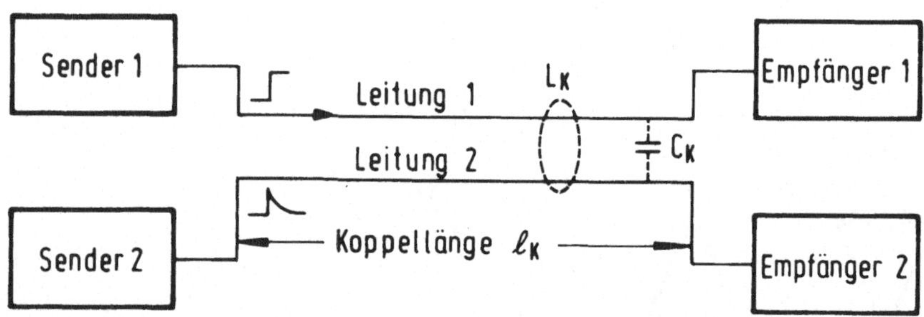

Bild 5.19 Übersprechen bei gleichsinniger Signalübertragung

Läuft die Signalübertragung wie in Bild 5.19 in gleicher Richtung, so ist die Störung relativ gering, da sich die kapazitiven und induktiven Komponenten subtrahieren und sich dadurch annähernd aufheben.

Außerdem werden durch den niedrigen Ausgangswiderstand des Senders 2 Störimpulse weitgehend kurzgeschlossen.

Kritischer ist dagegen die gegensinnige Signalübertragung (Bild 5.20), wobei sich die kapazitiven und induktiven Komponenten addieren.

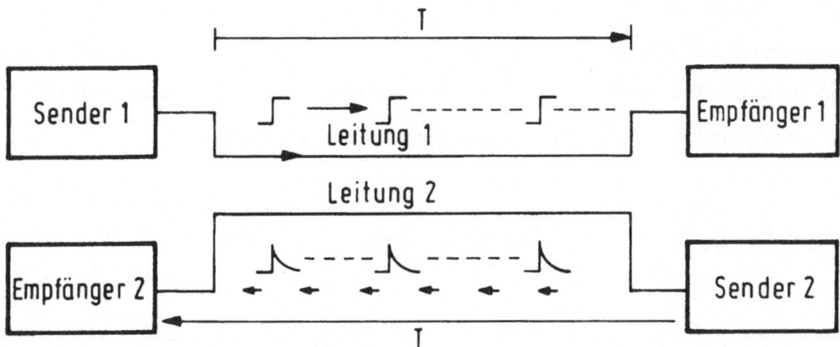

Bild 5.20 Übersprechen bei gegensinniger Signalübertragung

Bei einem Spannungssprung auf der Leitung 1 findet das Übersprechen auf die Leitung 2 immer dort statt, wo sich die Welle gerade befindet. Diese Störung wandert dann zum Empfänger 2. Nach der Laufzeit T hat der Signalimpuls den Empfänger 1 erreicht. Die übergekoppelte Störung auf Leitung 2 benötigt eine weitere Zeit T um zurück zum Empfänger 2 zu gelangen. Die Impulsbreite der Störung hängt also von der Koppellänge l_k ab:

$$t_{STÖR} = 2\ l_K\ v \qquad (v=5...7ns/m) \qquad (5.15)$$

(mit v = 5 ... 7 ns/m)

Die Amplitude der Störspannung berechnet sich mit dem Ersatzschaltbild Bild 5.21: Die Koppelimpedanz beträgt

$$Z_K = L_K/C_K \qquad (5.16)$$

und der Innenwiderstand des Senders 1 sei R_i. Da dieser Sender über die Koppelimpedanz Z_K beide Leitungen parallel treiben muß, erniedrigt sich die gesamte Leitungsimpedanz zu $Z_0/2$. Damit ist:

$$U_{STÖR} = \frac{Z_0/2}{R_i+Z_K+Z_0/2} \qquad (5.17)$$

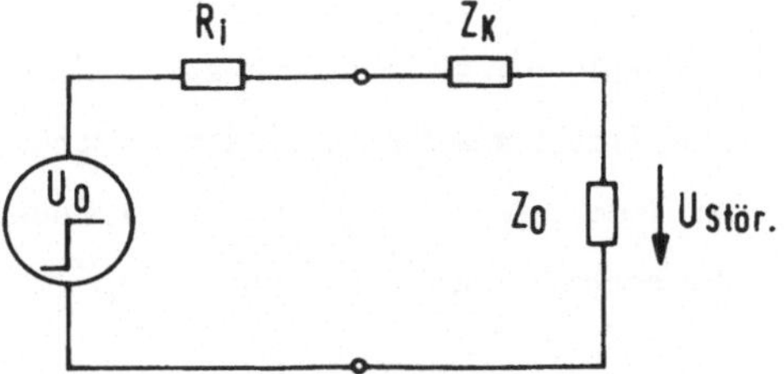

Bild 5.21 Ersatzschaltbild zum Errechnen der Störspannung bei Überkopplungen

Da der Eingangswiderstand des Empfängers 2 sehr viel größer ist als der Leitungswiderstand, kann man vereinfachend annehmen, daß die Leitung 2 am Ende offen ist, d. h. die Spannung an diesem Punkt ist doppelt so groß wie die Eingangsspannung. Trifft man als weitere Vereinfachung die Annahme, daß $R_i \approx Z_0$ ist, so erhält man für die Störspannung:

$$U_{STÖR} \approx \frac{U_0}{1,5 + Z_K/Z_0} \qquad (5.18)$$

Um diese Störspannung klein zu halten, müßte Z_K groß und Z_0 klein sein. Dies erreicht man, indem die sendende und die gestörte Leitung großen Abstand voneinander aber kleinen zur Masseleitung haben.

Beispiel:

Wie groß ist die Störung bei einem Leitungssystem mit $Z_0 = 120\Omega$, das eine Koppellänge von 1 m aufweist und von integrierten Schaltkreisen der 74 - Serie betrieben wird, wobei als $Z_K \approx 80\Omega$ angenommen wird?

$$t_{STÖR} = 2\ 1m\ (5...7ns/m) = 10...14\ ns$$

$$U_{STÖR} \approx \frac{2,4}{1,5 + 80/120} \approx 1,14\ V$$

Betrachtet man das Datenblatt für den dynamischen Störspannungsabstand der 74-Serie, so erkennt man, daß es bei diesen Gegebenheiten zu Fehlverhalten kommen kann, wenn auf der gestörten Leitung "log-0" anliegt.

Bislang wurde nur ein unendlich steiler Spannungssprung betrachtet. In der Praxis muß natürlich mit einer endlichen Anstiegs- und Abfallzeit des störenden Signals gerechnet werden. Dadurch verringert sich die Größe der übergekoppelten Störamplitude, so daß bis zu Anstiegszeiten von ca. 6 ns eine Koppellänge von 25 cm vollkommen unkritisch ist.

Um bei größeren Leitungslängen das Problem der Überkopplungen etwas zu mindern, sollten die Signalleitungen grundsätzlich verdrillt sein und bei Flachbandkabeln muß sich zwischen zwei Signalleitungen jeweils mindestens ein Erdleiter finden. Auch auf gedruckten Platinen kann man kritische Leitungen durch Einfügen von Massebahnen abschirmen (Bild 5.22).

Bild 5.22 Anordnung der Leiterbahnen zum Verringern des Übersprechens

Da Übersprechstörungen nur in dem Zeitaugenblick des Spannungssprungs auftreten, kann es bei einigen Mikroprozessoranwendungen sinnvoll sein, zunächst die Daten auf die Leitungen zu legen, danach eine bestimmte Verzögerungszeit zu warten, bis die Störungen durch Überkopplungen und Reflexionen abgeklungen sind und dann mit einem separaten Taktsignal den Empfänger zur Datenübernahme zu veranlassen. In diesem Fall benötigt nur diese Taktleitung besondere Aufmerksamkeit beim Systementwurf.

c.) Äußere Störungen

Jede elektrische Leistungstufe erzeugt Störungen, die als elektrostatische oder - magnetische Felder in ein Mikrocomputersystem eingekoppelt werden. Daher sollten solche Geräte besonders abgeschirmt sein und deren Erdpotential über eine sehr niederohmige Verbindung an die Systemerde gelegt werden. Dies gilt auch für Geräte, die Relais, Motoren oder andere elektromagnetische Bauelemente enthalten. Sind besonders hohe Störpegel zu erwarten oder sind die Leitungslängen groß, können äußere Störungen auf die Signalleitungen eingekoppelt werden. Hier empfiehlt sich der Einsatz von speziellen Peripheriebausteinen, die mit einem höheren Signalpegel und damit einem besseren Störabstand arbeiten. Bewährt hat sich auch die Übertragung über symmetrische Leitungen (Bild 5.23), wobei der Sender auf beide Leitungen jeweils komplementäre Signale gibt und der Empfänger als Komparator ausgebildet ist. Da keine zeitliche Verschiebung der Signale auftreten dürfen, müssen hierfür ebenfalls spezielle Bauelemente eingesetzt werden.

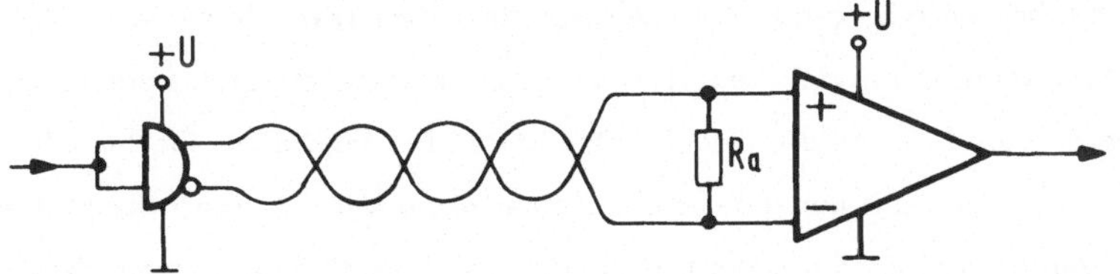

Bild 5.23 Datenübertragung über eine symmetrische Leitung

Oftmals ist es auch notwendig, Sender und Empfänger galvanisch zu trennen, z. B. wenn diese Schaltungen auf unterschiedlichen Potentialen liegen. Hierfür eignen sich

Optokoppler, die problemlos Leitungen von über 100 m bei einer maximalen Übertragungsrate von ca. 100 kbit/sec betreiben können (Bild 5.24). Da der Eingangswiderstand eines solchen Koppelelements in der gleichen Größenordnung liegt, wie die angeschlossene Leitung, erübrigen sich hierbei die Abschlußwiderstände.

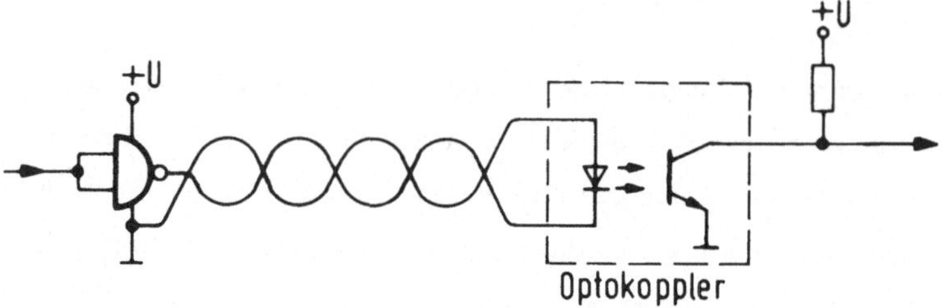

Bild 5.24 Datenübertragung mit Optokoppler

5.4 Spezielle Probleme mit Schaltkreisen

Bei dem Entwurf von Bussystemen steht der Entwickler vor der Frage, ob Treiberelemente mit offenen Kollektoren oder 3-state-Gatter eingesetzt werden sollen. Bauteile mit offenen Kollektoren benötigen einen externen Widerstand gegen Versorgungsspannung. Dadurch können mehrere Gatterausgänge parallel geschaltet werden. Im Zustand „logisch-1" sind die Ausgangstransistoren gesperrt und es liegt ein hohes Potential an. Ist ein Ausgangstransistor leitend, wird der Signalpegel auf „logisch-0" gezogen. Hierbei ist es auch erlaubt, daß mehrere Sender aktiv sind, was logisch einer ODER-Verknüpfung entspricht („wired-OR"). Da die Systemkapazitäten über den externen Widerstand umgeladen werden müssen, können meist nur relativ langsame Anstiegsflanken erreicht werden. Allerdings gibt es dadurch auch weniger Störungen durch Reflexionen und Übersprechen. Bei jeder Belastungsänderung des Bussystems muß jedoch der externe Widerstand erneut berechnet und ausgewechselt werden! Bei den meisten Mikroprozessor-Systemen sind daher 3-state-Gatter vorgesehen, deren Gegentaktausgangstransistoren gleichzeitig über einen Steuereingang gesperrt werden können, so daß ein hochohmiger Ausgang entsteht, der das Bussystem sehr wenig belastet. Befinden sich sämtliche Treiber im hochohmigen Zustand, besitzt der Bus keinen definierten Pegel, es sei denn er würde durch entsprechende Widerstandsbeschaltung erzeugt! Durch die Gegentaktendstufen besitzen diese Gatter schnellere Schaltzeiten. Doch darf zu einer Zeit nur jeweils ein Treiber aktiv sein, da sonst das Gatter zerstört werden kann. Werden die Belastungsgrenzen eingehalten, sind Erweiterungen des Bussystems durch einfaches Zuschalten weiterer Gatter möglich. Aus diesen Überlegungen geht hervor, daß auch Mischsysteme denkbar sind, deren Adreß- und Datenbus mit „3-state"-Elementen beschaltet sind und die Kontrollsignale mit „open-collector"-Bauteilen getrieben werden.

Kleinere Störsignale können durch zusätzliche Schaltungsmaßnahmen vermieden werden. Die wohl bekannteste Methode ist der Einsatz eines Kondensators zwischen Signalleitung und Masse. Hierbei können kurze Störimpulse mit einer Kapazität bis ca. 1 nF gedämpft werden. Eine andere Möglichkeit zeigt Bild 5.25. Nur wenn der Störimpuls breiter ist als die Laufzeit der beiden Inverter, kann er sich auf den Ausgang auswirken.

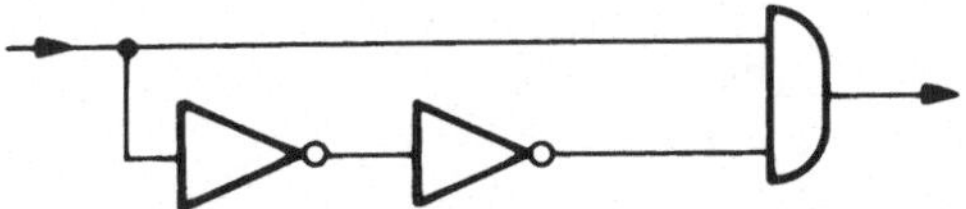

Bild 5.25 Störsignalausblendung durch Gatter

Eine Quelle dauernden Ärgernisses sind auch monostable Schaltkreise. Diese können schon mit kurzen Störimpulsen aktiviert werden oder sie liefern keine Aktion, weil die Erholzeit zwischen zwei Schaltvorgängen nicht eingehalten worden ist. Eine Verbesserung bieten hier Typen mit Schmitt-Trigger-Eingängen und zusätzlichen „Enable"-Möglichkeiten, so daß sie nur dann freigegeben werden, wenn ein Schaltvorgang möglich ist. Eine einfache Schaltung, die gegen kurze Störimpulse unanfällig ist, zeigt Bild 5.26. Die Verzögerung wird durch ein Integrierglied mit nachfolgendem Schmitt-Trigger erreicht. Die Zeitkonstante der Auf- und Entladung ergibt sich zu R · C. Durch Zuschalten entsprechend gepolter Dioden kann entweder der Auf- oder der Entladevorgang, der nicht für die Zeitverzögerung benötigt wird, beschleunigt werden, so daß die Erholzeit verkürzt wird.

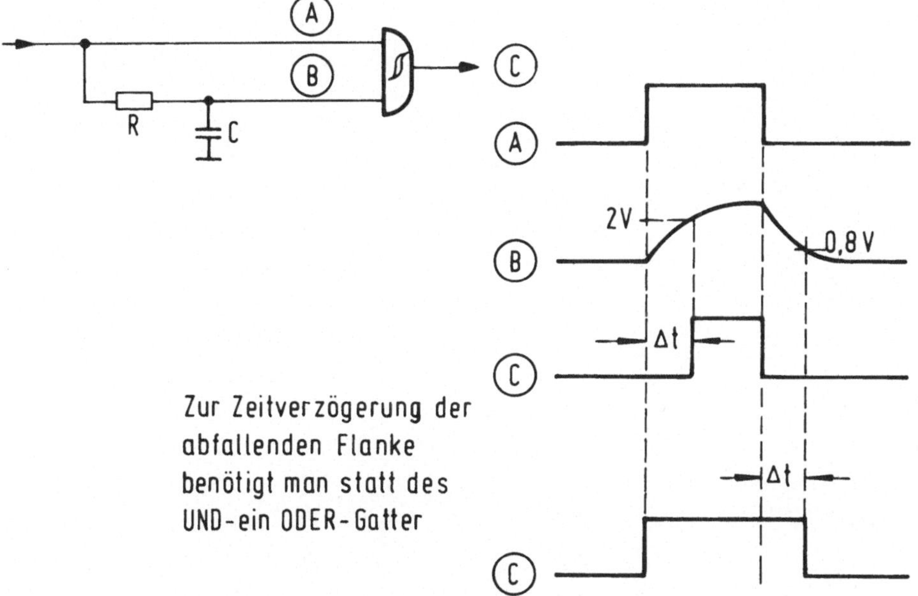

Bild 5.26 Erzeugung einer Zeitverzögerung durch ein Integrierglied

Auch Impulse können mit einfachen logischen Schaltungen erzeugt werden. Für eine kleine Impulsdauer von wenigen Gatterlaufzeiten empfiehlt sich die in Bild 5.27 angegebene Schaltung, wobei die Zahl der in Reihe geschalteten Inverter immer ungerade sein muß.

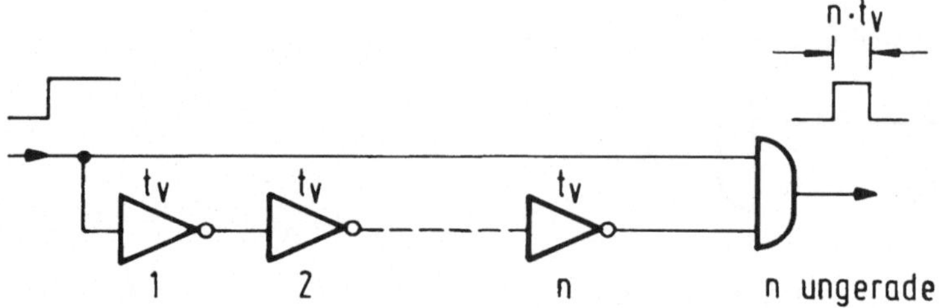

Bild 5.27 Schaltung eines Impulserzeugers

6 Der Einfluß des Softwareentwurfs auf die Systemzuverlässigkeit

Während bei der Hardware eines Rechnersystems in Hinblick auf Ausfallraten und Kosten durch die Einführung von LSI- und VLSI-Technologien große Fortschritte erreicht wurden, ist die Entwicklung zuverlässiger und preiswerter Software nur sehr langsam fortgeschritten. Dabei wird das Softwareproblem mit dem Einsatz von modernen Mikrocomputersystemen, die in zunehmendem Maße größere und komplexere Programme erlauben, immer wichtiger. Aus Bild 6.1 ist zu ersehen, daß im Lauf der Zeit zwar die reinen Hardwarekosten drastisch gesunken, dafür aber die Softwarekosten gestiegen sind.

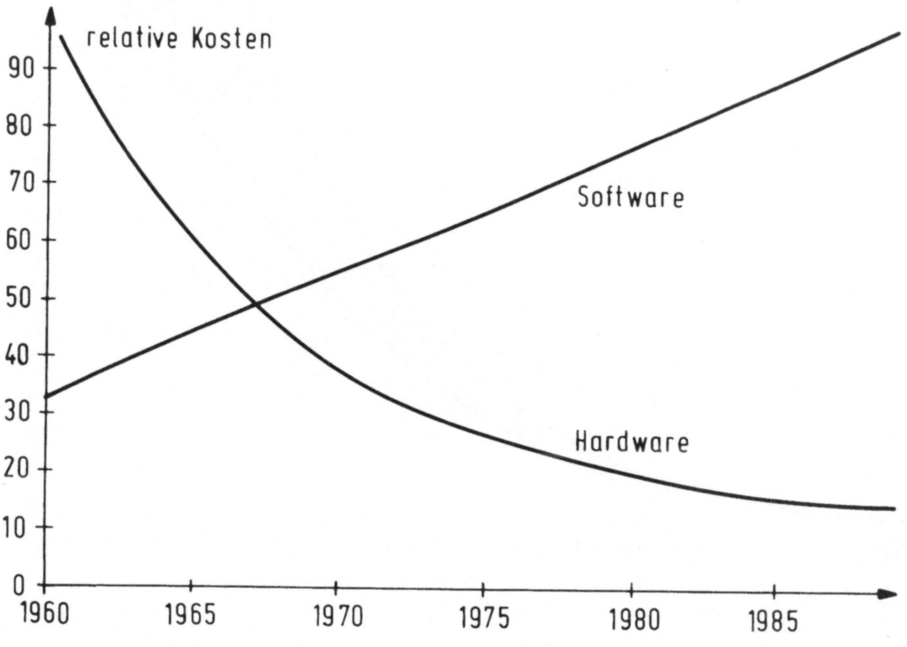

Bild 6.1 Zeitliche Entwicklung der Hardware- und Softwarekosten eines Rechnersystems

Die Erfahrung hat gezeigt, daß es unmöglich ist, größere Programme völlig fehlerfrei zu entwickeln. Die Begriffe Zuverlässigkeit und Korrektheit sind in diesem Fall nicht als gleichbedeutend zu betrachten. Wenn ein Programmteil die gestellten Spezifikationen erfüllt, ist es korrekt. Dagegen ist die Zuverlässigkeit eine statistische Größe, die von Messungen und dementsprechend von den Testverfahren und den zu bearbeitenden Problemen während des Meßvorgangs abhängig ist. So kann durch geeignete Maßnahmen die Zuverlässigkeit der Programme erhöht werden, obwohl es nicht möglich ist, fehlerfreie Software zu erstellen.
Ähnlich wie bei den Bauelementefehlern steigen die Kosten zur Beseitigung eines Fehlers, je weiter das Projekt fortgeschritten ist (siehe Bild 6.2).

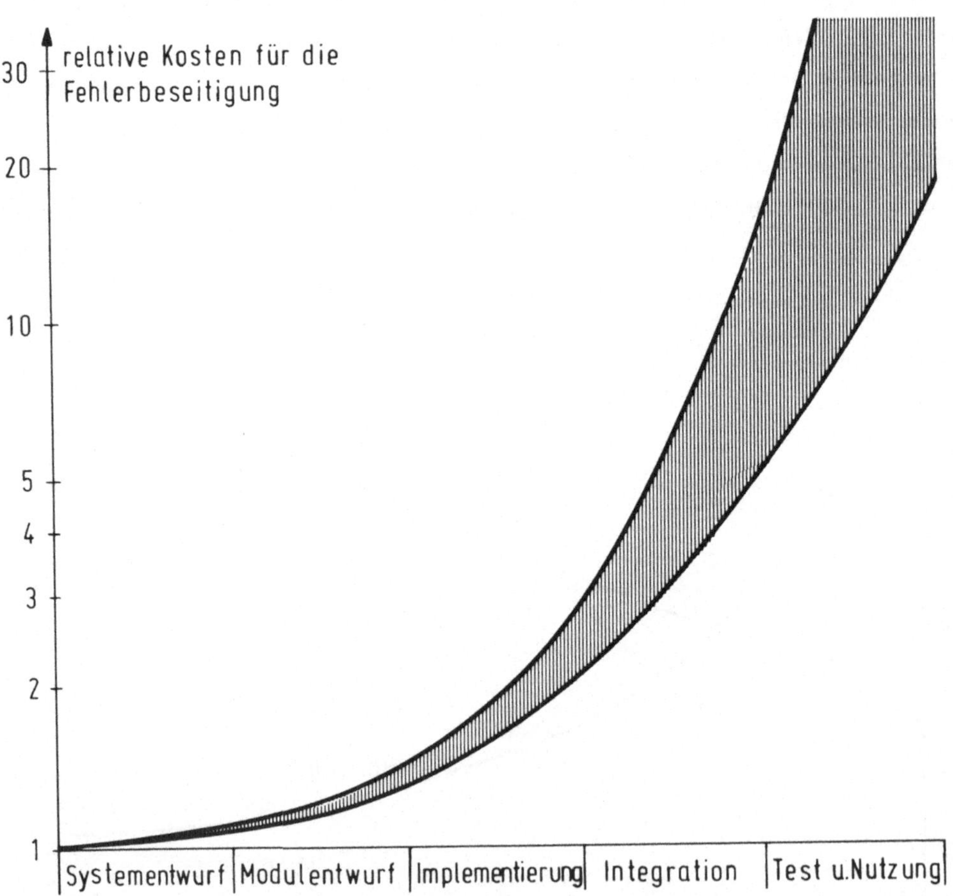

Bild 6.2 relative Kosten der Softwarefehler

Üblicherweise beginnt die Softwareplanung mit einer Analyse des zu entwickelnden Systems. Um die komplexen Zusammenhänge zu erkennen und zu beschreiben reicht die verbale Beschreibung im allgemeinen heute nicht mehr aus, sondern es müssen die Beschreibungsmethoden der Systemtheorie angewendet werden. Die bekanntesten und am meisten verbreiteten Methoden sind:

- Netzplantechnik
- Zustandsdiagramme
- Entscheidungstabellen
- Petri-Netze

Vor allem die beiden letzten Verfahren haben sich in der Praxis als sehr wirkungsvoll erwiesen. So können Entscheidungstabellen die in einem System verborgene Redundanz aufdecken und Petri-Netze das Erfassen paralleler Vorgänge vereinfachen. Obwohl dies ein sehr wichtiges Kapitel zur Vermeidung von Softwarefehlern ist, soll hier nicht näher darauf eingegangen werden. Im Literaturverzeichnis sind einige Quellen zu diesem Thema angegeben. Die Systemanalyse endet mit einem Pflichtheft, welches die Aufgaben des Projekts beschreibt und die Grundlage der Software-Entwicklung bildet.

Ein Software-Projekt zerfällt in 2 Phasen, die etwa gleichen Aufwand benötigen: Entwurfs- und Realisierungsphase (Bild 6.3). Der Systementwurf wird schrittweise untergliedert in Subsysteme und Module. Erst danach beginnt die Codierung und das Zusammenfügen der einzelnen Programmteile. Bei dieser Integration ist es sinnvoll zunächst die Hauptprogramme zu bearbeiten, die das Gerippe für die Unterprogramme sind und nur „Dummy"-Unterprogramme zu benutzen. Dadurch kann zum einen die Ablaufstruktur des Projektes transparenter gemacht werden und zum anderen kann die Testphase früher beginnen und so auch Fehler früher entdeckt werden. Korrekturen von Fehlern sind nur jeweils innerhalb einer der beiden Phasen zulässig, d. h. während der Test- oder Nutzungsphase sollten keine Systemfehler mehr zu korrigieren sein. Ist dies dennoch notwendig, so ist eine Korrektur nur noch mit großem Aufwand möglich. Daher ist eine sorgfältige Entwurfsphase die wichtigste Voraussetzung zur Vermeidung von Softwarefehlern.

Auch die Analyse der aufgetretenen Fehler zeigt die Notwendigkeit, besondere Aufmerksamkeit der Planungsphase zu widmen.

So sind: 64 % Entwurfsfehler, wobei 45 % erst in der Nutzungsphase entdeckt werden, was zu hohen Fehlerbeseitigungskosten führt!

36 % Codierfehler, wovon 27 % in der Entwicklungsphase und 9 % in der Nutzungsphase zu finden sind.

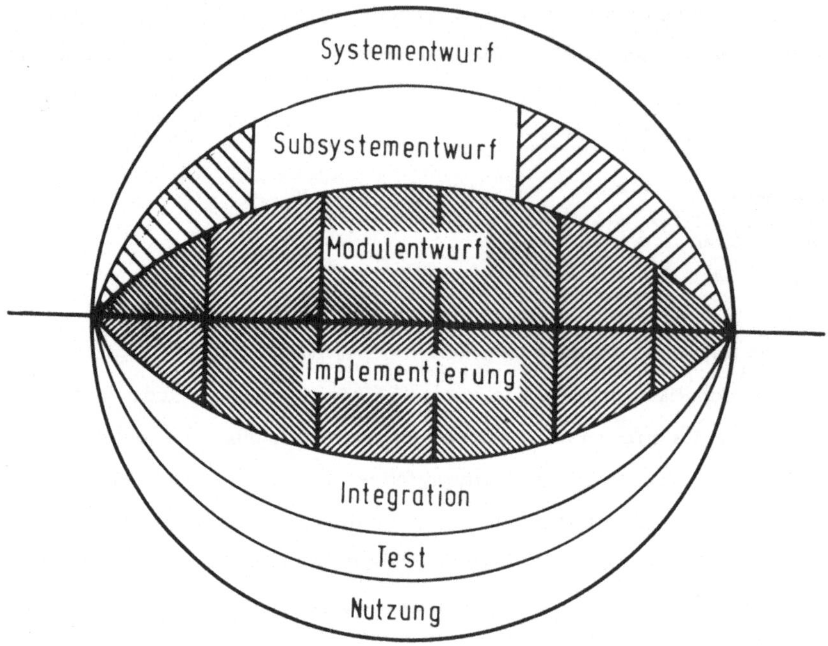

Bild 6.3 Vorgehungsweise bei der Softwareentwicklung

Die Methoden zur Entwicklung zuverlässiger Programme lassen sich aufteilen in analytische und konstruktive Verfahren. Bei der analytischen Methode werden die bereits erstellten Programme mit verschiedenen Verfahren auf ihre Richtigkeit überprüft. Dazu zählen Programmtest, Beweismethoden zur Verifizierung des Programms und automatische Prüfverfahren. Im Falle des konstruktiven Ansatzes werden Programmiertechniken entwickelt, die es erlauben, transparent und mit wenigen einfachen Kontrollstrukturen zu programmieren, um somit die Anzahl der Fehlerquellen bei der Programmerstellung einzuschränken. Diese sind unter dem Begriff „strukturierte Programmierung" bekannt geworden.

In der Praxis besitzen diese Methoden allerdings einige Einschränkungen: Der analytische Beweis für die vollständige Korrektheit des Programms ist nur bei einfachen Programmteilen, meist auch nur mit großem Aufwand, durchführbar. Testmethoden und Programm-„debugging" können nur die Anwesenheit von Fehlern beweisen, nicht aber die Fehlerfreiheit. Die Methoden der strukturierten Programmierung geben alleine keine Gewähr für die Richtigkeit der Programme, sondern es müssen im Anschluß an die Programmerstellung umfangreiche Tests durchgeführt werden.

Der Programmentwurf beginnt mit der Beschreibung des gewünschten Systems auf hoher Abstraktionsebene. Daraus wird schrittweise die interne Struktur mehr und mehr abgebildet. Dieses Verfahren ist als „Methode der schrittweisen Verfeinerung" oder „Outside-In-Methode" bekannt. Der ebenfalls häufig für eine solche Vorgehensweise verwendete Begriff „Top-Down-Entwurf" bezeichnet dagegen die Eigenschaft eines Ergebnisses und nicht den Prozeß, der zu diesem führte.

Die verwendete Programmiersprache hat ebenfalls Auswirkungen auf die Zuverlässigkeit der Programme. Niemand wird wohl heute auch nur einen kleinen Programmteil im Dualcode schreiben, da dies nicht mehr lesbar ist und eine riesige Anzahl von Fehlerquellen in sich birgt. Assemblerprogrammierung ist dann für kleinere Programme besser geeignet, vorausgesetzt, daß intensiver Gebrauch von zusätzlichen Kommentarzeilen gemacht wird. Allerdings birgt dies die Gefahr, daß der Assemblercode nicht der Absichtserklärung der Kommentarzeile entspricht. Daher ist bei größeren Programmen der Einsatz von höheren Programmiersprachen sehr empfehlenswert, die selbstdokumentierend sind und deren Compiler schon während des Übersetzungsvorgangs eine große Anzahl von Programmierfehlern entdecken können. Gerade die modernen Programmiersprachen wie PASCAL und ADA bieten im Zusammenhang mit den Methoden der strukturierten Programmierung die Möglichkeit den Softwareentwurf transparent zu machen und damit Fehler weitgehend zu vermeiden bzw. leichter zu erkennen.

6.1 Strukturierte Programmierung

Wesentliches Merkmal einer guten Programmierung ist es, die gestellte Aufgabe in kleinere jeweils gut übersehbare Module zu untergliedern, wobei darauf zu achten ist, daß diese Programmteile untereinander möglichst wenige Verbindungen besitzen. Nur so ist es möglich, die Programme transparent zu halten, damit sie leicht verstanden und geändert und dadurch auch zuverlässiger werden.

Bei einer Baumstruktur existiert nur jeweils eine Verbindung zwischen zwei Modulen, wobei diese keine Verbindungen untereinander aufweisen dürfen (Bild 6.4). Damit ist dies die Struktur mit der minimal möglichen Anzahl von Verbindungen. Für ein Programm mit n Modulen werden nur (n - 1) Verbindungen benötigt. Wegen der einfachen Gliederung ist nach Möglichkeit bei dem Programmentwurf eine derartige Struktur anzustreben.

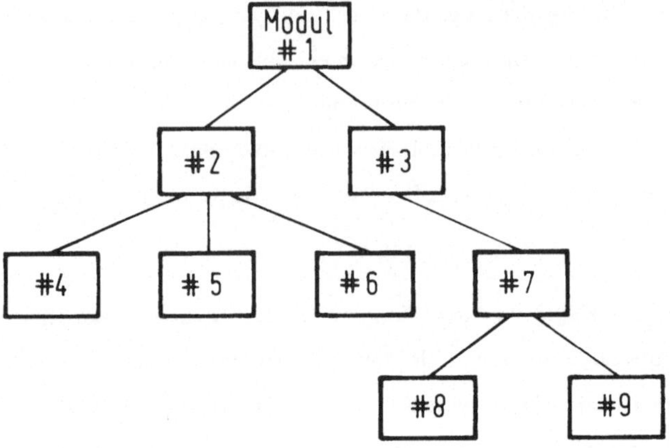

Bild 6.4 Baumstruktur eines Programms

Bei der Methode der schrittweisen Verfeinerung ist in jeder Entwurfsebene mit Hilfe der strukturierten Programmierung jeweils eine vollständige Beschreibung möglich. Dabei benötigt man nur drei grundsätzliche Elemente:

- Die Sequenz oder Folge dient zur Beschreibung einer Aktion. Mehrere dieser Strukturblöcke können aneinandergreiht werden. In der unten angegebenen Darstellung ist dies links mit den Symbolen des Programmablaufplans und rechts als Nassi- Shneidermann Diagramm (Struktogramm) gezeigt. Beide Darstellungsarten können als identisch angesehen werden, wobei die Darstellung im Nassi-Shneidermann-Diagramm den Grundprinzipien der strukturierten Programmierung besser angepaßt ist, während der Ablaufplan mehr Disziplin vom Programmierer erfordert.

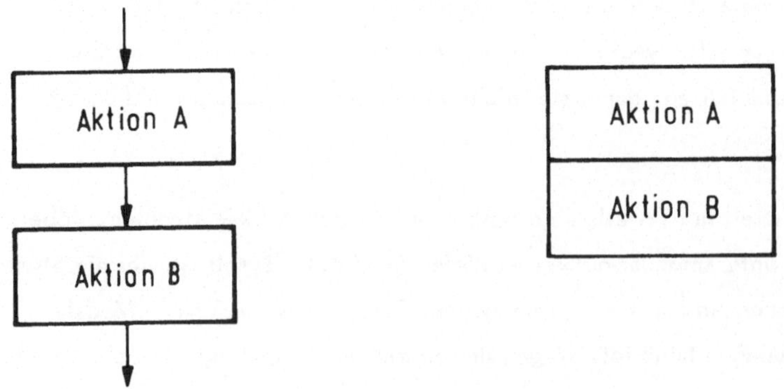

- Bei einer Verzweigung ("if-then-else") wird zwischen zwei oder mehreren Möglichkeiten aufgrund vorgegebener Bedingungen zu unterschiedlichen Aktionen verzweigt.

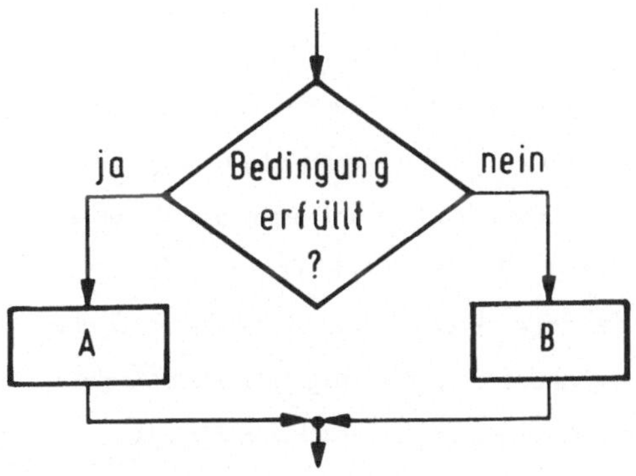

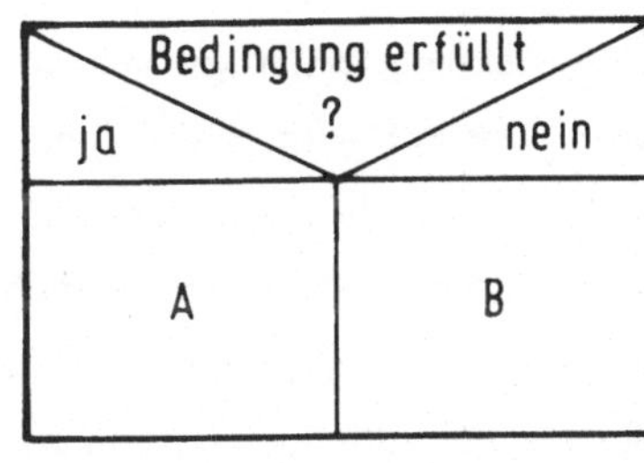

- In einer Schleife ("while-do") wird eine Aktion solange wiederholt, bis eine vorgegebene Bedingung erfüllt ist.

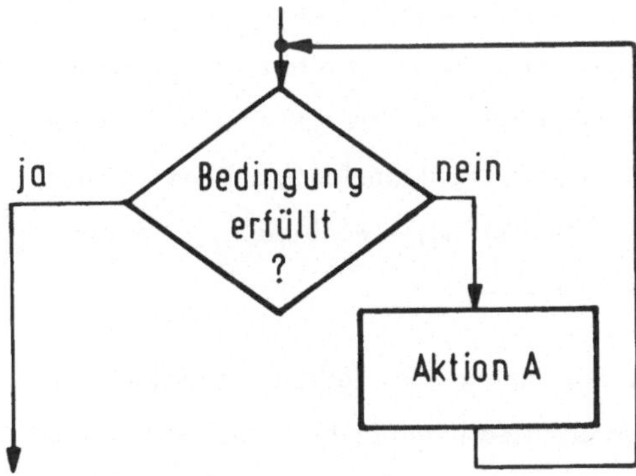

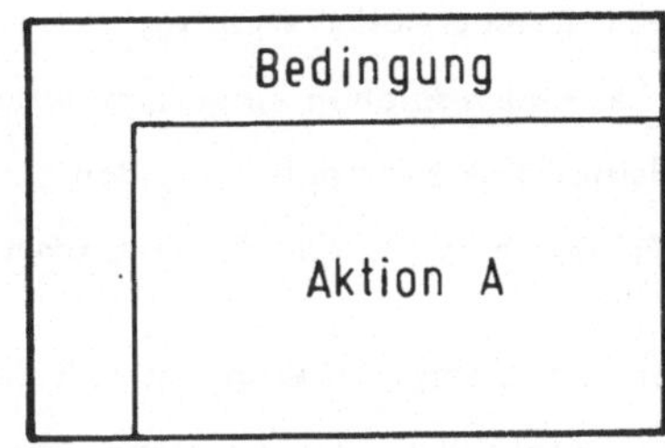

Strukturierte Programmierung bedeutet aber auch eingeschränkte Programmierung. D. h. daß der Entwickler Programmdisziplin halten muß und z. B. auf den unbedingten GOTO-Befehl weitgehend verzichtet, jedem Modul nur einen Ein- und einen Ausgang zuweist und spezielle trickreiche Programmierung vermeidet. Dadurch benötigen diese Programme aber auch längere Laufzeiten und haben größeren Speicherplatzbedarf. Dafür können die Überprüfungen auf die Korrektheit der Programme in jedem dieser kleinen Modulen mit hoher Zuverlässigkeit vorgenommen werden, die Programmierung ist flexibel gegenüber Änderungen und kann somit schneller und sicherer durchgeführt werden.

Diese Vorgehensweise ist damit unbedingte Voraussetzung zur Erstellung zuverlässiger Software.

6.2 Testmustererzeugung

Die Entwicklung von Programmen sollte von der Planung entsprechender Tests begleitet werden. Dadurch wird natürlich auch die Organisation des Programms beeinflußt. Jedes Modul muß zunächst einzeln ausgetestet werden, wobei der Test entweder die Zuverlässigkeit des Programms erhöht oder aber Informationen über entdeckte Fehler liefert. Voraussetzung bei der Planung von Tests ist, daß der Entwickler Klarheit über die möglichen Ergebnisse der Prüfungen hat. In der Entwicklungsphase ist jedes Programm noch Änderungen unterworfen, was natürlich auch bei der Testplanung zu berücksichtigen ist.

Eine theoretische Methode, ein Programm auf Fehler zu überprüfen, besteht darin, jeden Programmteil als „black-box" aufzufassen und dessen Ausgang für sämtliche Eingangskombinationen zu beobachten. In der Praxis ist allerdings ein derartiges Verfahren nicht einsetzbar, da im allgemeinen die Anzahl der Eingangskombinationen viel zu groß ist. Normalerweise sind bei der Abarbeitung eines Programms ja auch nicht alle Eingangskombinationen gleichermaßen wichtig, so daß eine Auswahl der Testfälle getroffen werden kann. Wenn bei einem solchen eingeschränkten Testablauf eine Fehlermeldung abgegeben wird, so bedeutet dies zwar definitiv, daß ein Fehler vorhanden ist, – wenn nicht, ist es aber kein Kriterium dafür, daß das Programm fehlerfrei ist !

Bei der Testmustergenerierung ist es keineswegs ausreichend, daß jedes Programmelement einmal durchlaufen wird, da oftmals auch die unterschiedlichen Bedingungen und Voraussetzungen, z. B. bei Verzweigungen, von Interesse sind. Genauer ist da die Forderung, daß jede Verzweigung eines Programms mindestens einmal durchlaufen werden muß.

Ein sehr brauchbares Hilfsmittel zur Testentwicklung ist der Einsatz von Software-Zählern, die zusätzlich an bestimmte Stellen des Programms eingebaut sind und die jedesmal, wenn sie bei der Programmausführung durchlaufen werden, incrementiert werden. Nachdem ein Test abgearbeitet worden ist, können diese Zähler überprüft werden, wobei deren Inhalt Auskunft darüber gibt, wie oft diese Programmteile durchlaufen worden sind.

Da jede Verzweigung mindestens einmal durchlaufen werden sollte, fügt man diese Zähler sinnvollerweise in die Programmteile ein, die direkt von der Verzweigung angesprochen werden (siehe Bild 6.5)

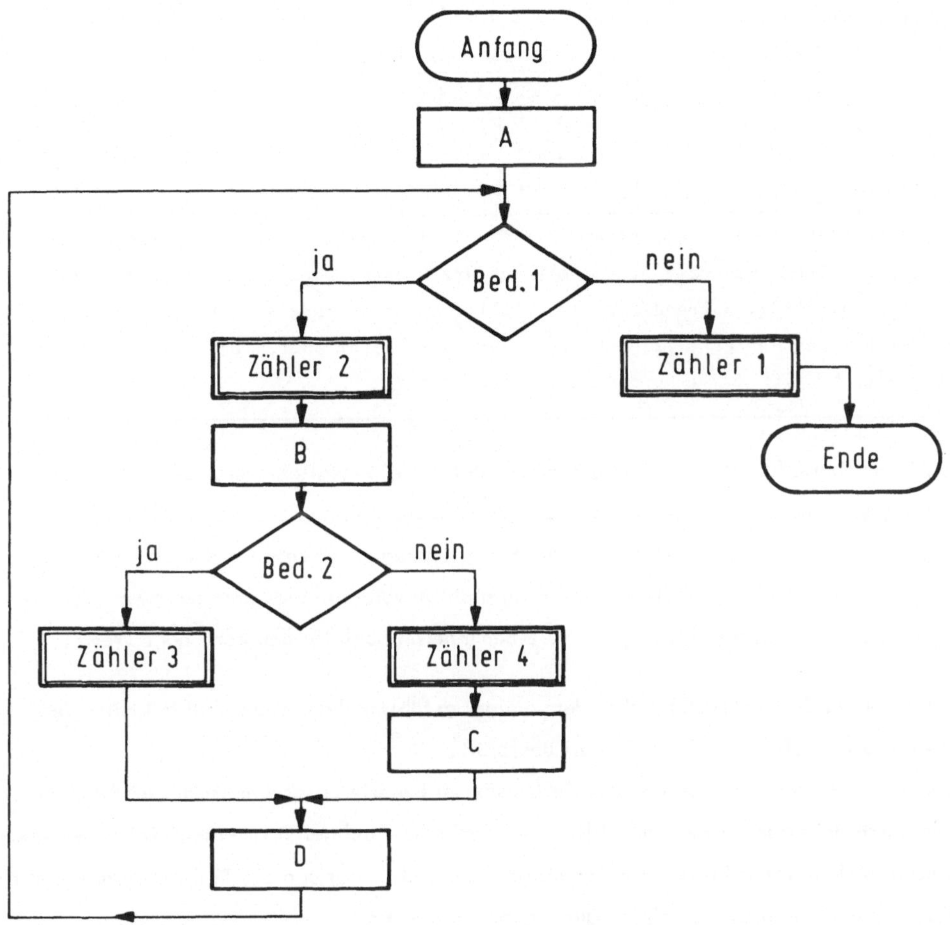

Bild 6.5 Einsatz von Software-Zähler in einem Programmteil

Beispiel:

In dem Flußdiagramm (Bild 6.5) bedeuten:

A:	X := 1	
B:	Z = Y-Z	
C:	Y = Y + Z	
D:	Y = Z/2 ;	X := Y
Bed1:	X ≥ 1	
Bed2:	Z ≥ 0	

Welches der drei Testmuster (Y/Z) = (1/0), (4/2),(1/2) erfüllt die Bedingung, daß jede Programmverzweigung mindestens einmal durchlaufen werden muß?

Nach Erreichen der ENDE-Marken haben die Zähler folgende Werte:

Testmuster		Inhalt der Zähler			
Y	Z	1	2	3	4
0	0	1	1	1	0
4	2	1	2	1	1
1	2	1	1	0	1

Dementsprechend ist das Testmuster (Y/Z) = (4/2) zu wählen. Natürlich ist es auch möglich, die Programmverzweigungen mit mehreren Testmustern zu überprüfen, z.B. mit (0/0) und (1/2). Während hier im 1.Fall die Verzweigung 4 nicht überprüft wird, ist dies bei den Werten (1/2) sehr wohl der Fall, dafür aber nicht die Verzweigung 4, die aber bereits im 1. Durchgang getestet wurde.

Die Zählerinhalte können auch dazu benutzt werden, ein möglichst minimales Testmuster zu erzeugen. Sind einige Zähler nach den Testdurchläufen noch nicht angesprochen, so genügt es, nur für diese Fälle neue Testmuster zu erzeugen. Ebenso werden „innere Schleifen" leicht aufgedeckt und können, wenn sie nicht erwünscht sind, korrigiert werden. In diesem Fall enthalten die Zähler, die zu einer inneren Schleife gehören, hohe Werte.

Bislang wurden die Testmuster mehr oder weniger gefühlsmäßig erzeugt und mit Hilfe der Softwarezähler auf ihre Vollständigkeit überprüft.
Rechnerische Methoden, vollständige Testmuster zu generieren sind meist auf einfache Probleme beschränkt oder müssen mit Hilfe eines Rechners durchgeführt werden. Dabei wird der Ausdruck entlang eines bestimmten Programmpfades berechnet und die Testmuster zum Durchlaufen dieses Programmteils anhand der Ergebnisse bestimmt.
Dies muß für jeden möglichen Programmpfad durchgeführt werden. Da diese Vorgehensweise je nach Problemstellung sehr aufwendig sein kann, dürfen die zu überprüfenden Programmteile nicht zu groß sein.

Beispiel:

Welche Ausdrücke zur Testmustererzeugung ergeben sich aus dem vorangegangenen Beispiel?

a.) für den Pfad: Anfang - Zähler 2 - Zähler 3 :

(X := 1), (X ≥ 1) (Z= Y - Z), (Z ≥ 0)

Bedingung erfüllt für Y,Z ≥ 0 : Y ≥ Z (z.B. Y =4, Z = 2)

b.) für den Pfad: Zähler 2 - Zähler 4 :

(Z = Y - Z), (Z < 0)

Bedingung erfüllt für Y,Z > 0 : Y < Z (z.B. Y = 1, Z = 2)

c.) für den Pfad: Anfang - Zähler 1 - Ende :

Wegen der Bedingung $X < 1$ muß die Programmschleife zunächst mindestens einmal durchlaufen werden, z.B. wie im Fall a.). Danach gilt:

$(Y = Z/2, X = Y), (X < 1)$

Bedingung erfüllt für $X, Y < 1, Y = Z/2$ (z.B. $Y = 0, Z = 0$)

6.3 Programmredundanz

Die Praxis zeigt, daß es unmöglich ist, trotz strukturierter Programmierung und sorgfältiger Auswahl der Testmuster, größere Programme fehlerfrei zu erstellen. Daher sollten auch im betriebsbereiten Programm einige zusätzliche Programmteile enthalten sein, die die Möglichkeit zur Überprüfung auf Software-Fehler während des Programmablaufs bieten. Diese selbstprüfende Software wird auch als Programmredundanz bezeichnet. Sie bietet nicht nur Schutz vor Software- sondern in eingeschränktem Maße auch vor Hardwarefehlern.

Diese Programmteile müssen:

- Softwarefehler entdecken und lokalisieren
- dem System dazu verhelfen, trotz der Fehler weiterzuarbeiten und
- evtl. Fehler korrigieren oder zumindest anzeigen.

Wichtigste Voraussetzung für eine solche Vorgehensweise ist, daß die Programmsysteme - wie bereits bei der Behandlung der strukturierten Programmierung dargelegt wurde - in kleinere Module unterteilt werden. Dabei müssen zwischen den einzelnen Modulen nicht nur die Daten übergeben werden, sondern weitere für die Fehlerentdeckung und -korrektur wichtige Informationen, wie z. B. Reihenfolge der durchlaufenen Modulen oder Charakterisierung der Daten. Diese Informationsübergabe muß nicht notwendigerweise explizit durchgeführt werden, sondern kann auch mit Hilfe der Stack - Operationen geschehen. Außerdem sollte jedes Modul die Information über eventuelle Fehler, die in anderen Programmteilen entdeckt worden sind, erhalten. Da diese Prinzipien in die Programmorganisation eingreifen, müssen sie schon in einem früheren Stadium des Entwurfs berücksichtigt werden.
Ein sehr wesentlicher Gesichtspunkt bei der Erstellung selbstüberprüfender Software ist die Möglichkeit, die Richtigkeit der Operationen während der Ausführung zu überwachen. Dabei können folgende Aspekte berücksichtigt werden:

a.) Überprüfen der Funktion eines Prozesses: Hier werden die Resultate einer Programmausführung auf ihre Konsistenz überprüft und festgestellt, ob die berechneten Werte zulässig sind. Beispielsweise kann ein Beschleunigungsvorgang nicht plötzlich das Vorzeichen wechseln, ohne durch den Nullpunkt gegangen zu sein.

b.) Überprüfen der Reihenfolge eines Prozesses: Fehler können auch dadurch hervorgerufen werden, daß die Reihenfolge der Operationen nicht eingehalten wird. So können Programmschleifen entweder zu kurz oder zu lange ausgeführt werden. Einen solchen Fehler kann man durch Einfügen unterer und oberer Schranken erkennen, die bei jedem Durchlauf überprüft werden. Auch fehlerhafte bzw. nichtexistierende Verzweigungen können die Kontrollstruktur des Programms verändern. Zur Überwachung wird bei jedem Knoten die Richtigkeit der Reihenfolge der durchlaufenen Programmteile durch ein Kontrollwort, welches bei dem Übergang zum nächsten Programmodul mitübergeben wird, bestätigt (Bild 6.6).

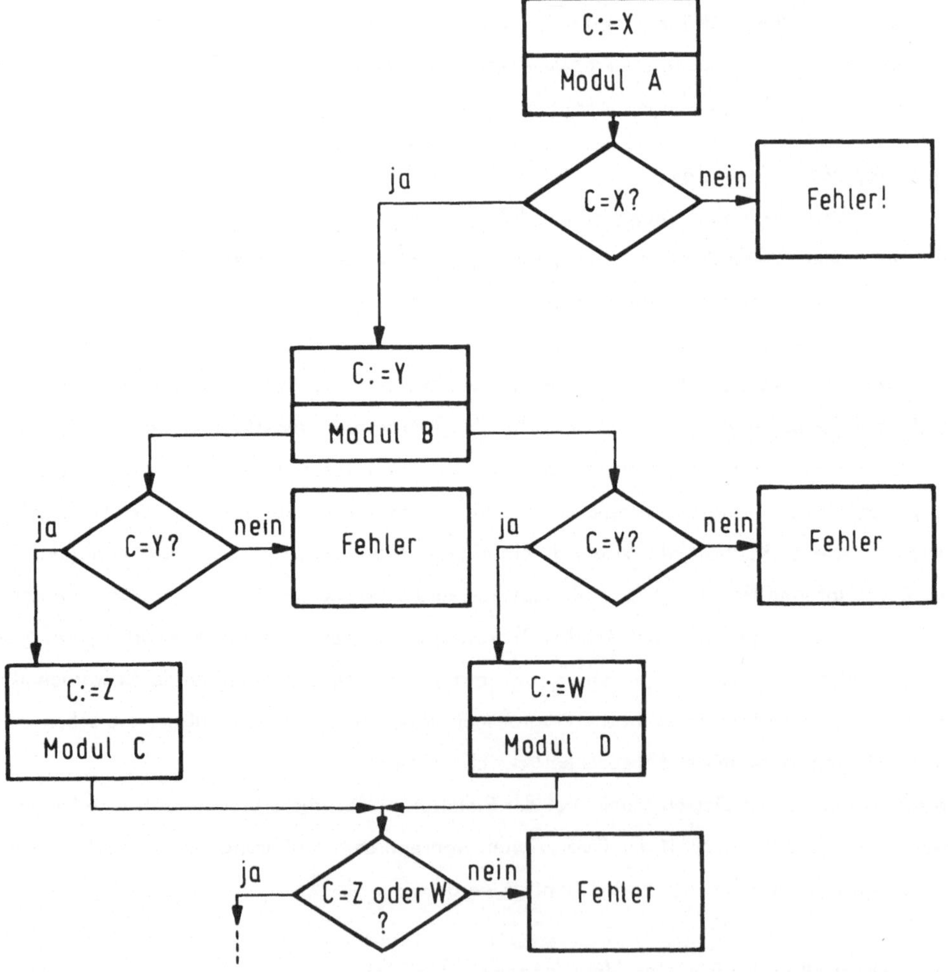

Bild 6.6 Überprüfung der Reihenfolge eines Programms

Am Anfang eines Moduls wird diesem Wort ein bestimmter Wert zugewiesen und das nächste Programmodul wird nur dann ausgeführt, wenn dieser Wert als zulässig erkannt worden ist. Außerdem kann noch eine Überprüfung des jeweiligen Adreßbereiches stattfinden, d. h. ob sich die Programmbearbeitung noch in dem zugewiesenen Speicherbereich befindet.

c.) Überprüfung der Daten: Bei der Überprüfung der Daten unterscheidet man zwischen der Richtigkeit der Datenstruktur und der Datenwerte. Die Datenstruktur ergibt sich bei größeren Systemen oftmals aus verketteten Datenblöcken, wobei in jedem dieser Blöcke ein Zeiger auf den Folgeblock weist. Hier sollte ein weiterer Softwarezeiger auf den Vorgängerblock verweisen, so daß die Struktur auch vom Ende her auf ihre Reihenfolge überprüft werden kann. Die Zulässigkeit der Datenwerte kann mit Hilfe eines Datenfilters gesehen, das nur Werte innerhalb bestimmter vorgegebener Maximal- und Minimalwerte zuläßt. So ist z. B. die Messung einer Wassertemperatur nur zwischen 0° C und 100° C sinnvoll. Ergeben sich andere Werte, so kann davon ausgegangen werden, daß ein Fehler vorliegt.

Sollte eine Prüfung einen Fehler anzeigen, so kann ein anderer Programmteil, der die gleiche Aufgabe behandelt wie der fehlerhafte, mit den gleichen Anfangswerten durchlaufen werden. Dieser Ersatzmodul darf allerdings keine Kopie des ursprünglichen Programms sein, denn das würde ja wieder zum gleichen fehlerhaften Ergebnis führen, sondern ein davon unabhängiger Entwurf, der möglichst auch von einem anderen Programmierer geschrieben worden ist. Die Überprüfung auf Fehlerfreiheit wird auf einer übergeordneten Ebene durchgeführt, die sämtliche globalen Variablen erfassen sollte. Zur Wiederaufnahme des Programms muß der ursprüngliche Zustand des Prozesses vor dem Durchlaufen des fehlerhaften Programmteils wiederhergestellt sein, bevor das Alternativprogramm ausgeführt werden kann. Es ist natürlich ineffizient am Anfang jedes neuen Blocks den gesamten System-Status abzuspeichern. Da im allgemeinen auch nicht bei jedem Programmteil sämtliche Variablen verändert werden, genügt es, nur diese veränderten Werte zuvor in einem bestimmten Speicherbereich abzulegen. Sind mehrere Ebenen verschachtelt, so müssen ebensoviele Bereiche für die globalen Variablen vorgesehen werden. Ist ein Fehler entdeckt worden, müssen sämtliche Programmteile, die davon betroffen sind, wiederholt werden. Bei diesem „Roll-back" können auch mehrere Alternativprogramme angeboten werden, die unter Umständen auch Vereinfachungen enthalten können. So ist es denkbar, daß nachdem ein Fehler gemeldet worden ist, die nachfolgende Programmwiederholung ebenfalls fehlerhaft ist. Damit das System weiterarbeiten kann, wird in dem nächsten Alternativprogramm von vereinfachten Voraussetzungen ausgegangen oder es werden mögliche Schätzwerte für die fehlerhaften Variablen eingesetzt. Dadurch ist natürlich die Leistungsfähigkeit des Systems vermindert, so daß ein solches Vorgehen immer von einer Fehlermedlung begleitet werden muß; dafür ist das Mikroprozessorsystem aber noch betriebsbereit.

Die aufgeführten systematischen Entwurfsrichtlinien erleichtern die Suche und die Behandlung von Fehlern im späteren Einsatz sehr. Man rechnet heute mit einem Aufwand für Testmustererzeugung und Fehlersuche von ca. 25 % - 30 % des gesamten Softwareprojekts. Daran ist zu ersehen, wie wichtig die Methoden der strukturierten Programmierung, Testmustererzeugung und Programmredundanz im praktischen Einsatz sind.

7 Redundanztechniken

Zur Erhöhung der Zuverlässigkeit eines Mikroprozessorsystems gibt es prinzipiell zwei Möglichkeiten:

- Fehler-intoleranz („fault-intolerance", „fault-avoidance"):
  Unter diesem Begriff versteht man die Eliminierung der Fehlerursachen vor dem Einsatz des Systems. Dazu zählt z. B. die Auswahl besonders zuverlässiger Bauelemente, die unter Streß ausgetestet worden sind, sorgfältige Aufbau- und Abschirmtechniken und natürlich intensive Testverfahren - vor, während und nach dem Zusammenbau des Systems.
  Tritt in einem solchen Gerät trotzdem einmal ein Fehler auf, so führt dies unweigerlich zu einem Fehlverhalten.
  Daher ist es sinnvoll sich nicht auf diese Methode alleine zu beschränken.

- Redundanz:
  Die Anwendung von Redundanztechniken erfordert den Einsatz von zusätzlichen Komponenten, die es ermöglichen, in einem System während des Einsatzes Fehler zu entdecken und evtl. zu tolerieren, damit ein Rechner trotzdem seine spezifizierte Funktion ausführen kann. Würden keine Fehler auftreten, könnten diese redundanten Komponenten weggelassen werden, ohne daß dadurch die Leistung des Mikrocomputersystems eingeschränkt wäre.

Die Auswahl der geeigneten Redundanztechniken hängt natürlich von dem geplanten Anwendungsgebiet des Rechners und der geforderten Mindestzuverlässigkeit ab und variiert daher stark.

Das Spektrum der Einsatzgebiete von Redundanztechniken reicht von Test- und Diagnoseprogramme zur schnelleren Fehlersuche bis zum ultrazuverlässigen System, bei dem ein jahrelanger fehlerfreier Betrieb meist auch noch ohne Wartungsmöglichkeit gefordert wird, z. B. bei der Luft- und Raumfahrt.

Die rasche Entwicklung der hochintegrierten Schaltkreise und deren drastischer Preisverfall hat den Einsatz von Redundanztechniken attraktiv gemacht. Da auch gleichzeitig die Personalkosten und damit die Preise für Reparatur und Wartung gestiegen sind, können fehlertolerierende Mikrocomputersysteme auch bei weniger kritischen Anwendungsgebieten kostengünstig eingesetzt werden. Hochintegrierte Schaltkreise sind außerdem deswegen sehr gut für fehlersichere Systeme einzusetzen, weil sie ein geringeres Volumen einnehmen und somit besser gegen elektrische und magnetische äußere Störfelder geschützt werden können. Da ein LSI-Chip eine große Anzahl niedriger integrierter Bauteile ersetzt, wird im allgemeinen in einem Mikrocomputersystem schon dadurch eine höhere Betriebssicherheit erreicht, als bei diskret aufgebauten Systemen.

Aber der Einsatz von hochintegrierten Schaltkreisen bringt auch eine Reihe von Problemen mit sich. Wegen der engen physikalischen Nachbarschaft der logischen Funktionseinheiten auf einem solchen Chip beeinträchtigt ein aufgetretener Fehler oftmals das korrekte Arbeiten benachbarter Gatter, so daß mit verteilt auftretenden Mehrfachfehlern zu rechnen ist.

Ein Mikroprozessor ist eine komplexe sequenzielle Maschine, die aus einer Anzahl von unterschiedlichen Funktionseinheiten aufgebaut ist. Um ein fehlersicheres Arbeiten zu garantieren, müßten zu jeder dieser Einheiten redundante Elemente zur Verfügung stehen. Diese benötigen eine nicht geringe Anzahl von integrierten Gattern, die ebenfalls den gleichen Fehlermechanismen unterliegen wie die ursprüngliche Schaltung. Daher lohnt sich der Aufwand für mit auf das Chip integrierte Fehlertoleranztechniken bei Mikroprozessoren im allgemeinen nicht. Es sei an dieser Stelle besonders betont, daß damit nur Schaltungsteile zum Behandeln von Fehlern gemeint sind, dagegen aber der Einsatz von zusätzlichen testfreundlichen oder selbsttestenden Schaltungen bei komplexen integrierten Schaltkreisen, wie in Kap. 4.2 ausgeführt wurde, sehr wichtig ist.

Eine Ausnahme stellen Speicherchips dar, wo eine Vielzahl von gleichartigen Speicherzellen auf einem Chip vorhanden sind und der Flächenanteil der Schaltungsteile, die einen Totalausfall verursachen im Vergleich zu Einzelbit und Spalten- bzw. Zeilenfehlern relativ gering ist. Bei sehr hoch integrierten Speicherchips lohnt sich der Einsatz von fehlertolerierenden Maßnahmen vor allem zur Korrektur von Herstellungsfehlern, da hierbei schon Flächenanteile von weniger als 5 % für die Redundanzschaltung ausreichen, um sehr hohe Ausbeutesteigerungen zu erreichen. Diese Verfahren werden von den Herstellern in zunehmendem Maße angewendet. Dabei werden redundante Zeilen bzw. Spalten von Speicherzellen mitintegriert.

Während der Testphase werden diese Reservezellen für die als defekt erkannten Elemente mit Hilfe von speziellen programmierbaren Schaltungselementen oder zusätzlichen Verdrahtungsmaßnahmen eingeschaltet. Allerdings erhöhen solche Methoden nicht die Zuverlässigkeit der der Schaltkreise ! Für dieses Anwendungsgebiet müssen andere Korrekturverfahren eingesetzt werden, die komplexere Schaltungen mit einem größeren Flächenbedarf erfordern, so daß auf absehbare Zeit sich fehlertolerierende Methoden zur Zuverlässigkeitserhöhung nicht auf dem gleiche Chip befinden werden.

Der Aufwand zur Fehlersicherung hängt stark von der geforderten Zuverlässigkeit und dem gewünschten Verhalten des Systems im Fehlerfall ab. Da LSI-Chips hohe Entwicklungskosten aufweisen, ist es meist nicht sinnvoll spezielle Bauelemente mit bestimmten fehlertolerierenden Eigenschaften für individuelle Einsatzgebiete zu entwerfen. Deswegen ist ein hochintegriertes Bauteil als nichtunterteilbare Einheit aufzufassen und zusätzliche Schaltungsmaßnahmen zur Fehlerbehandlung nur an den äußeren Anschlüssen durchzuführen. Die dazu erforderlichen Schaltungen dagegen eignen sich sehr gut zur Integration, da damit die Zuverlässigkeit der Fehlerkorrekturanordnung zunimmt. So werden heute z. B. Chips für einige in Kap. 8 besprochene fehlerkorrigierende Codes angeboten.

Da auch die Redundanzschaltungen mit Ausfallraten behaftet sind, muß der Aufwand für diese Schaltungsteile so klein wie möglich gehalten werden. Mikrocomputersysteme zeichnen sich vor allem durch einfachen und preiswerten Aufbau und kurze Entwicklungszeiten aus. Bei dem Einsatz von Redundanztechniken muß daher darauf geachtet werden, daß diese Vorteile nicht aufgegeben werden !

7.1 Grundlagen

Bauelementeausfälle führen in einem System, das keine Möglichkeiten der Fehlertoleranz aufweist, zu fehlerhaftem Verhalten.

Die Zuverlässigkeit R(t) eines Systems ist die Wahrscheinlichkeit, daß das System bis zum Zeitpunkt t = T korrekt arbeitet unter der Voraussetzung, daß es zum Startzeitpunkt t = 0 fehlerfrei ist.

Während der Zeit konstanter Ausfallraten der Bauteile gilt für die Zuverlässigkeit:

$$R(t) = \exp(-\lambda t) \qquad (7.1)$$

wobei λ = Summe aller Ausfallraten des Systems ist.

Ein quantitatives Maß um die Betriebssicherheit mehrerer Systeme miteinander zu vergleichen, ist die mittlere Zeit, bis ein Fehler auftritt MTTF („mean time to failure"). In der Literatur findet man dafür auch häufig die Bezeichnung MTBF („mean time between failures"), mittlere Zeit zwischen zwei Fehlern, obwohl dies strenggenommen nur in reparablen oder fehlertoleranten Systemen sinnvoll ist. Für die MTTF ergibt sich

$$MTTF = \int_0^\infty R(t)\, dt \qquad (7.2)$$

Bei Mikrocomputern unterscheidet man zwischen geschlossenen und reparierbaren Systemen. Während die ersten keine Möglichkeit bieten, manuelle Reparaturen durchzuführen, sind diese in reparierbaren Systemen zulässig. Hierbei läßt sich auch die mittlere Zeit für eine Reparatur MTTR („mean time to repair") bestimmen. Das Verhältnis der fehlerfreien Zeit zu der gesamten Betriebszeit wird als Verfügbarkeit („availability") bezeichnet:

$$A = \frac{MTTF}{MTTF + MTTR} \qquad (7.3)$$

Ein Vergleich von Systemen mit Hilfe der MTTF kann leicht zu Fehlinterpretationen führen, da diese nach (7.2) bis zum Zeitpunkt „Unendlich" berechnet wird, während in der Praxis ein Zeitintervall von $t = 0$ bis $t = T$ von Interesse ist, in dem ein fehlerfreies Arbeiten erwünscht ist. Dies wird als Missionszeit T bezeichnet. Was für $t > T$ geschieht ist für die spezielle Aufgabe des Systems nicht mehr relevant. Bild 7.1 zeigt als Beispiel die Zuverlässigkeitsfunktionen $R_A(t)$ und $R_B(t)$ zweier Systeme. Die MTTF für $R_B(t)$ ist größer als die von $R_A(t)$ - dies sind die jeweiligen Flächen unter den Kurven -, jedoch ist bei der Missionszeit T die Zuverlässigkeit von System R_A wesentlich besser.

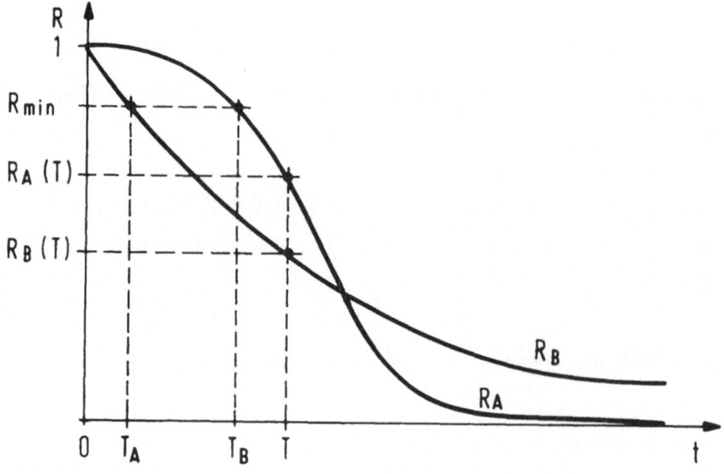

Bild 7.1 Vergleich der Zuverlässigkeit zweier Systeme

Bei gegebener Missionszeit T kann der Zuverlässigkeit-Verbesserungs-Faktor RIF („reliability improvement factor") angegeben werden:

$$RIF = \frac{1 - R_B(T)}{1 - R_A(T)} \quad \text{für } R_A(T) > R_B(T) \qquad (7.4)$$

Stellt man an die beiden miteinander zu vergleichenden Systeme eine bestimmte Zuverlässigkeitsanforderung R_{min}, so können die Missionszeiten T_A und T_B miteinander verglichen werden, nach denen die Zuverlässigkeitsfunktionen auf diesen Wert R_{min} abgesunken sind. Damit kann ein Missionszeit-Verbesserungs-Faktor MTIF („mission time improvement factor") definiert werden:

$$MTIF = (T_A/T_B) \qquad (7.5)$$

Für die Berechnung der Zuverlässigkeit eines reparierbaren Systems gilt generell das Zustandsdiagramm Bild 7.2.

Ist die Wahrscheinlichkeit, daß ein Fehler auftritt P_r, so beträgt natürlich die Wahrscheinlichkeit, daß das System fehlerfrei ist, $1 - P_F$. Auch für die Entdeckung eines Fehlers kann man nur mit einer bestimmten Wahrscheinlichkeit P_E rechnen ebenso wie mit einer erfolgreichen Reparatur P_K.

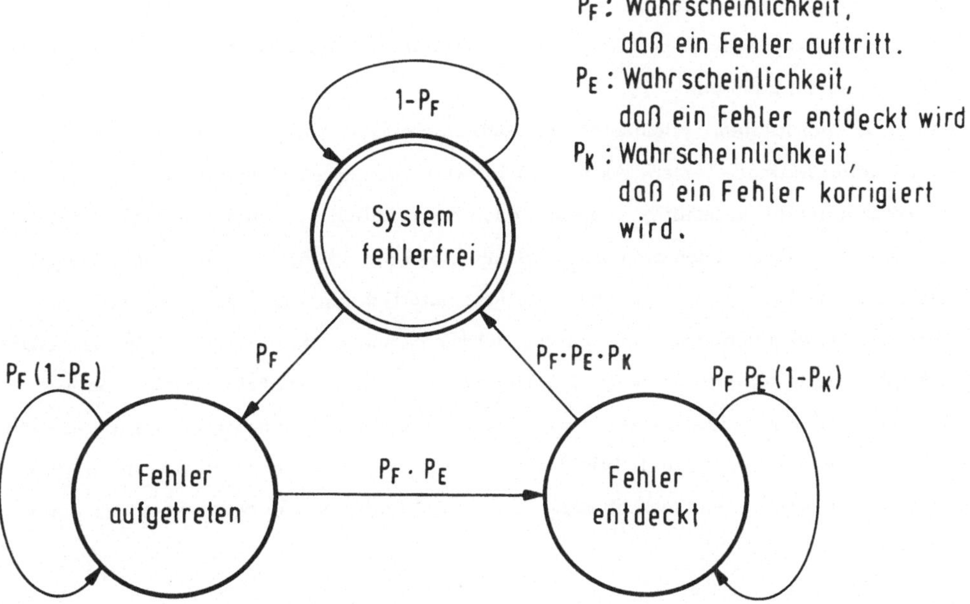

Bild 7.2 Zustandsdiagramm zur Zuverlässigkeitsberechnung eines reparablen Systems.

Um die Zuverlässigkeit bei einem Mikrocomputersystem zu erhöhen, muß zusätzliche Redundanz eingeführt werden, wobei prinzipiell drei Arten unterschieden werden können:

- Software-Redundanz
- Zeit-Redundanz
- Hardware-Redundanz

a.) Softwareredundanz beinhaltet sämtliche Programme, die in einem fehlerfrei arbeitendem Rechner unnötig wären. Sie dient zur Fehlererkennung, -lokalisierung und -korrektur. Einige Verfahren der Test- und Diagnoseprogramme sind bereits aus Kap. 4.3 bekannt. Darüberhinaus können kritische Daten in regelmäßigen Abständen in einen Sekundärspeicher abgespeichert werden, damit beim Ausfall des Primärspeichers die Ausgangsdaten für einen erneuten Programmdurchlauf zur Verfügung stehen.

Dabei müssen entsprechende Programmteile dafür sorgen, daß

- die defekten Bereiche der Hardware nicht erneut angesprochen werden, sondern neu zu definierende Reserveeinheiten
- Fehlermeldungen dem Benutzer ausgegeben werden
- im Fehlerfall Ein-/Ausgabeoperationen wiederholt werden
- kritische Daten kopiert werden
- Testpunkte gesetzt werden, bei denen die Diagnoseroutinen aktiviert werden
- der Programmstatusvektor gerettet wird und ein Neustart des Benutzerprogramms durchgeführt werden kann und
- ein RESET bei totalem Systemzusammenbruch ausgeführt wird.

Der Vorteil dieser Methode besteht darin, daß Softwareredundanz größtenteils keine Änderung der Hardwarekonfiguration benötigt und somit auch nachträglich in bestehende Systeme integriert werden kann. Dem stehen als Nachteile zum einen die erhöhte Progammlaufzeit gegenüber, denn diese zusätzlichen Programme benötigen natürlich eine bestimmte Verarbeitungszeit. Andererseits wird vorausgesetzt, daß die Hardwarekomponenten zum Ausführen der redundanten Programmteile fehlerfrei arbeiten, was im allgemeinen in der Praxis nicht garantiert werden kann. Auch kann diese Software wiederum mit Programmfehlern behaftet sein, wodurch neue Fehlerquellen geschaffen sind. Nicht zuletzt sollte man auch an die Kosten für die Programmerstellung denken, wenn man abwägt, in welchem Maße man Softwareredundanz in ein System einfügen will.

b.) Zeitredundanz: Bei dieser Technik werden die Maschinenoperationen auf verschiedenen Ebenen wiederholt. Kurzzritige Fehler können dabei durch Vergleich mit den vorherigen

Ergebnissen einfach erkannt und auch korrigiert werden, dagegen liefern permanente Fehler immer die gleichen Ergebnisse, so daß diese nicht sicher erkannt werden. Eine weitverbreitete Anwendung der Zeitredundanz ist auch der Neustart nach der Erkennung eines Fehlers, womit meist transiente Fehler behoben sind ("roll-back"). Dabei kann die Wiederholung

- einzelne Befehle,
- Programmsegmente oder
- ganze Programme

umfassen. Dadurch sinkt natürlich die Gesamtverarbeitungszeit des Rechnersystems ganz erheblich. Des weiteren gelten auch bei der Zeitredundanz die gleichen Einschränkungen wie bei der Softwareredundanz, da auch hier die Fehlererkennung bzw. -korrektur rein programmäßig geschieht; nur ist bei dieser Methode die Implementierung meist einfacher. Es muß vor allem darauf geachtet werden, daß der Programmstatusvektor an den einzelnen „Roll-back" Punkten gerettet und „singuläre" Ereignisse besonders behandelt werden. Unter „singulären" Ereignissen versteht man programmgesteuerte Vorgänge, die während einer Programmwiederholung nicht noch einmal ausgeführt werden dürfen, wie z. B. Ausgabekommandos in Realzeitsystemen. Die wiederholte Ausführung kann in solchen Fällen unter Umständen zu unerwünschten Aktionen des Systems führen.

c.) Hardwareredundanz kann durch den Einsatz geeigneter Schaltungsmaßnahmen die Zuverlässigkeit eines Systems verbessern. Allerdings erhöht sich durch die vergrößerte Anzahl von Bauelementen, die ja ebenfalls mit Ausfallraten behaftet sind, auch die Wahrscheinlichkeit von Defekten in der Redundanzschaltung selbst, was meist zum Fehlverhalten des Systems führt. Wegen des in den letzten Jahren zu beobachteten Preisverfalls bei hochintegrierten Halbleiterbauelementen, verglichen mit den teuren Softwareentwicklungskosten, wird diese Redundanztechnik zunehmend interessanter.
Hierbei unterscheidet man zwischen

- statischer Redundanz
- dynamischer Redundanz und
- hybrider Redundanz.

In dem folgenden Kapiteln wird auf diese grundlegenden Hardwareredundanztechniken näher eingegangen.
Hardwareredundanz benötigt immer zusätzliche Bauteile, die naturich einen Beitrag zur Gesamtausfallrate eines Systems liefern, wodurch unter Umständen trotz der Maßnahmen zur Fehlersicherung die Zuverlässigkeit des Gerätes sinken kann! Deswegen ist bei den

meisten Mikroprozessorsystemen, die ja aus einer verhältnismäßig kleinen Anzahl von hochintegrierten Bauteilen bestehen, reine Hardwareredundanz nur bedingt einstzbar.

Durch den Einsatz von höheren Programmiersprachen wird bei modernen Mikrocomputern ein größerer Speicher benötigt. Das bedeutet, daß die Gesamtzuverlässigkeit des Rechnersystems stark von der Ausfallrate des eingesetzten Speichers abhängig ist. Somit lohnt es sich, diesen mit besonderen Maßnahmen gegen Fehler zu schützen. Bedingt durch dessen regelmäßige Struktur hat sich hierbei ein einzelbitfehlerkorrigierender Code (siehe Kap. 8) als guter Kompromiß zwischen Aufwand und Zuverlässigkeit erwiesen.

Die Arbeitsgeschwindigkeit von Mikroprozessoren ist verhältnismäßig langsam, so daß reine Software- oder Zeitredundanz in echtzeitverarbeitenden Systemen zu Zeitproblemen führen kann. Außerdem bieten diese Redundanztechniken, wie bereits erwähnt, eine ungenügende Sicherung gegenüber statischen Fehlern im Systemkern. Deswegen muß der Entwickler je nach geplantem Einsatzgebiet und geforderter Zuverlässigkeit des Mikrocomputers sorgfältig abwägen in welchem Maße Redundanz eingeführt werden soll und wie sie sich auf Software-, Zeit- und Hardwareredundanz verteilt.

7.2 Methoden zur Fehlererkennung

Bei sämtlichen Redundanzverfahren - mit Ausnahme der statischen Hardewareredundanz (siehe Kap. 7.3) - ist es von besonderer Wichtigkeit, daß ein aufgetretener Fehler sicher und schnell entdeckt wird. Dies wird von Diagnoseprogrammen, die in zyklischen Abständen durchlaufen werden, nur sehr unvollkommen erreicht, so daß es besser ist, zusätzliche Hardware zur Fehlererkennung einzusetzen (Bild 7.3). Die folgenden Methoden geben einen Überblick über die heute in Mikrocomputersystemen eingesetzten Schaltungen. Dabei muß allerdings klar betont werden, daß damit nicht sämtliche möglichen Fehler erkannt werden können, und somit eine Restfehlerwahrscheinlichkeit bleibt. Beim Entwurf solcher Schaltungen sollte der Entwickler darauf achten, daß Möglichkeiten zur Überprüfung der Fehlererkennungsschaltungen vorgesehen werden, da auch diese mit Ausfallraten behaftet sind.

a.) <u>Adreßüberprüfung</u>

Ein Fehlverhalten des Mikroprozessorsystems kann sich dadurch bemerkbar machen, daß ein Zugriff auf einen nichtvorhandenen Speicherbereich versucht wird oder ein Schreibbefehl auf den Adreßbereich des Lesespeichers ausgeführt wird.
In asynchronen Systemen, die nach dem „Handshake"-Prinzip arbeiten, ist die Fehlererkennung sehr einfach durchzuführen: Da die Adresse nicht existiert, wird auch kein

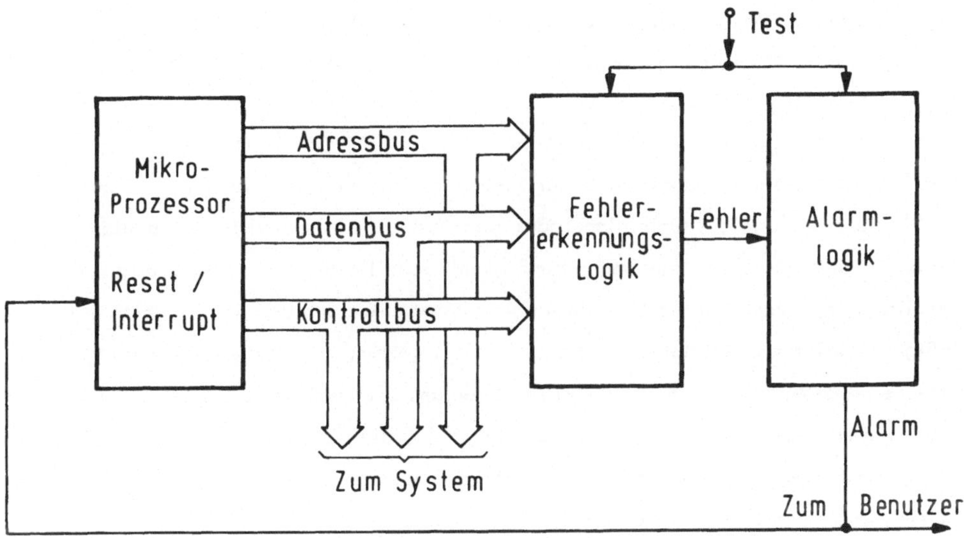

Bild 7.3 Fehlererkennung in einem Mikrocomputer mit externer Hardware

Signal zum Bestätigen des Buszugriffs ausgegeben, so daß die Busüberwachnungsschaltung anspricht und nach einer vorgegegenen Zeit einen Interrupt am Prozessor auslöst. Bei den übrigen Systemen kann die Adreßüberwachung durch zusätzliche Adreßdekoder oder mit Schaltungen wie in Bild 7.4 angegeben durchgeführt werden, die den nichtbenutzten Adreßraum abdecken.

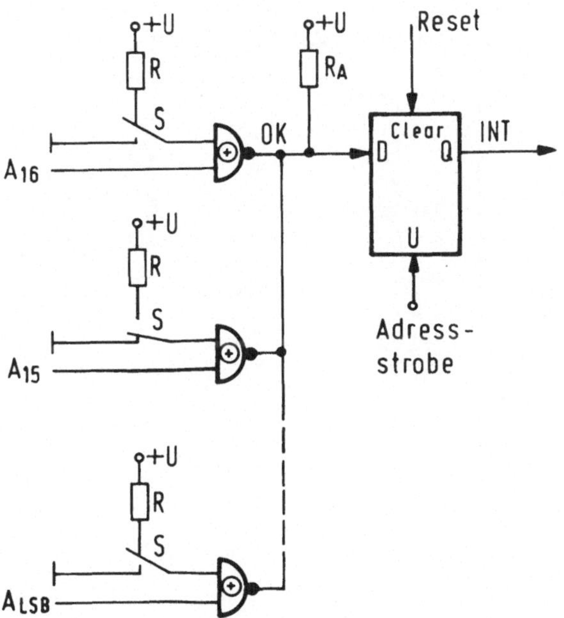

Bild 7.4 Schaltung zum Überprüfen des nichtbenutzten Adreßraums

Bei dem ROM/EPROM-Bereich genügt eine UND-Verknüpfung des Schreibsignals mit den Chipselect-Signalen dieser Bausteine, um einen unzulässigen Schreibzugriff auf „Read-Only"-Speicher anzuzeigen.

Bei den Mikroprozessoren werden nicht sämtliche möglichen Kombinationen des Datenbuses für die Codierung des Operationscodes ausgenutzt, d. h. es existieren unzulässige Datenkombinationen. Diese kann man ebenfalls mit Schaltungen wie z. B. in Bild 7.4 herausfiltern, nur daß dann die Datenleitungen überprüft werden und das Flip-Flop mit dem Signal, daß der Operationscode eingeben wird, getaktet ist. Meist gibt es allerdings eine große Anzahl von nichtzulässigen Befehlen, die auch im Datenbereich nicht nebeneinander liegen. Aus Aufwandsgründen lohnt sich die Überprüfung sämtlicher Datenkombinationen nicht, so daß man nur eine oder wenige auswählen muß. Unter der Annahme, daß jeweils nur 1 Bit gestört ist, sucht man einen unzulässigen Operationscode in der Nachbarschaft von Befehlen, die im Programmablauf häufig vorkommen, da hierbei die Wahrscheinlichkeit, daß dieser Code erzeugt wird höher ist, als bei selten ausgeführten Befehlen. Bei den meisten Mikroprozessorprogrammen stellen die Befehle LOAD, STORE und BRANCH etwa 60 % der ausgeführten Operationscodes dar.

Beispiel:

Bei einem fiktiven 4 Bit - Prozessor sind nur 8 legale Operationscodes angegeben:

		a b c d
1.)	LOAD	1 1 0 1
2.)	STORE	1 0 1 1
3.)	JUMP	1 1 1 0
4.)	BRANCH	0 1 1 1
5.)	ADD	0 1 1 0
6.)	SUB	0 0 1 0
7.)	COMPARE	0 0 0 1
8.)	AND	1 1 0 0

Auf welchen illegegalen Operationscode sollte eine Überwachungsschaltung ansprechen?

Bild 7.5 zeigt die Lage der Befehle im Karnaugh - Diagramm. Daran ist zu ersehen, daß der Code 111 von häufig benutzten Befehlen umgeben ist so daß auf dieses Codewort geprüft werden sollte.

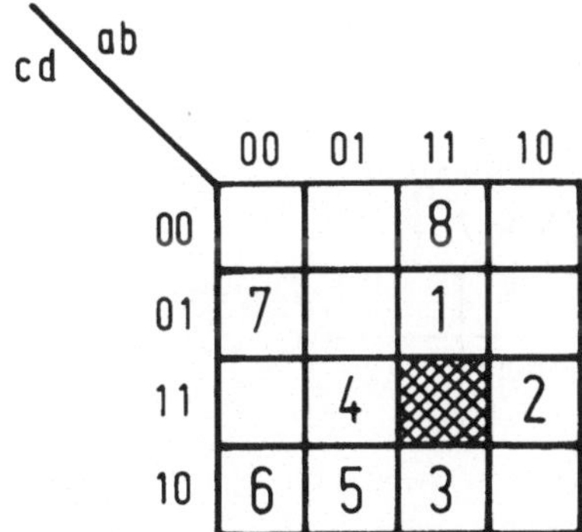

Bild 7.5 Lage der Befehle im Karnaugh-Diagramm.

b.) Zeitüberwachung ("time-out","watch-dog")

Da die Abarbeitung von bestimmten Programmteilen eine definierte Zeit in Anspruch nimmt, kann man dies zur Fehlererkennung verwenden. Zu Beginn eines solchen Programms wird ein ladbarer Zähler mit einem Wert geladen, der knapp über der Verarbeitungszeit liegt. Während der Programmabarbeitung wird dieser Zähler mit dem Systemtakt heruntergezählt. Die letzten Aktionen des Programmteils bestehen darin, den Zähler zurückzusetzen. Tritt ein Fehler auf, so werden im allgemeinen diese letzten Befehle nicht mehr ausgeführt, da sich das Programm entweder in Schleifen verfangen oder auf andere Adressen verzweigt hat. Mit dem Ablaufen des Zählers wird ein Interrupt erzeugt, der anzeigt, daß ein Fehler entdeckt worden ist. Um die Fehlererkennungszeiten möglichst klein zu halten, sollten die zu überwachenden Zeiträume ebenfalls klein sein.

Bei vielen Mikroprozessortypen existieren Zustände, bei denen ein Interrupt nicht erkannt werden kann. Um in einem solchen Fall trotzdem eine Fehlerbehandlung durchführen zu können, muß der Zähler zweistufig geschaltet werden (sieh Bild 7.6). Durch den Interrupt des Zählers 1 wird gleichzeitig ein Zähler 2 gestartet, der als Wert die Laufzeit des Interrupt-Programms enthält. Am Ende dieser Routine wird auch Zähler 2 im Normalfall wieder zurückgesetzt. Ist eine Interruptbehandlung in der vorgesehenen Weise nicht möglich, so erzeugt Zähler 2 einen RESET-Vorgang bei Mikroprozessor.

Diese beiden Verfahren Adreßüberprüfung und Zeitüberwachung eignen sich in beschränktem Umfang auch zum Entdecken von Softwarefehlern. Meist äußern sich solche Fehler nämlich darin, daß entweder ungewollte Programmverzweigungen oder zusätzliche Programmschleifen entstehen, die unbenutzte Adressen ansprechen bzw. die Programmausführzeiten so weit verlängern, daß die Zeitüberwachung anspricht.

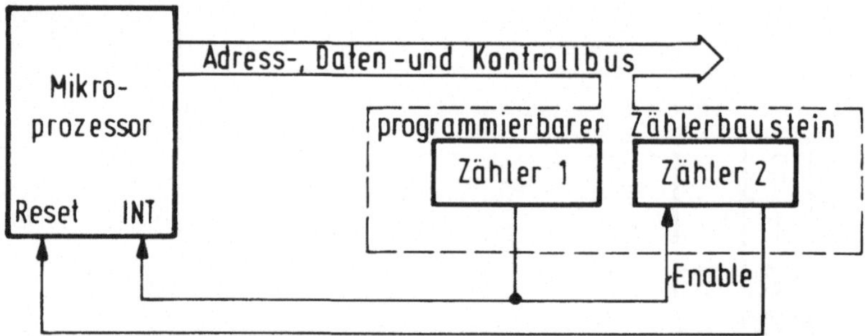

Bild 7.6 Beschaltung des Mikroprozessors bei der Fehlererkennung durch Zeit-überwachung

Die nachfolgend beschriebenen Verfahren zur Fehlererkennung beziehen sich dagegen nur auf Hardwarefehler.

c.) Duplizierung

Eine Methode um sämtliche Hardwarefehler zu entdecken ist die Verdopplung des zu überprüfenden Moduls mit anschließendem Vergleich (Bild 7.7) der Ausgänge. Da die Hardwarekosten sinken und immer mehr Funktionen in ein Chip integriert werden, lohnt sich unter Umständen auch dieser massive Einsatz von Redundanz.

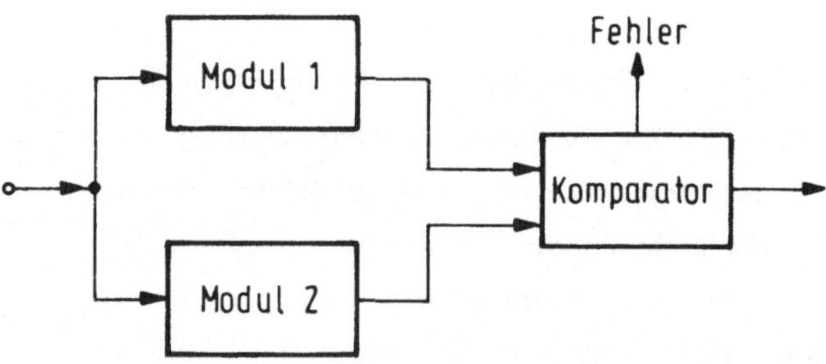

Bild 7.7 Fehlererkennung durch Verdopplung der Module

Bild 7.8 zeigt den Einsatz von 2 Einchip-Mikrocomputern mit der Möglichkeit zur Fehlererkennung. Es muß dabei allerdings auf genaue Synchronisation der beiden Rechner geachtet werden, damit die Vergleicher-Logik nicht deswegen einen Fehler annimmt, weil die Daten zeitversetzt anliegen.

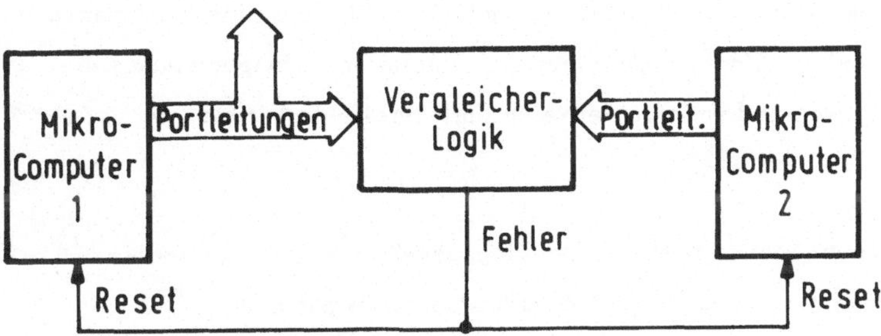

Bild 7.8 Duplizierung des Mikrocomputers

In kleineren Systemen genügt es oftmals, die Funktionsfähigkeit des Mikroprozessors zu überwachen. Dazu werden zwei gleichartige Prozessortypen eingesetzt und deren Adreß-, Daten- und Kontrollbus miteinander verglichen. Diese Methode ist durchaus attraktiv, da man sämtliche Fehler sofort beim Auftreten entdeckt. Verglichen mit dem Aufwand für nicht so erschöpfende Diagnoseprogramme um den Mikroprozessor zu testen, ist diese Redundanztechnik für den Anwender recht interessant. Allerdings muß darauf hingewiesen werden, daß die Gesamtzuverlässigkeit des Systems sinkt, da immer beide Module voll funktionsfähig sein müssen.
Inzwischen existieren sogar schon Mikroprozessortypen , die für eine solche Betriebsart vorgesehen sind, so daß diese Fehlererkennungsmethode nur 2 Mikroprozessoren und keine weitere zusätzliche Hardware erfordert.

d.) Codierung

Einen sehr guten Kompromiß zwischen Fehlerentdeckungswahrscheinlichkeit und Aufwand bei Speichern und Übertragungswegen stellt der Einsatz von fehlererkennenden Codes dar. Wegen der großen Bedeutung von fehlererkennenden und -korrigierenden Codes bei Mikroprozessorsystemen werden diese Verfahren ausführlich in Kapitel 8 behandelt.

e.) Selbstprüfende Schaltkreise

Zunächst soll die Frage geklärt werden, was ein selbstprüfender Schaltkreis ist. Kombinatorische Schaltungen erzeugen in Abhängigkeit von einem Eingabevektor X und einem aufgetretenen Fehler f einen Ausgabevektor Z (X, f). Bei einem selbstprüfenden Schaltkreis wird der Ausgabevektor Z (X, f) in einen fehlererkennenden Code codiert. Arbeitet die Schaltung fehlerfrei, ist die Ausgabe immer ein Codewort. Die Menge S dieser Wörter wird Ausgabecoderaum genannt.

Ein fehlersicherer Schaltkreis erzeugt für den Fall, daß der Fehler aus einer bestimmten Fehlermenge F_s stammt und der Eingabevektor aus einem definierten Eingaberaum I immer ein Nichtcodewort, während er im fehlerfreien Fall (Nullfehler) immer ein Codewort liefert.

Bild 7.9 verdeutlicht diesen Sachverhalt bei dem Eingabevektor X_1. Ist der Fehler nicht aus F_s, so kann durchaus wieder ein fehlerhaftes Codewort entstehen.

Fehlermenge:

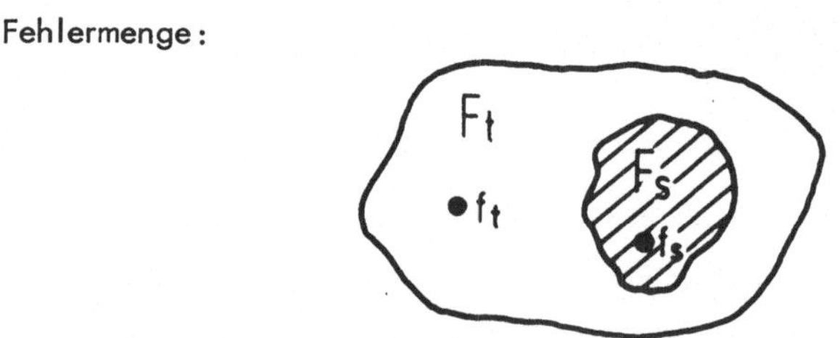

Eingabe-Vektoren

Ausgabe-Vektoren

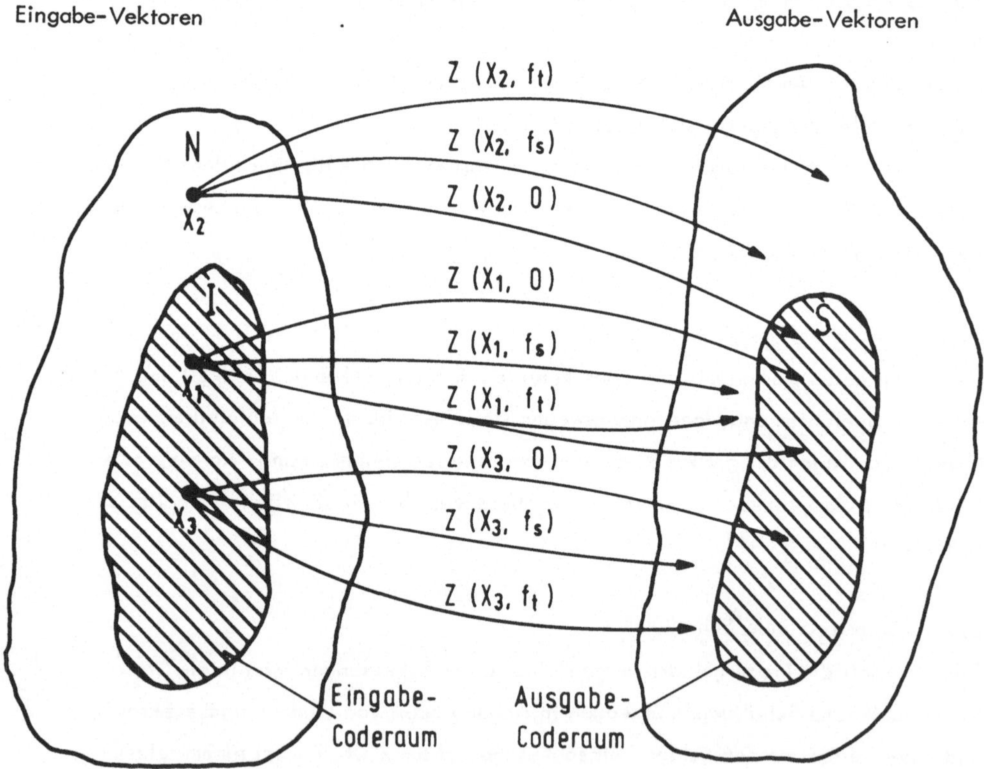

Bild 7.9 Coderäume bei Fehlersicherheit und Selbsttesteigenschaften

Selbsttestend heißt ein Schaltkreis, wenn es für eine bestimmte Eingabemenge und eine definierte Fehlermenge zu jedem dieser Fehler einen Eingabevektor gibt, der kein Codewort erzeugt. In Bild 7.9 ist z. B. X_3 ein Testvektor für einen selbsttestenden Schaltkreis mit der Eingabemenge I und der Fehlermenge F_t; X_2 für die gleiche Fehlermenge und der Eingabemenge N. Treten die Testvektoren während der normalen Operation auf, garantiert die Selbsttest-Eigenschaft, daß sämtliche Fehler aus der Fehlermenge entdeckbar sind. Im Folgenden wird dies vorausgesetzt.

Ein total selbstprüfender Schaltkreis ist für seine normale Eingabemenge N sowohl selbsttestend bezüglich F_s als auch fehlersicher bezüglich F_t, d. h. es werden sämtliche Fehler aus F_t getestet und kein Fehler aus F_s kann während der normalen Operation ein Codewort ergeben.

Partiell selbstprüfende Schaltkreise sind selbsttestend für die normale Eingabemenge N und fehlersicher für die Teilmenge I. Für Eingaben aus I arbeitet der Schaltkreis also in der sicheren Betriebsweise, da die Fehler hierbei entdeckt werden; stammen die Eingabevektoren nicht aus I, aber aus N, so können unentdeckbare Fehler vorkommen.

Mit Hilfe von total selbstprüfenden Schaltkreisen lassen sich total selbstprüfende Netzwerke aufbauen (Bild 7.10). Ein Prüfschaltkreis („Checker") überwacht die Ausgänge der selbstprüfenden Schaltkreise und entdeckt Fehler, indem er auf Nicht-Codeworte prüft.

Ein fehlererkennender Code besteht für selbstprüfende Schaltkreise z. B. aus den beiden gleichzeitig abgegebenen Werten (0,1) für „logisch-0" und (1,0) für „logisch-1".
Tritt ein Fehler aus der zu Grunde gelegten Fehlermenge entweder in der Funktionseinheit oder in der Prüfeinheit auf, so liegt an dessen Ausgang (11) oder (00) an.

Wegen des relativ großen Aufwands an Bauelementen zur Realisierung dieser total selbstprüfenden Schaltkreise bleibt in Mikroprozessorsystemen das Anwendungsgebiet vorwiegend auf Ein-/Ausgabeschaltungen mit besonders hohen Zuverlässigkeitsanforderungen beschränkt.
Im Literaturverzeichnis sind einige Veröffentlichungen angegeben, in denen spezielle Schaltkreise entworfen worden sind.

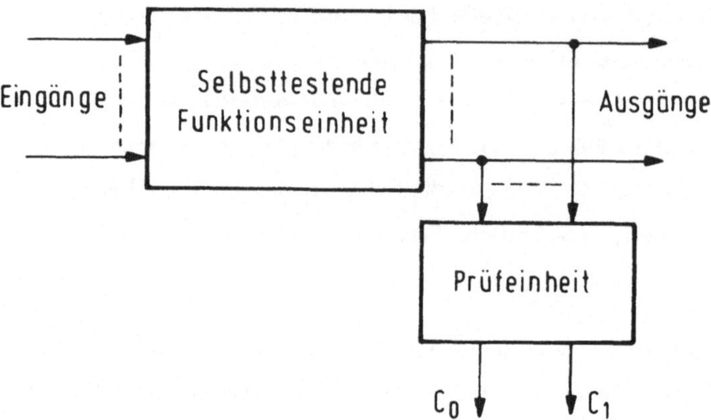

Bild 7.10 Selbstprüfendes Netzwerk

Beispiel:

Man konstruiere einen total selbstprüfenden Paritätsprüfer.

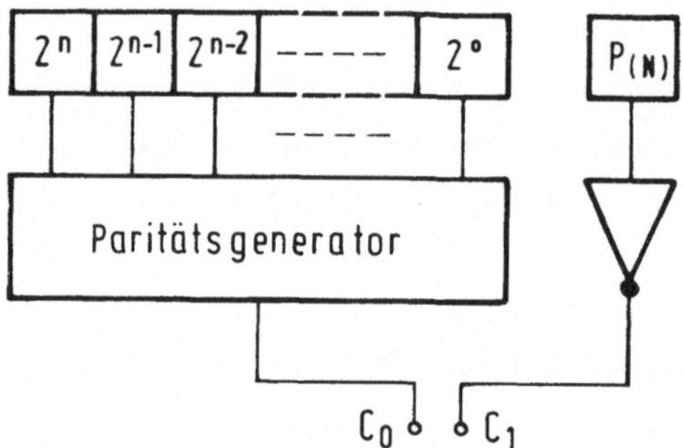

Bild 7.11 Selbstprüfender Paritätsprüfer

Bei normaler Operation können als Ausgabevektoren nur (0,1) oder (1,0) angenommen werden, da nur der Paritätsgenerator oder das negierte Paritätsbit den Wert 1 haben können.

7.3 Statische Redundanz

Statische Redundanz ist auch unter der Bezeichnung Maskenredundanz bekannt, da die zusätzlichen Komponenten die Fehler in einem Modul so maskieren, daß dessen Ausgang von dem Defekt nicht beeinträchtigt wird. Deswegen schützt diese Methode gleich gut vor dauerhaften wie auch vor kurzzeitigen Fehlern, ohne daß zusätzliche Schaltungen zur Fehlererkennung notwendig sind. Das Prinzip der Fehlertolerierung besteht darin, daß mehrere Module parallel arbeiten und deren Ergebnisse miteinander verglichen werden. Stehen nur zwei solcher Schaltungen zur Verfügung, kann zwar ein Fehler erkannt, aber nicht korrigiert werden. Deswegen werden zur Fehlerkorrektur drei identische Module benötigt (Bild 7.12), deren Eingänge miteinander verbunden sind (TMR= triple modular redundancy)

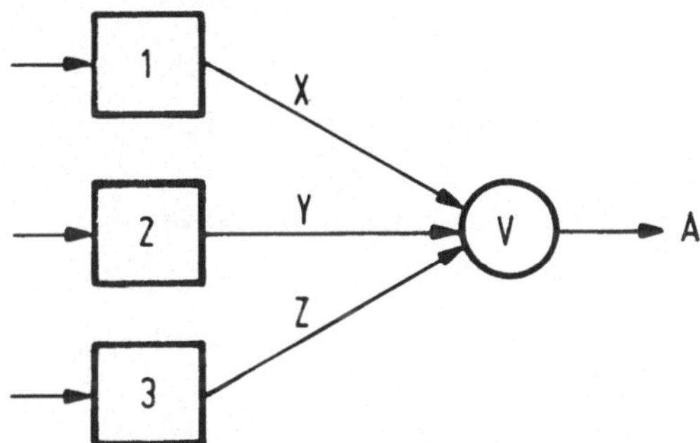

Bild 7.12 Prinzip der TMR Redundanz mit drei identischen Modulen, deren Ergebnisse miteinander in einem Voter (V) verglichen werden.

Die Ausgänge der Module gelangen auf ein Vergleicherelement V (Voter), welches die Funktion A (x, y, z) = xy+yz+xz realisiert, also eine 2-aus-3 Mehrheitsentscheidung durchführt. Bild 7.13 zeigt den Aufbau eines solchen Elementes. Tritt in einem der drei Module ein Fehler auf, wird er durch die Schaltung maskiert und an dem Ausgang A liegt das korrekte Ergebnis an. Nur der gleichzeitige Ausfall von zwei oder mehreren Modulen führt zu einem Fehlverhalten des Systems. Unter der Voraussetzung, daß alle Fehler unabhängig voneinander auftreten, ist dieser Fall relativ unwahrscheinlich. Bei abhängigen Mehrfachfehlern, wie sie innerhalb hochintegrierter Schaltkreise häufig auftreten, können keine Fehler behandelt werden. Deswegen ist dieses Verfahren zur Fehlersicherung in LSI-Bauteilen nicht geeignet.

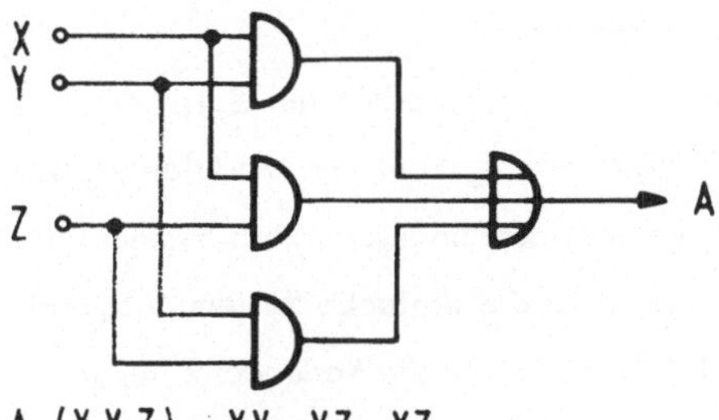

Bild 7.13 Die Logik des Voters führt eine 2-aus-3 Mehrheitsentscheidung durch.

Eine Verallgemeinerung dieses Konzepts stellt die NMR Technik (N-modular redundancy) dar, wobei statt der 3 parallelen Module N = 2n + 1 Module eingesetzt werden. Der Voter fällt hierbei eine n + 1 - aus - N Entscheidung. Damit kann ein solches System maximal n fehlerhafte Module tolerieren. Allerdings sind solche Systeme in der Praxis nicht eingesetzt, da deren Kosten zu groß und der Aufbau zu komplex und damit fehleranfällig ist.

Es sei R die Zuverlässigkeit eines Moduls und R_V die des Voters. Dann ergibt sich die Zuverlässigkeit eines TMR - Systems zu:

$$R_{TMR} = R_V(R^3+3R^2(1-R)) = R_V(3R^2-2R^3) \qquad (7.6)$$

Dabei gibt der Term R^3 die Wahrscheinlichkeit an, daß alle drei Module fehlerfrei arbeiten. Der Ausfall eines Moduls kann dann toleriert werden, wenn die anderen beiden fehlerfrei arbeiten, wobei die Wahrscheinlichkeit R^2 (1 - R) beträgt. Nun kann entweder Modul 1, 2 oder 3 ausfallen, d. h. es gibt 3 Kombinationsmöglichkeiten.
Der Ausfall des Voterelements führt zum Systemzusammenbruch, so daß der Term R_V multiplikativ mit in die Formel (7.6) eingeht. Daran ist zu erkennen, wie wichtig die Zuverlässigkeit des Voterelements ist.

Allerdings liefert Formel (7.6) zu pessimistische Werte, da davon ausgegangen wurde, daß jeder Ausfall von 2 Modulen zu einem Systemfehler führt. Nun ist es aber durchaus möglich, daß sich zwei Modulfehler kompensieren, z. B. dann wenn der eine Fehler sich in einem „ständig-0" Ausgang und der andere in „ständig-1" auswirkt. Ist das dritte Ausgangssignal in Ordnung, liegt am Ausgang der Schaltung der richtige Wert an.

Für ein NMR - System kann durch Verallgemeinerung aus (7.6) die Zuverlässigkeit R_{NMR} angegeben werden:

$$R_{NMR} = R_V \sum_{i=0}^{t} \binom{N}{i} R^{N-i}(1-R)^i \qquad (7.7)$$

$$\text{mit } t=\frac{N-1}{2}, \text{ N ungerade}$$

Mit N = 3 ergibt sich hierbei die Zuverlässigkeit des TMR-Systems.
In Bild 7.14 sind diese Werte graphisch in Abhängigkeit von der normalisierten Zeit λT aufgetragen. Für kleine Missionszeiten lassen sich mit steigender Anzahl von Modulen größere Zuverlässigkeiten erreichen. Der Schnittpunkt der Kurven mit dem ungeschützten System (N=1) liegt bei etwa $\lambda T = 0{,}69$, d. h. für längere Missionszeiten ist das einfache System aufgrund seiner geringeren Komplexität zuverlässiger! Daraus folgt, daß statische Redundanz nur für kurze Missionszeiten sinnvoll ist oder wenn die Möglichkeit gegeben ist, ein defektes Modul zu reparieren.

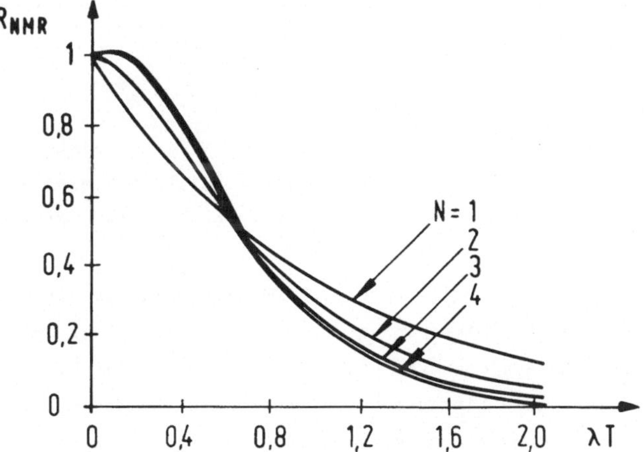

Bild 7.14 Zuverlässigkeiten von NMR-Systemen ($R_V = 1$).

Die Vorteile der statischen Redundanz sind:

- Im Fehlerfall wird die Arbeit des Systems nicht unterbrochen, sondern die Verarbeitungsgeschwindigkeit ist durch die Maskierung des Fehlers genauso groß wie im fehlerfreien Fall.

- Solange sich die Fehler nur auf ein Modul beschränken, werden durch diese Redundanztechnik sämtliche Fehlertypen toleriert.

- Da gleichartige Module verwendet werden, ist die Implementierung einfach.

- Das Voterelement ist ebenfalls einfach zu realisieren und wegen der geringen Komplexität relativ zuverlässig.

Die Nachteile sind:

- Zuverlässigkeitsverbesserungen sind nur bei kurzen Missionszeiten möglich
- sehr roßer Hardwareaufwand (mehr als dreifach im Vergleich zum nichtredundanten System).

- Die Module müssen exakt synchronisiert werden.

Bei dieser Redundanztechnik ist auch eine Möglichkeit zur Tolerierung von Softwarefehlern gegeben, wenn nicht gleiche Programme in den Modulen ablaufen, sondern verschiedene Versionen, die möglichst auch von jeweils einem anderen Programmierer entworfen worden sind. Hierbei kann ein Softwarefehler ebenso maskiert werden, wie ein Hardwarefehler. Allerdings muß bei der Synchronisierung der Module sichergestellt werden, daß gleiche Ergebnisse auch zur selben Zeit an dem Voterelement anliegen.

Beispiel:

Man entwerfe ein TMR - System.

Da die Zuverlässigkeit des Voters im Vergleich zur Systemzuverlässigkeit klein sein muß, ist es wichtig, daß ein System eine minimale Anzahl von Voterelementen enthält.

Bild 7.15 zeigt eine Möglichkeit dazu, indem die Voter an die Datenausgänge der Speicher geschaltet werden. Auch wenn ein Mikroprozessor zuvor fehlerhafte Daten eingeschrieben hat, werden diese beim Auslesen von den anderen zwei Modulen maskiert, so daß immer korrekte Daten an die Eingänge der Mikroprozessoren gelangen. Ein weiteres Problem stellt die Synchronisation der einzelnen Module dar, wenn nach einem transienten Fehler ein Mikroprozessor fehlerhaft arbeitet. Hier bringen zusätzliche Voter am RESET - Eingang Abhilfe: In periodischen Abständen wird per Programm ein Hardware-Reset erzeugt. Auch wenn ein Prozessor vollkommen unsynchronisert ist, erzwingen die anderen beiden Module einen RESET sämtlicher Mikropozessoren. Dies veranlaßt eine Synchronisationsroutine die benötigten Speicherplätze auszulesen, wobei eventuell fehlerhafte Daten maskiert werden. Anschließend werden diese Werte wieder zurückgeschrieben, um vorhandene Fehler zu korrigieren.

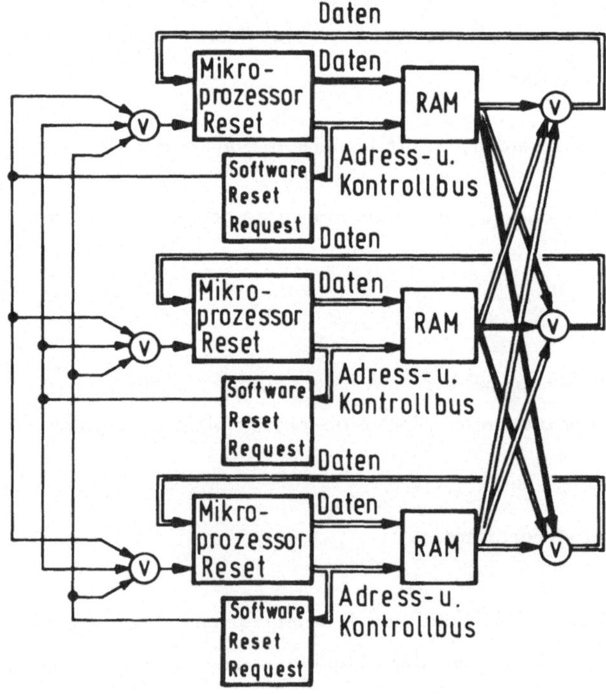

Bild 7.15 TMR-System mit Votern an den Speicherausgängen

7.4 Dynamische Redundanz

Während bei der statischen Redundanz alle Module gleichzeitig in Betrieb sind, ist bei der dynamischen Redundanz nur jeweils ein Modul aktiv. Die Fehlerkorrektur wird hierbei in zwei Stufen durchgeführt:

a.) Ein Fehlverhalten muß erkannt und lokalisiert werden.

b.) Danach wird der Fehler beseitigt, indem auf ein Reservemodul umgeschaltet und ein Neustart des entsprechenden Programmteils vorgenommen wird (Bild 7.16).
Die Schaltung arbeitet so lange fehlerfrei, bis alle Ersatzmodule aufgebraucht sind.

Diese Art der Redundanz wird meist selektiv eingeführt, wobei die folgenden Bedingungen eingehalten werden müssen:

- Das System muß modular aufgebaut sein, so daß möglichste wenige Verbindungen zwischen den Einheiten bestehen, damit der Schalter nicht zu komplex und damit unzuverlässig wird.

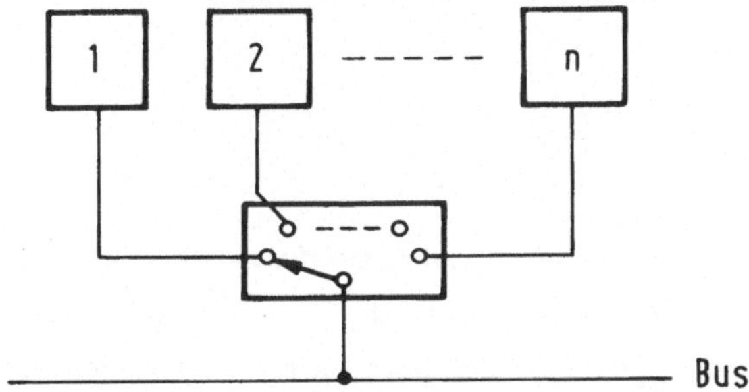

Bild 7.16 Bei der dynamischen Redundanz wird über einen Schalter das defekte Modul durch ein Reservemodul ersetzt.

- Die Fehlererkennung muß möglichst in Echtzeit geschehen, damit keine fehlerhaften Operationen ausgeführt werden. Diese Verfahren wurden bereits in Kap. 7.2 beschrieben.

- Es muß zwischen kurzzeitigen und dauerhaften Fehlern unterschieden werden. Während es meist genügt, bei einem kurzzeitigen Fehler einen Neustart des entsprechenden Programmteils durchzuführen, muß ein dauerhafter Fehler eliminiert werden. Dies geschieht entweder durch Ersetzen des fehlerbehafteten Moduls oder durch Neuordnen der Schaltung, wobei vorhandene Baugruppen die Funktion des abgeschalteten Moduls übernehmen

(„graceful degradation"). Danach ist ebenfalls ein Neustart des unterbrochenen Programmes erforderlich.

- Kritische Schaltungsteile ("harter Kern"), die unbedingt funktionsfähig sein müssen, sind besonders zu sichern. Dies sind z. B. der Schalter, Leitungssysteme usw.

Da die Ersatzmodule bei fehlerfreier Arbeit nicht benötigt werden, können sie während dieser Zeit ohne Stromversorgung bleiben (kalte Reserve). Dabei sind sie keinem Temperatur- und Spannungsstreß unterworfen, so daß diese Module eine geringere Fehlerrate aufweisen als stromführende Teile und die Gesamtschaltung dementsprechend zuverlässiger arbeitet. Das Verhältnis der Ausfallrate des stromführenden Moduls β zu der des stromlosen Ersatzmodul μ wird als „Dormancy - Factor" K bezeichnet:

$$K = \beta / \lambda \qquad (7.8)$$

Für $\beta = \mu$ gilt $K = 1$ und für $\mu = o$ $K \rightarrow \infty$.

Die Wahrscheinlichkeit, daß ein Modul ausfällt, beträgt $(1 - R)$.
Damit ist die Wahrscheinlichkeit, daß alle n Module ausfallen $(1 - R)^n$ und somit die Wahrscheinlichkeit, daß dieser Fall nicht eintritt:

$$R_{dyn} = 1 - (1-R)^n \qquad (7.9)$$

Allerdings muß dabei berücksichtigt werden, daß in einem System mit dynamischer Redundanz zur Fehlererkennung weitere Schaltungen notwendig sind. Es sei die Zuverlässigkeit dieser zusätzlichen Hardwarekomponenten R_D und λ_D deren Fehlerraten, sowie λ die Fehlerrate des nichtredundanten Moduls. Der Faktor

$$\beta = \lambda_D / \lambda \qquad (7.10)$$

gibt das Verhältnis der Fehlerraten an. Die Zuverlässigkeit des Moduls ergibt sich zu

$$R' = R_D R \qquad (7.11)$$

In dem Diagramm Bild 7.17 sind die Zuverlässigkeitskurven für verschiedene Anzahl s der Ersatzmodule aufgetragen, wobei für β der hypothetische Wert 0,1 angenommen wurde.

Hierbei ist zu erkennen, daß die Zuverlässigkeit eines Systems mit dynamischer Redundanz immer besser ist, als die des ungeschützten Systems, d. h. diese Redundanztechnik ist auch für längere Missionszeiten einsetzbar.

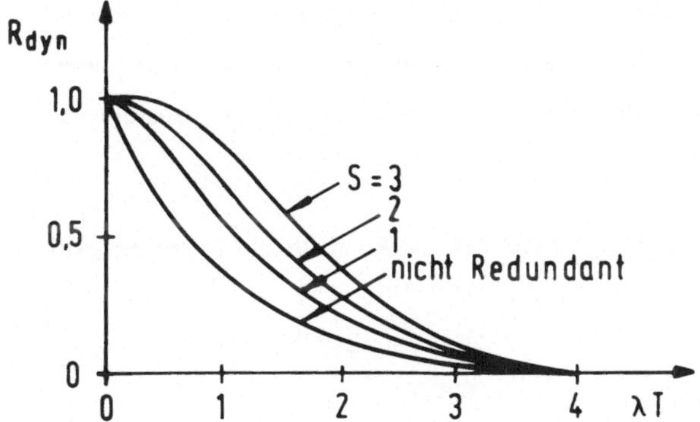

Bild 7.17 Zuverlässigkeiten von Systemen mit dynamischer Redundanz (ß = 0,1).

Die Berechnung ist allerdings etwas zu idealisiert, da sie die Unzulänglichkeiten bei der Fehlererkennung, der Umschaltung auf Reservemodule und der erneuten Programmaufnahme nach dem Einschalten der Reservemodule unberücksichtigt läßt. Für diese Fehlerquellen wurde der Überdeckungsfaktor c („coverage") eingeführt, der für ein ideal zuverlässiges System den Wert c = 1 annimmt.

Genauere Berechnungen haben gezeigt, daß ein System mit dynamischer Redundanz sehr empfindlich bezüglich dieses Faktors ist. Bild 7.18 zeigt die Abnahme der Missionszeit durch nichtperfekte Überdeckungsfaktoren ($c < 1$) bei unterschiedlicher Anzahl von Ersatzmodulen.

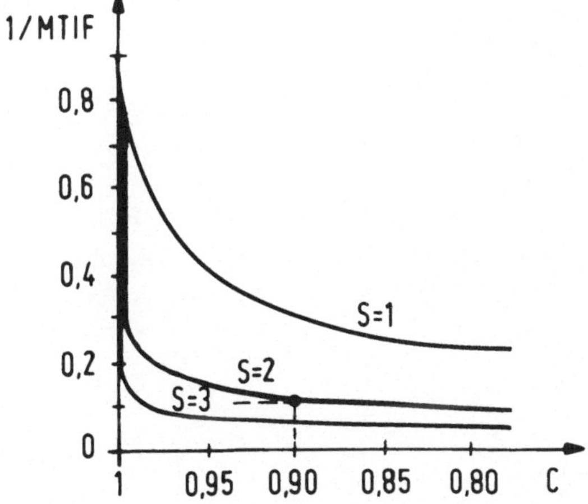

Bild 7.18 Abnahme der Missionszeit in Abhängigkeit von dem Überdeckungsfaktor c

Daraus ist zu ersehen, daß z. B. bei einem Überdeckungsfaktor c = 0,9 in einem redundanten System mit 2 Ersatzmodulen die Missionszeit auf den Wert 0,1 x (Missionszeit bei c = 1) abgesunken ist. Mit zunehmender Anzahl von Ersatzmodulen werden diese Werte immer kritischer.

Ein weiteres Problem begrenzt ebenfalls die Anzahl der möglichen Reservemodule: Ähnlich wie bei der statischen Redundanz muß man auch bei dem Einsatz von dynamischen Redundanztechniken die Komplexität der Umschalter und die damit verbundene Erhöhung der Ausfallraten in Betracht ziehen.

Beträgt die Zuverlässigkeit des nichtredundanten Moduls R, so kann für die Zuverlässigkeit der Schalter

$$R_{sw} = R \qquad (7.12)$$

angesetzt werden. Geht man von der Voraussetzung aus, daß die Komplexität der Schalter linear mit der Gesamtzahl der Module m = S+1 wächst, so ergibt sich aus (7.9) und (7.11):

$$R_{dyn} = R^{m\alpha} \; (1 - (1-R^{1+\beta})^{m}) \qquad (7.13)$$

Hierbei wurde zur Vereinfachung ein Überdeckungsfaktor c = 1 angenommen.
Bild 7.19 zeigt den Verlauf der Zuverlässigkeit in Abhängigkeit der verwendeten Module für verschiedene Werte der Modulzuverlässigkeit R.
Für λ wurde der hypothetische Wert 0,1 und ß = 0,001 angenommen.

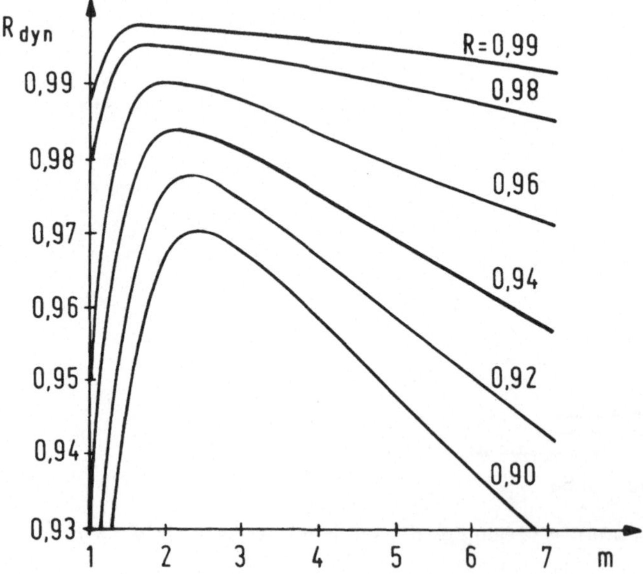

Bild 7.19 Zuverlässigkeitsfunktion dynamisch redundanter Systeme in Abhängigkeit von der Anzahl m der eingesetzten Module – bei unterschiedlichen Modulzuverlässigkeiten R (λ = 0,1, ß = 0,001).

Man erkennt ein Maximum bei 1 bis 2 Ersatzmodulen.
Bedenkt man zusätzlich noch die Probleme bei Überdeckungsfaktoren $c < 1$, so kann die Grenze für die Anzahl von sinnvoll einsetzbaren Ersatzmodule bei $S = 2$ angenommen werden.

Die Vorteile der dynamischen Redundanz sind

- relativ geringer Aufwand für die Hardwarerealisierung
- höhere Zuverlässigkeit auch bei längeren Missionszeiten und
- keine Synchronisationsprobleme zwischen den Modulen.

Dem stehen als Nachteile gegenüber:

- Nicht alle Fehler können mit vertretbarem Aufwand erkannt werden und
- es entsteht ein Zeitverlust bei der Fehlerkorrektur.

Beispiel:

Systeme mit verteilten Mikroprozessoren.

Aufgrund der Leistungsfähigkeit, der einfachen Implementierungsstrategie und der sinkenden Hardwarekoseten, sind Systeme mit verteilten Mikroprozessoren sehr verbreitet. Bild 7.20 zeigt einige Strukturen, die für den Einsatz dynamischer Redundanz geeignet sind. Hierbei werden ein oder mehrere Subsysteme als Ersatzmodul deklariert. Arbeiten sämtliche Subsysteme das gleiche Programm ab, so ist es kein Problem, das Ersatzmodul mit einer Neustartroutine in den Gesamtkomplex einzuschalten. Sind die Programme der einzelnen Mikroprozessorsysteme unterschiedlich, muß das entsprechende Programm erst in das Ersatzsystem geladen werden. Dies kann entweder von einem Leitrechner veranlaßt werden - dies ist ein Rechnersystem, das die Steuerung und Koordinierung übernimmt (Fall a) - oder der Datenaustausch geschieht über einen gemeinsamen Speicherbereich (Fall b).
Ein solches System kann sich auch über mehrere Ebenen erstrecken (Fall c). Hierbei sind entweder Ersatzmodule innerhalb einer Ebene vorzusehen oder zusätzlich redundante Verbindungen zu schaffen, so daß sämtliche Reservemodule jedes beliebige Subsystem ersetzen können. Ist es erlaubt, die Leistung des Systems herabzusetzen, kann bei dem Ausfall eines Moduls ein anderes dessen Aufgabe zusätzlich übernehmen, wobei natürlich die Verarbeitungszeit steigt und eventuelle Speicherplatzbeschrän-

kungen berücksichtigt werden müssen. Eine solche Methode ist unter dem Begriff "graceful degradation" bekannt. Der Vorteil liegt darin, daß auch im fehlerfreien Fall sämtliche Subsysteme eingesetzt sind, so daß der benötigte Hardwareanteil für die Fehlertoleranzeigenschaft klein ist.

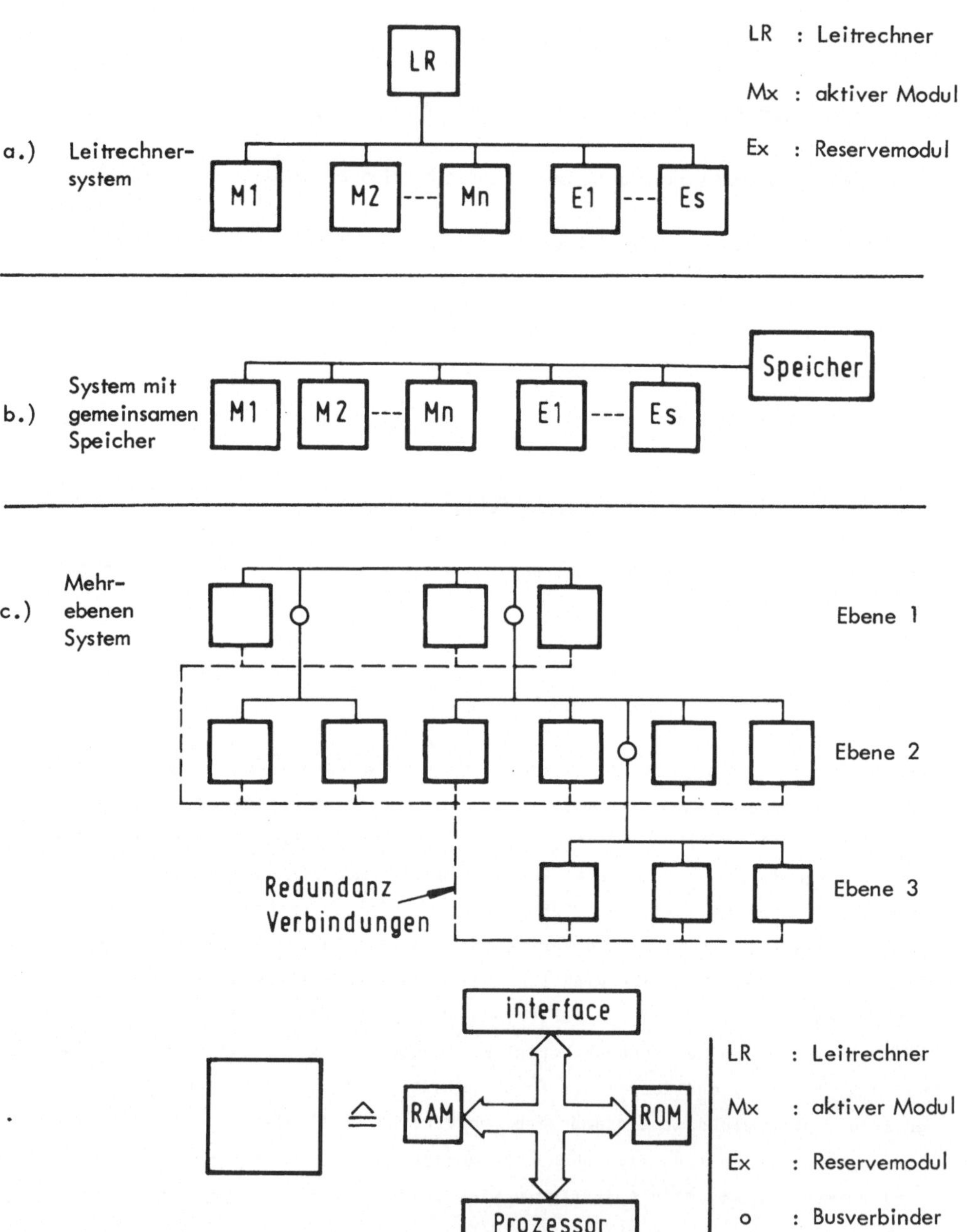

Bild 7.20 Systeme mit verteilten Mikroprozessoren

7.5 Hybride Redundanz

Um die Probleme bei der Fehlererkennung zu umgehen, kann die Hybridredundanz eingeführt werden, die eine Kombination aus statischer und dynamischer Redundanz darstellt. Hierbei arbeiten N Module als NMR-System, deren Ausgänge über einen Schalter auf den Voter geführt werden, der die übliche Mehrheitsentscheidung fällt. Zusätzlich wird dessen Ausgang A mit den einzelnen Modulausgängen verglichen, so daß fehlerhafte Ergebnisse lokalisiert werden können (Bild 7.21). Der Schalter ersetzt daraufhin das als fehlerhaft erkannte Modul durch eins der S Reservemodule. Dieses System arbeitet wie eine intakte NMR-Anordnung, bis sämtliche Ersatzmodule erschöpft sind.

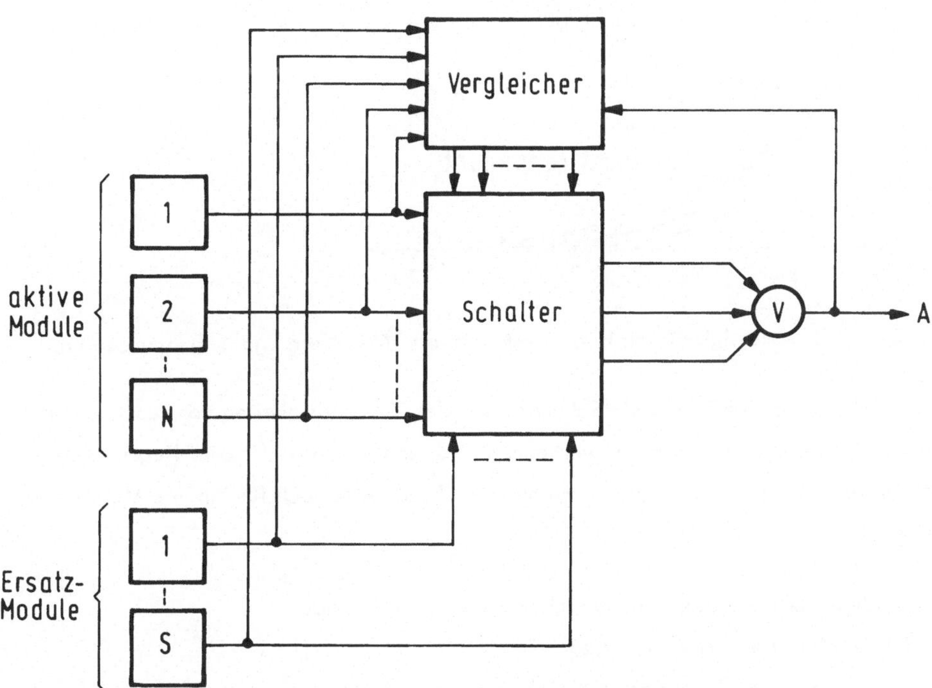

Bild 7.21 Die hybride Redundanz besteht aus einer Kombination von statischer und dynamischer Redundanz.

Ein System mit hybrider Redundanz mit 3 aktiven Modulen (TMR) und S Ersatzmodulen H(3,5) arbeitet solange fehlerfrei, wie noch 2 von S+3 Modulen in Ordnung sind:

$$R_{hyb} = 1 - (1-R)^{S+2}(1+R(S+2)) \qquad (7.14)$$

Eine Erweiterung der aktiven Module auf mehr als 3 ist nicht sinnvoll, da eingehendere Untersuchungen bei Hybridsystemen gezeigt haben, daß dann die Zuverlässigkeit des Gesamtsystems wegen der damit verbundenen Komplexitätssteigerung sinkt.
In Bild 7.22 sind die Zuverlässigkeitskurven von Hybridsystemen mit mehreren Ersatzmodulen S aufgetragen. Dabei sind ideale Voter und ideal zuverlässige Schalter vorausgesetzt und angenommen, daß die aktiven und die Reservemodule gleiche Ausfallrate besitzen (K = 1).

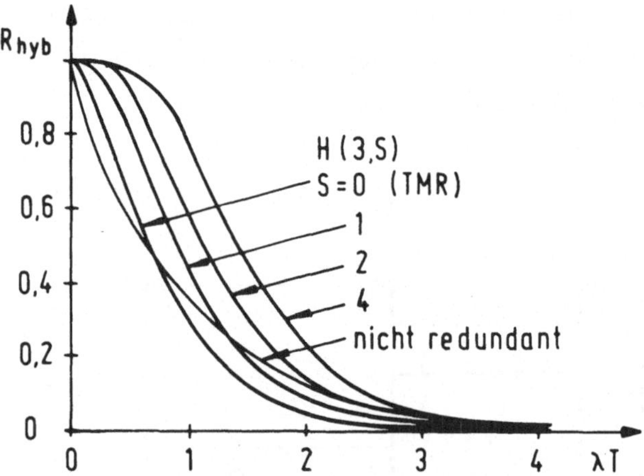

Bild 7.22 Zuverlässigkeit von Hybridsystemen mit TMR-Kern und S Ersatzmodulen.

Hierbei ist zu sehen, daß zwar die Schnittpunkte der Zuverlässigkeiten von redundanten Systemen mit dem nichtredundanten vorhanden sind, diese aber viel später liegen als beim NMR-System. Damit ist der Einsatz von hybrider Redundanz auch für längere Missionszeiten möglich.

Der besondere Vorteil dieser Redundanztechnik liegt darin, daß

- alle Fehler entdeckt werden und
- auch längere Missionszeiten möglich sind.

Der Nachteil besteht aus dem

- erhöhten Hardwareaufwand und den damit verbundenen Problemen der Zuverlässigkeit von Votern und Schaltern.

7.6 Vergleich der Redundanzverfahren

Die Zuverlässigkeitsberechnungen der beschriebenen Systeme kann man zusammenfassen, da allen folgende Grundidee gemeinsam ist: Von N vorhandenen Modulen müssen zum fehlerfreien Arbeiten K funktionsfähig sein.

$$R_{NK} = \sum_{i=K}^{N} \binom{N}{i} R^{i} (1-R)^{N-i} \qquad (7.15)$$

So ist z. B. für das TMR-System : $K = 2,\ N = K+1$

NMR-System : $K = (N+\mu)/2$, N ungerade

dyn-System : $K = 1,\ N = S+1.$

H (3,S) : $K = 2,\ N = S+3.$

Natürlich sind auch hierbei im einzelnen die Zuverlässigkeiten für Voter, Schalter und Fehlererkennungsschaltkreise wie auch der Überdeckungsfaktor c noch zusätzlich zu berücksichtigen. Für genauere Zuverlässigkeitsberechnungen sei auf die aus der Literatur bekannte Methode der Markoffketten verwiesen.

Bild 7.23 zeigt die Systemzuverlässigkeiten beim Einsatz der beschriebenen Redundanztechniken. Bei der dynamischen und der hybriden Redundanz sind die unterschiedlichen Zuverlässigkeiten von aktiven und Reservemodulen berücksichtigt, wenn diese im fehlerfreien Fall stromlos sind („kalte Reserve" = $K \to \infty$). In der Praxis müssen allerdings bei diesen Berechnungen noch Abstriche gemacht werden, da vor allem der Überdeckungsfaktor und die Ausfallraten von Voter und Schalter große Auswirkungen auf die erreichbaren Zuverlässigkeitswerte besitzen.

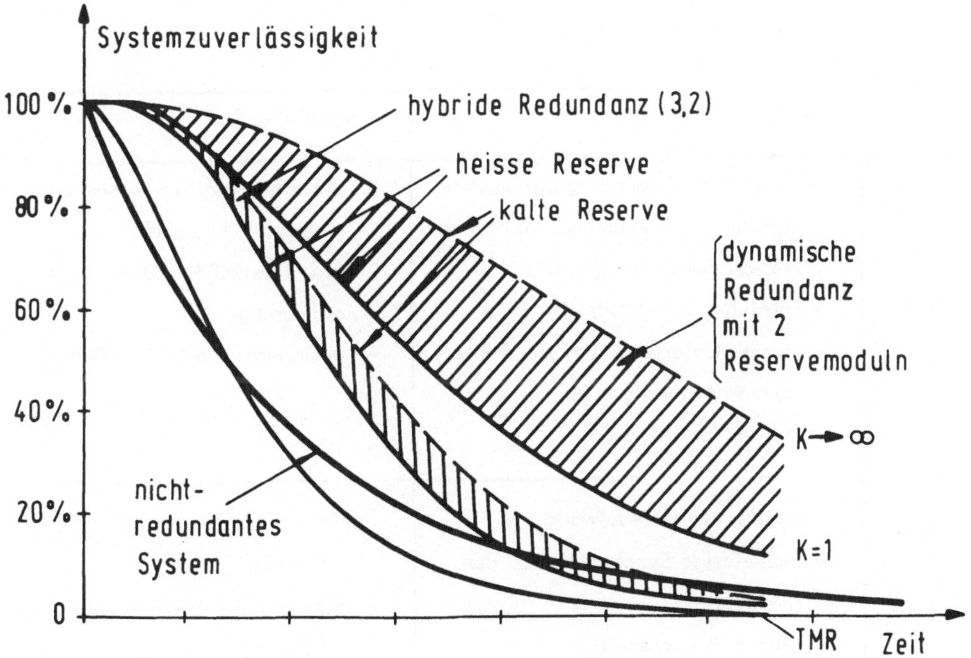

Bild 7.23 Zuverlässigkeitsvergleich der Redundanztechniken

Es ist zu erkennen, daß die dynamische Redundanz mit „kalter Reserve" den größten Zuverlässigkeitsgewinn bringt, wenn sämtliche Fehler erkannt werden können. Dies ist natürlich in der Praxis im allgemeinen nicht der Fall, so daß die TMR-Technik durchaus ihre Berechtigung hat, da hierbei alle aufgetretenen Fehler korrigiert werden.

Auch Mischsysteme, bei denen für unterschiedliche Systemteile verschiedene Redundanzverfahren eingesetzt werden, haben sich bewährt. So ist es z. B. sinnvoller einen Speicher mit dynamischer Redundanz zu versehen, wobei nur ein oder wenige defekte Speicherchips durch Reservelemente ersetzt werden, als ihn als TMR-Modul aufzubauen, da auch die Fehlererkennung durch die entsprechenden Codes sehr effektiv ist. Die TMR-Technik wiederum eignet sich für den Schutz von Prozessormodulen, da diese komplexen Schaltkreise nicht verhersehbare Fehlfunktionen ausführen können. Auch die mit dem Einsatz der verschiedenen Redundanztechniken verbundenen Zuverlässigkeitsgewinne müssen bei der Wahl des geeigneten Verfahrens berücksichtigt werden.

Ein weiteres wichtiges Entscheidungskriterium ist der Aufwand und die entstehenden Kosten, so daß es für den Einsatz von Redundanzverfahren in Mikroprozessorsystemen keine optimale Lösung gibt. Vielmehr muß der Entwickler genau abwägen, in welchem Maße er bei seiner individuellen Aufgabe in welchem Systemteil welche Redundanz einfügt.

Die nachfolgende Tabelle gibt nochmals einen Überblick über Vor- und Nachteile der beiden grundsätzlichen Redundanzverfahren.

	Statische Redundanz	Dynamische Redundanz
Vorteil	- dauernde Maskierung (keine Programmunterbrechnung, keine Fehler an den Ausgängen) - gleicher Schutz für alle Teile - Keine Unterscheidung der Fehlerarten notwendig - einfacher Entwurf	- arbeitet bis alle Reservemodule aufgebraucht sind - Nur 1 stromführender Modul notwendig - geringerer Hardwareaufwand
Nachteil	- großer Bauteileaufwand - schwierige Synchronisation der Module - kurze Missionszeiten	- Zeitverlust bei der Fehlerkorrektur - schwierige Fehlererkennung

8 Fehlererkennende und -korrigierende Codes

8.1 Zuverlässigkeitsberechnung von Halbleiterspeichern

Welch großen Einfluß der Einsatz von fehlerkorrigierenden Methoden auf die Zuverlässigkeit hochintegrierter Schaltkreise hat, kann am deutlichsten am Beispiel eines Halbleiterspeichersystems aufgezeigt werden. Hierbei betrachten wir ein Speichersystem mit bitorientierten Speicherchips (Bild 8.1).

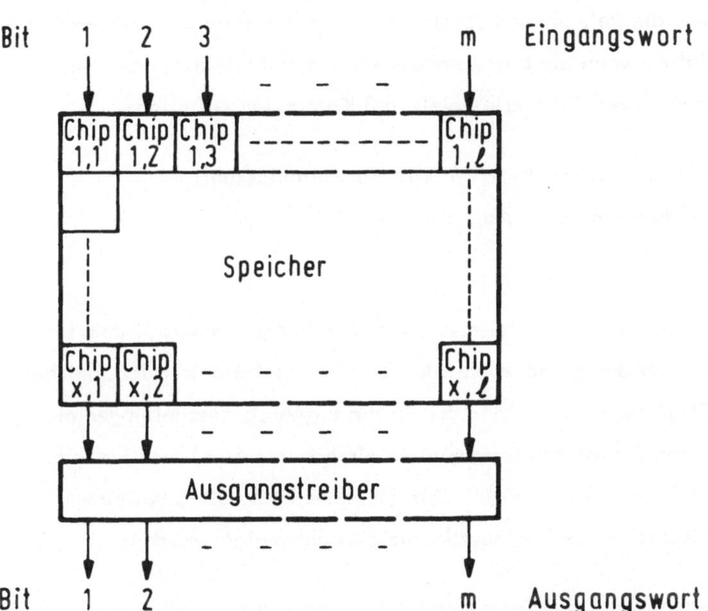

Bild 8.1 Speichersystem mit bitorientierten Speicherchips

Diese Organisationsform bringt mehrere Vorteile für die Fehlerkorrektur:

- Kann durch ein entsprechendes Verfahren in einem Speicherwort z. B. 1 Fehler korrigiert werden, so ist auch ein total defekter Speicherbaustein zulässig, da immer nur jeweils ein Bit des ausgelesenen Wortes davon beeinflußt wird.

- Fehler, die in den einzelnen Speicherchips auftreten, sind voneinander unabhängig. Ist z. B. in einem Speicherchip ein Einzelbitfehler auf der Adresse X vorhanden, so ist es je nach Speicherchipgröße relativ unwahrscheinlich, daß ein weiterer Einzelbitfehler genau auf der gleichen Adresse X in einem anderen Speicherbaustein der gleichen Reihe auftritt. Dies bedeutet, daß mehrere Speicherchips Einzelbitfehler enthalten können, wobei trotzdem eine einfache Einzelbitfehlerkorrektur den größten Teil dieser Fehler korrigieren kann.

Einen hohen Anteil an der Ausfallrate eines hochintegrierten Speicherchips haben die "soft-errors" (Über 75 % bei einem 16 K-bit Speicherchip!), die durch α-Teilchen, kritische Bitmuster, Rauschen, Störungen auf den Stromversorgungsleitungen usw. hervorgerufen werden (siehe Kap. 2.4). Diese Fehlerart, die z. B. bei einem 16 K-bit Speichertyp eine Ausfallrate von ca. 10^{-6} Fehlern / Stunde erreicht, erzeugt wegen ihrer Eigenschaft, daß sie nur sporadisch auftritt, beim Auslesen ebenfalls Einzelbitfehler. Neben diesen Einzelbitfehlern gibt es innerhalb eines Speicherchips noch Defekte bei den Leseverstärkern, Dekodern usw., die Reihen- und Spaltenfehler innerhalb eines Speicherchips verursachen und Totalausfälle, wenn die Ein/Ausgabeschaltkreise fehlerhaft arbeiten. Daher kann man die Speicherchipausfälle prinzipiell in 3 Kategorien aufteilen:

- Einzelbitfehler (mit dem relativen Anteil a der Gesamtfehlerzahl)
- Reihen- und Spaltenfehler (relativer Anteil b_r und b_s)
- Totalausfälle (relativer Anteil c).

Die Werte a, b_r, b_s und c für die Fehleranteile sind von dem Integrationsgrad, dem Design und der Herstellungsqualität abhängig. So wächst der relative Flächenanteil der Speichermatrix mit zunehmender Chipkapazität während der für die Ein/Ausgabeschaltungen abnimmt. Daher ist bei größeren Speicherchipkapazitäten ein höherer Anteil von Einzelbitfehlern festzustellen (35,3 % bei einem 4 K-bit Chip im Jahre 1975, 50 % bei einem 16 K-bit Speicher 1980), während die Totalausfälle wesentlich weniger wurden.

Bei einem Speichersystem müssen für die Berechnung der Zuverlässigkeit außer den Ausfallraten der Speicherchips auch die der peripheren Elektronik für Adreß- und Datenregister, Auffrischschaltungen, Adreßdekodierung und Ausgangstreiber berücksichtigt werden. Der Einfachheit halber nimmt man an, daß ein Fehler in diesen Schaltungsteilen immer zu einem nichtkorrigierbaren Fehler führt und faßt diese Fehleranteile in der Ausfallrate λ_p zusammen.

Ohne Fehlerkorrekturmöglichkeit gilt für die Zuverlässigkeit eines Speichersystems mit einer Wortlänge ℓ und w Speicherchips pro Bitebene, also insgesamt $w\ell$ Speicherchips, wovon jedes mit der Ausfallrate λ_c behaftet ist:

$$R_0 = e^{-(w\lambda_c + \lambda_p)t} \qquad (8.1)$$

Die Wahrscheinlichkeit, daß sich in einer Zeile von ℓ Chips genau x Fehler befinden, berechnet sich zu:

$$P_x = \binom{\ell}{x} e^{-\lambda_c t(\ell-x)} (1 - e^{-\lambda_c t})^x \qquad (8.2)$$

Diese x Fehler teilen sich auf in die Kategorien Einzelbit-, Reihen- bzw. Spaltenfehler und Totaldefekte. Man kann nun die Wahrscheinlichkeit P_1^* angeben, daß bei einer Einzelbitfehlerkorrektur bei Vorliegen von x Chipfehlern eine Anzahl von Fehlerkombinationen toleriert werden, da sie mit hoher Wahrscheinlichkeit nicht die gleichen Adressen betreffen:

$$P_1^* = a^x + \sum_{j=1}^{x} \binom{x}{j} a^{x-j} (b_r^j + b_s^j) \qquad (8.3)$$

Somit ist die Wahrscheinlichkeit Q, daß eine Zeile von ℓ Chips nicht mit einem einzelbitfehlerkorrigierenden Verfahren geschützt werden kann:

$$Q_1 = \sum_{x=2}^{\ell} P_x (1 - P_1^*) \qquad (8.4)$$

Die Überlebenswahrscheinlichkeit eines Speichersystems mit w Chipzeilen beträgt mit (8.1) bis (8.4) bei der Tolerierung eines Bits pro Wort:

$$R_1 = (1 - Q_1)^w e^{-(\lambda_p + \lambda_{k1})t} \qquad (8.5)$$

Mit λ_{k1} wird hierbei die Ausfallrate der Korrekturschaltung bezeichnet. Die Wortlänge ℓ setzt sich aus den Informationsbits i und den benötigten Paritätsstellen k zusammen.

Bei einer Zweibitfehlerkorrektur in einem Wort kann auch ein total defektes Chip zusätzlich toleriert werden, so daß für die Fehlerkombinationen, die korrigierbar sind, weil sie nicht die gleichen Adressen betreffen, gilt:

$$P_2^* = (a+b_r+b_s)^j + xc(a^{x-1} + \sum_{j=1}^{x-1} \binom{x-1}{j} a^{x-1-j} (b_r^j + b_s^j)) \qquad (8.6)$$

Die Ausfallwahrscheinlichkeit der mit einem doppelfehlerkorrigierendem Verfahren geschützten Wortgruppe berechnet sich damit zu:

$$Q_2 = \sum_{x=3}^{\ell} P_x \; (1 - P_2^*) \qquad (8.7)$$

und die Überlebenswahrscheinlichkeit eines Speichersystems entsprechend:

$$R_2 = (1 - Q_2)^w \, e^{-(\lambda_p + \lambda_{k2})t} \qquad (8.8)$$

Aus den vorangegangenen Überlegungen geht hervor, daß die Zuverlässigkeit eines Speichersystems vor allem von der Anzahl der benötigten Speicherchips abhängt. In Bild 8.2 sind die zeitlichen Verläufe der Zuverlässigkeitsfunktionen bei Speichersystemen der Größe 64 K x 16 bit und 1 M x 16 bit aufgetragen, die jeweils mit 4 K- und 16 K-bit Speicherchips aufgebaut sind.

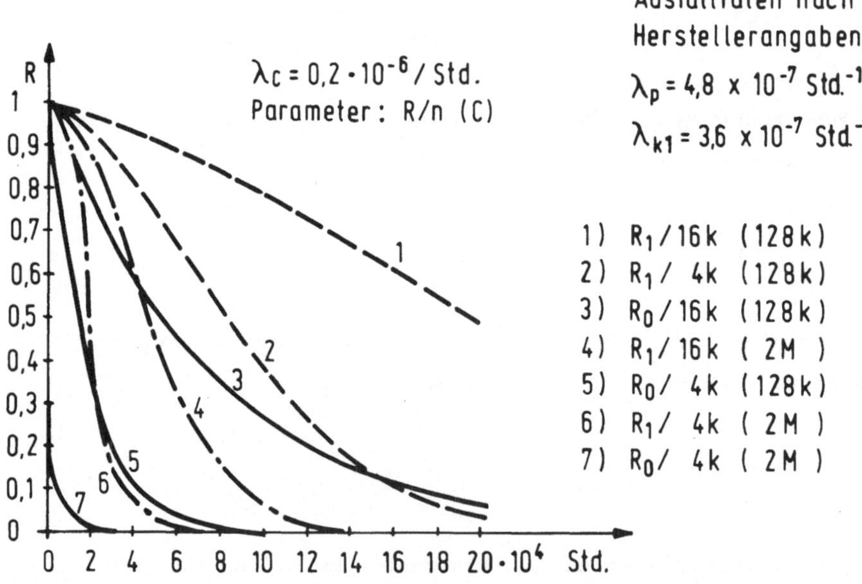

Bild 8.2 Zuverlässigkeiten von Speichersystemen der Kapazität 64 K x 16 bit (128 K) und 1 M x 16 bit (2 M) bei den Chipkapazitäten 4 K und 16 K.

Dabei wurden die Ausfallraten der Speicherchips mit $\lambda_c = 0{,}2 \times 10^{-6}$/Std. angenommen und die der Korrekturschaltungen nach Herstellerangaben bestimmt. Soll nach einem Zeitraum von 2 Jahren noch die Zuverlässigkeit des Systems besser als 90 % sein, muß auf alle Fälle eine Einzelbitfehlerkorrektur eingeführt werden.

Aus Bild 8.2 ist zu ersehen, welche enormen Zuverlässigkeitsverbesserungen bereits einzelbitfehlerkorrigierende Schaltungen bringen.

8.2 Grundlagen fehlererkennender und -korrigierender Codes

Ist bei einem Datenwort jede mögliche Kombination der Bitmuster ausgenutzt, so erzeugt die Störung einer Bitstelle immer ein neues fehlerhaftes Codewort. Wird z. B. bei dem Wort 000 die unterste Stelle verfälscht, ergibt sich als fehlerhaftes Codewort 001 (siehe Bild 8.3). Es ist demnach nicht möglich ein fehlerhaftes Codewort von einem korrekten zu unterscheiden, wenn keine Redundanz eingeführt ist!

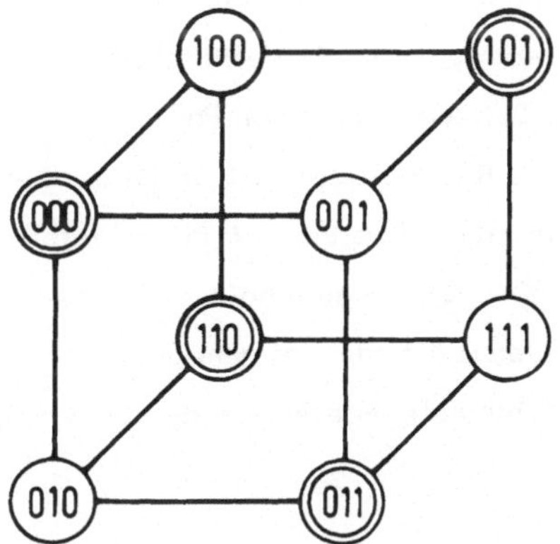

Bild 8.3 Coderaum eines 3-bit Wortes

Eine einfache Methode Redundanz einzuführen besteht darin, jedes zweite Datenwort in einem Coderaum als nichtgültig zu deklarieren. So sind z. B. in Bild 8.3 nur die Worte 000, 011, 101 und 110 gültige Codeworte. Wird nun ein Bit verfälscht, kann nur ein nichtzulässiges Codewort entstehen, nämlich 001, 100, 111 oder 010. Damit ist natürlich der ausnutzbare Codebereich auf die Hälfte reduziert, d. h. ein Bit ist für die Redundanz reserviert.

Dieses Verfahren ist als einfache Paritätsprüfung bekannt. Das niederwertigste Bit ist als Prüfbit deklariert. Bei einer geraden Paritätsprüfung („even parity") wird dieses Bit so gewählt, daß eine gerade Anzahl von Einsen in einem Wort entsteht und dementsprechend muß bei einer ungeraden Paritätsprüfung („odd parity") eine ungerade Anzahl von Einsen vorhanden sein (siehe Tabelle 8.1). Die Summe der Einsen in einem Wort nennt man das „Gewicht" eines Codewortes.

Bit	2	1	0	Parität	Gewicht
	0	0	0	gerade (even)	0
	0	0	1	ungerade (odd)	1
	0	1	0	ungerade	1
	0	1	1	gerade	2
	1	0	0	ungerade	1
	1	0	1	gerade	2
	1	1	0	gerade	2
	1	1	1	ungerade	3
	Datenbits		Paritätsbit		

Tabelle 8.1 Paritätserzeugung

Der Abstand zweier zulässiger Codeworte wird als „Hammingdistanz" (d) bezeichnet. Sind sämtliche Worte in einem Coderaum auch zulässige Codeworte, d. h. die Verfälschung eines Bits erzeugt wieder ein Codewort, ist die Distanz d = 1. Bei dem Einsatz von Paritätsbits ergibt sich der Abstand zwischen zwei Codeworten zu d = 2. Bild 8.4 verdeutlicht diesen Zusammenhang. Bei einer einfachen Paritätsprüfung kann nur erkannt werden, ob ein Einzelbitfehler vorhanden ist. In Bild 8.3 ist z. B. bei dem Wort 001 nicht zu entscheiden ob dies dadurch entstanden ist, daß bei dem Codewort 000 das unterste Bit oder bei dem Codewort 101 das oberste Bit gestört ist. Sind allerdings zwei Bits fehlerhaft, entsteht wieder ein zulässiges Codewort.

Durch Einführen von weiteren Redundanzbits kann die Fähigkeit zur Fehlererkennung und Korrektur erweitert werden. Besitzt ein Code die Distanz d = 3, so können entweder sämtliche Einzelbitfehler korrigiert oder Doppelfehler erkannt werden. Ein Fehler im Codewort A kann nur B erzeugen bzw. im Codewort D ein Wort aus der Nichtcodemenge C. Dadurch ist bei einem Einzelbitfehler B dem Codewort A und C dem Wort D eindeutig zugewiesen und der Fehler kann durch Invertieren des entsprechenden Bits korrigiert werden. Voraussetzung für die einwandfreie Funktionsfähigkeit ist natürlich, daß auch nur Einzelbitfehler auftreten. Sind dagegen zwei Fehler vorhanden, so wird Codewort A in C bzw. D in B verfälscht und eine Korrektur wie bei einem Einzelbitfehler würde zu einem fehlerhaften Ergebnis führen. Verzichtet man allerdings hierbei auf die Korrekturfähigkeit, können auch Doppelfehler sicher erkannt werden. Erst ein 3-bit-Fehler führt wieder zu einem Codewort. Durch Hinzufügen weiterer Redundanzbits können bei einer Distanz d = 4 sämtliche Einzelbitfehler korrigiert <u>und</u> Doppelfehler erkannt werden, da Doppelfehler sowohl des Codeworts A als auch E jeweils zu C führen, was außerhalb der Menge von Worten liegt, die zur Einzelbitfehlerkorrektur herangezogen werden. Bei der Distanz d = 5 können auch Doppelfehler korrigiert werden. Diese Liste kann theoretisch beliebig erweitert werden. Durch

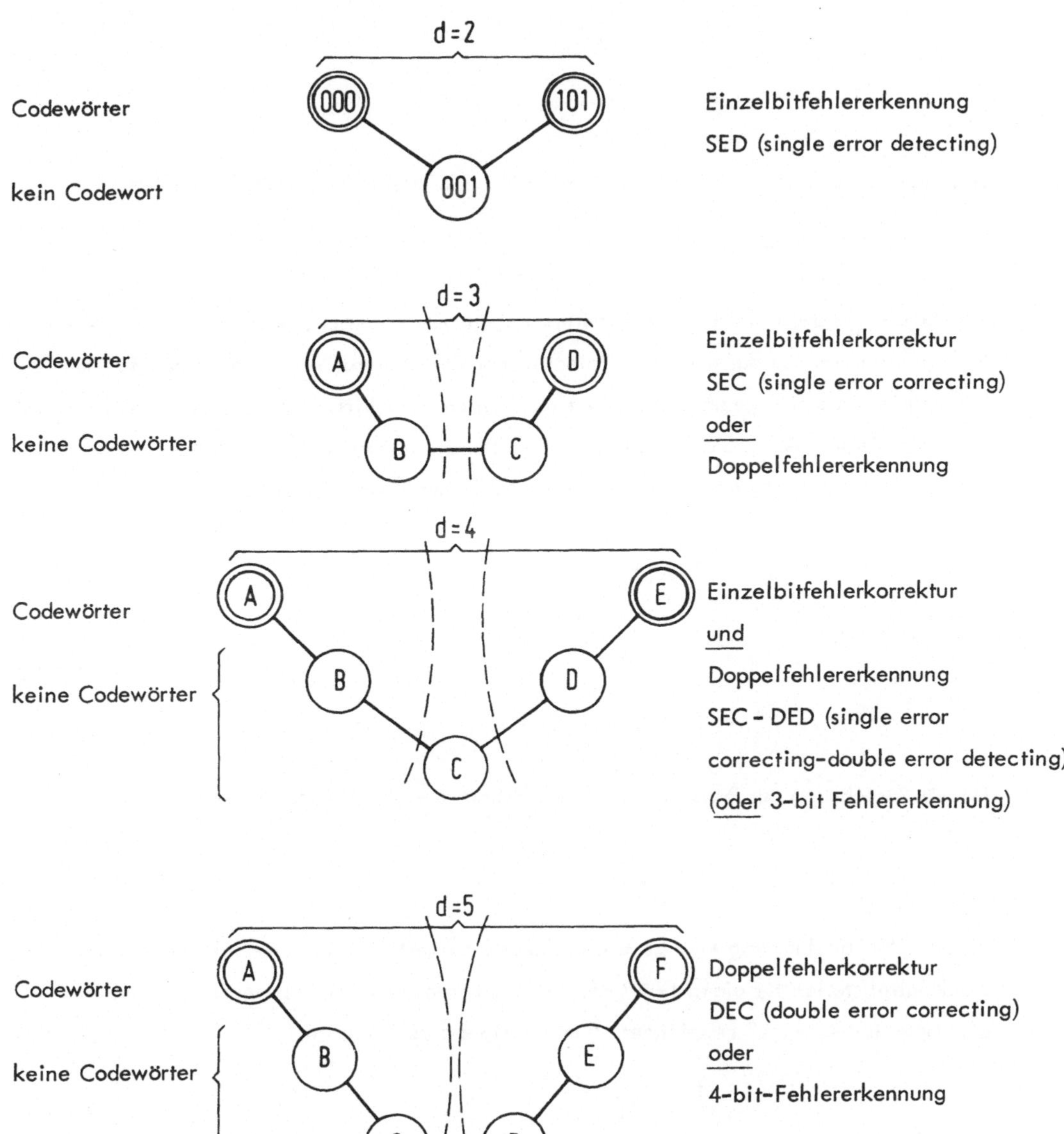

Bild 8.4 Distanzbestimmung bei fehlererkennenden und -korrigierenden Codes

Einfügen entsprechender Redundanzstellen können Codes erzeugt werden, die die gewünschten Fehlererkennungs- und -korrekturmöglichkeiten besitzen. Für die Anzahl der korrigierbaren Fehler t gilt:

$$t = \frac{d - 1}{2} \qquad \text{für ungerade } d \qquad (8.9a)$$

bzw.

$$t = \frac{d}{2} - 1 \qquad \text{für gerade } d \qquad (8.9b)$$

Das redundante Datenwort der Länge l enthält i Informationsbits und k Prüfstellen.

$$l = i + k \qquad (8.10)$$

Soll eine Korrektur eines Einzelbitsfehlers vorgenommen werden, so muß aus den k Redundanzbits die Position des gestörten Datenbits abgeleitet werden. Außerdem muß für den fehlerfreien Fall eine genau definierte Kombination der k Bits reserviert sein; meist ist dies der Null-Vektor. Auch die Paritätsbits selbst können gestört sein, so daß diese ebenfalls in die Fehlerüberwachung miteinbezogen werden. Dementsprechend gilt:

$$2^k - 1 > l \qquad (8.11)$$

bzw. mit (8.10):

$$2^k - 1 > i + k \qquad (8.12)$$

Für die Berechnung der Prüfstellen bei der Distanz d = 4 gilt entsprechend:

$$2^{(k - 1)} > i + k \qquad (8.13)$$

Schon 1950 hat Hamming eine generelle Theorie aufgestellt, welche minimale Anzahl von Kontrollstellen für einen t-bit-fehlerkorrigierenden Code notwendig ist. Dies wird als „Hamming-Grenze" bezeichnet. Für t korrigierbare Fehler gilt:

$$2^k > \sum_{x=0}^{t} \binom{n}{x} \qquad (8.14)$$

Diese Bedingung ist zwar notwendig, sagt aber nichts darüber aus, ob ein solcher Code auch existiert. In seiner Veröffentlichung hat Hamming einen Code für die Einzelbitfehlerkorrektur vorgestellt, der optimal ist – d. h. er benötigt die minimale Anzahl von Prüfbits – aber z. B. bei der Zweibitfehlerkorrektur ist ein entsprechender Code nicht bekannt.

Beispiel:

Welches ist die Hamminggrenze für ein 8-bit bzw. 16-bit Informationswort, das mit einem Code geschützt ist, der

a.) Einzelfehler korrigert (SECC = single error correcting code)

b.) wie a.) aber zusätzlich Doppelfehler erkennt
(SEC - DEDC = single error correcting - double error detecting code)

c.) Doppelfehler korrigiert (DECC = double error correcting code)?

a.) es gilt (8.12) für das 8-bit Wort:

$$2^k - 1 \geqslant 8 + k$$

$$k \geqslant 4$$

und für das 16-bit Wort: $k \geqslant 5$

b.) mit (8.13) gilt für das 8-bit Wort:

$$2^{(k - 1)} \geqslant 8 + k$$

$$k \geqslant 5$$

und für das 16-bit Wort: $k \geqslant 6$

c.) mit (8.14) gilt für das 8-bit Wort:

$$2^k \geqslant \sum_{x=0}^{2} \binom{i+k}{x}$$

$$k \geqslant 7$$

und für das 16-bit Wort: $k \geqslant 9$

Einen redundanten Code der Länge l mit k Redundanzstellen und i Informationsbits bezeichnet man auch als einen (l, i) Code.
So ist z. B. ein SEC-DED Code mit 16 Informationsstellen als (22, 16) Code anzusehen.

In Bild 8.5 ist der Einfluß der Informationswortlänge auf die Anzahl der zusätzlich benötigten Prüfstellen angegeben. Da ein optimaler Code für eine Zweibitfehlerkorrektur nicht bekannt ist, wurde ein realisierbarer Code (BCH-Code), der später noch beschrieben wird, als Beispiel miteingezeichnet.

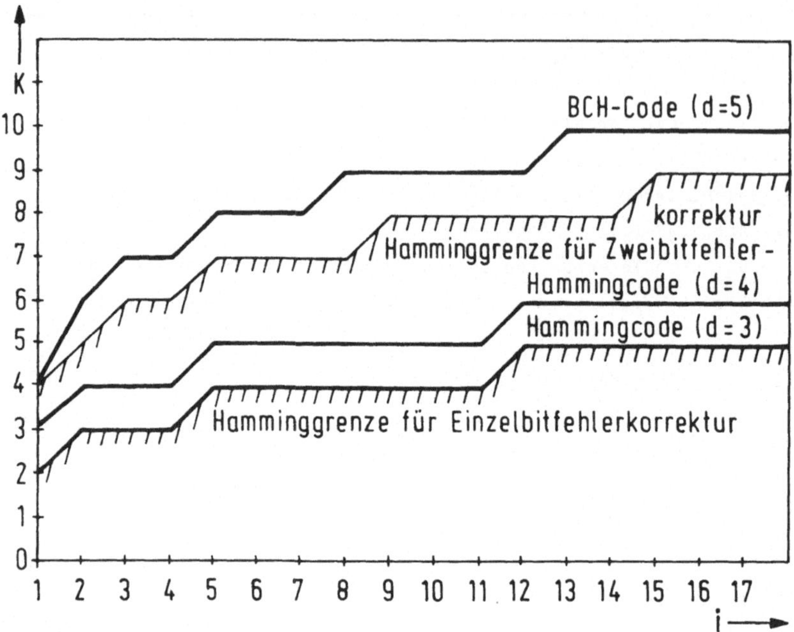

Bild 8.5 Einfluß der Informationswortlänge auf die Anzahl der zusätzlichen Prüfstellen

Der Redundanzfaktor l/i ist ein Maß für den Mehraufwand durch die redundante Codierung. Aus Bild 8.6 ist zu entnehmen, daß bei zunehmender Wortlänge dieser Faktor günstiger wird. So sinkt z. B. der Redundanzaufwand bei einem Code mit der Distanz d = 4 (SEC-DEDC) von 100 % bei der Informationswortlänge i = 4 auf etwa 22 % bei i = 32-bit.

Allerdings ist bei größeren Wortlängen die Wahrscheinlichkeit, daß in einem Wort Mehrfachfehler auftreten höher. Mit steigender Anzahl von korrigierbaren Fehlern nimmt auch die Komplexität der Korrekturschaltung zu, so daß diese Schaltungsteile entsprechend fehleranfälliger werden. Daher werden fehlerkorrigierende Codes, die eine Distanz von d > 4 aufweisen bei Mikrocomputersystemen nur in Spezialfällen eingesetzt.

Die bevorzugten Einsatzgebiete von fehlererkennenden bzw. -korrigierenden Codes sind Speichersysteme und Übertragungsstrecken. Die Informationsbits werden entsprechend codiert und abgespeichert bzw. ausgesendet (siehe Bild 8.7). Danach werden die redundanten Worte wieder decodiert, auf Störungen untersucht und die eventuell aufgetretenen Fehler korrigiert.

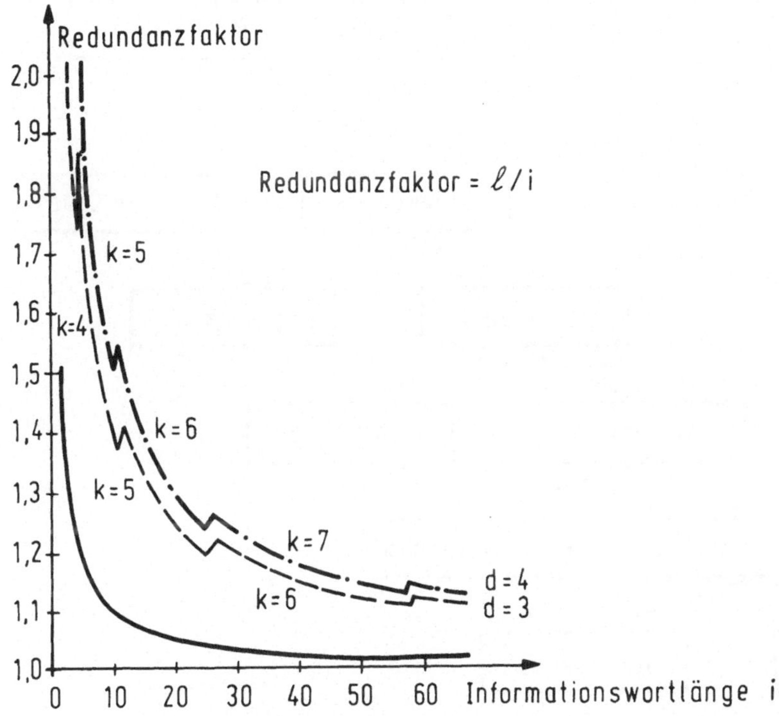

Bild 8.6 Redundanz der fehlerkorrigierenden Codes in Abhängigkeit von der Informationswortlänge i

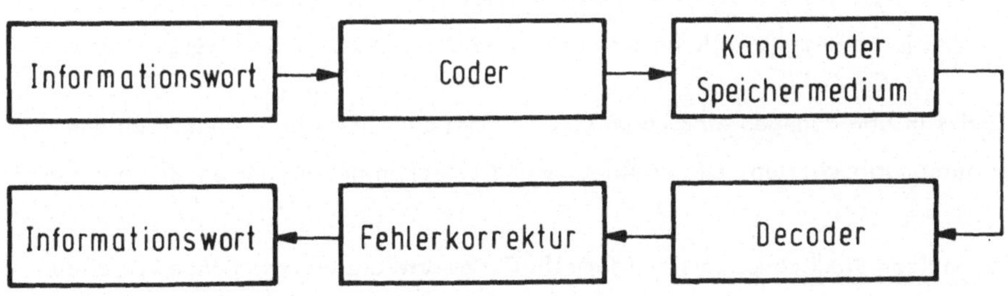

Bild 8.7 Funktionsdiagramm der Fehlersicherung

Je nach Länge des Informationsworts, Art des Kanals bzw. Speichers (z. B. parallel oder seriell) und der zu erwartenden Fehlerquellen gibt es eine große Auswahl unterschiedlicher Codierverfahren. Bild 8.8 zeigt als Übersicht die Klassifikation der redundanten Binärcodes.

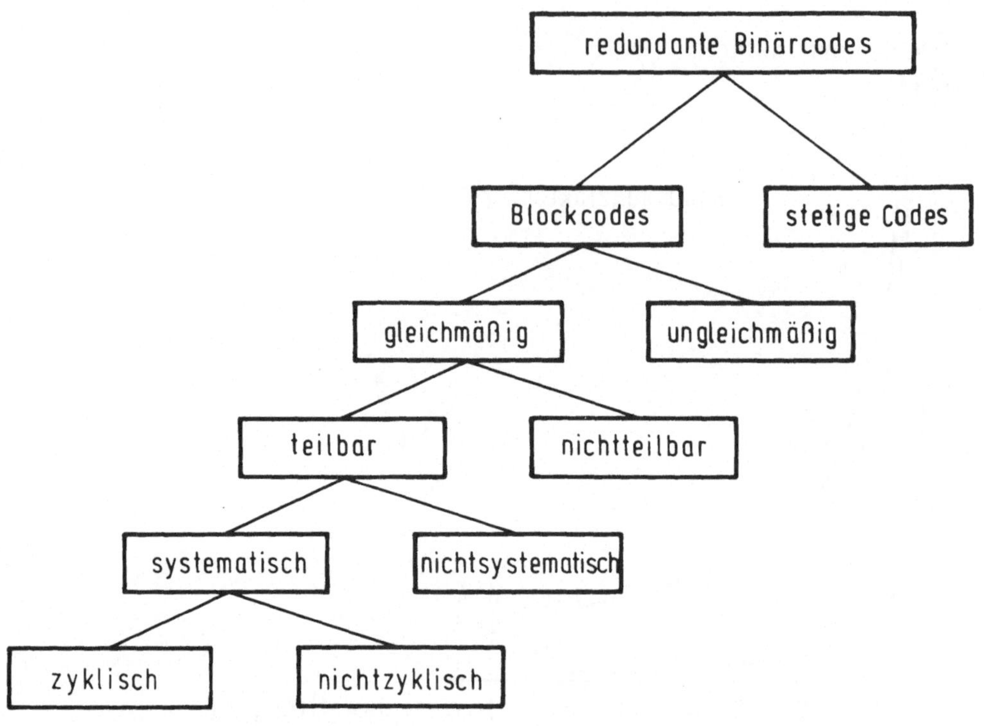

Bild 8.8 Klassifikation der redundanten Binärcodes

Bei der Anwendung von Blockcodes wird die Information in ein Codewort der Länge ℓ codiert, wobei jedes Wort jeweils für sich alleine codiert und decodiert werden kann.

Stetige Codes stellen dagegen eine Folge von Zeichen dar ohne Abgrenzungen zu den einzelnen Informationsworten. Die Prüfbits werden zwischen den einzelnen Zeichen eingefügt.

Die gleichmäßigen Blockcodes besitzen für alle Codeworte die gleiche Länge ℓ. Bei den teilbaren Codes ist die Lage der Informations- und Kontrollstellen genau festgelegt, während diese bei den nichtteilbaren Codes nicht zu unterscheiden sind. Zu dieser letzten Gruppe gehören z. B. die gleichgewichtigen Codes, die so konstruiert sind, daß jedes Zeichen gleiches Gewicht besitzt, d. h. jedes Codewort hat die gleiche Anzahl von Einsen.

Die systematischen Codes erzeugen durch modulo-2 Addition von zwei zulässigen Codeworten wiederum ein zulässiges Codewort. Bei den zyklischen Codes liefert die zyklische Vertauschung der Symbole eines Codewortes ebenfalls ein zulässiges Codewort.

In den folgenden Kapiteln werden die für Mikroprozessoranwendungen am häufigsten verwendeten Codierverfahren – die zu den systematischen Blockcodes gehören – für parallele und serielle Datenübertragung bzw. -speicherung näher erläutert.

8.3 Codierverfahren für parallele Datenübertragung und Speicherung

Die im folgenden behandelten Codes gehören zu den systematischen Codes, d. h. die Codeworte besitzen alle eine feste Länge ℓ, wobei die Lage der Prüf- und Datenbits genau festgelegt ist, und sie bilden bezüglich der modulo-2 Addition eine Gruppe.

Bei der parallelen Codierung bzw. Decodierung spielt die Geschwindigkeit, mit der die Verarbeitung der Daten vorgenommen werden kann eine große Rolle. Da hier die Datenbits parallel zur gleichen Zeit anstehen, müssen für den Codier- bzw. Decodiervorgang auch parallel arbeitende Verfahren angewendet werden. Deswegen sind Softwareverfahren zur Fehlerkorrektur bzw. -erkennung nur sehr bedingt einsetzbar, so daß man sich in diesen Ausführungen auf die Erläuterung der Hardwaremethoden beschränken kann. Bei dem heutigen technologischen Stand sind bei SEC-DED-Codes Zeitverzögerungen von ca. 15 ns bis 50 ns anzusetzen.

8.3.1 Darstellung des Korrekturverfahrens in Matrixform

Wie bereits im vorangegangenen Kapitel erläutert wurde, muß ein Datenwort u der Länge i für die Codierung mit k Redundanzstellen versehen werden. Bei den systematischen Codes ist ja die Lage der Datenstellen bekannt, so daß das codierte Wort v der Länge ℓ mit Hilfe einer Generatormatrix erzeugt werden kann, die folgendes Aussehen hat:

$$G = \left| I_i , P \right| = \left| \begin{matrix} 1 & 0 & . & . & . & 0 & p_{11} & . & . & . & p_{1k} \\ 0 & 1 & . & . & . & 0 & p_{21} & . & . & . & p_{2k} \\ . & & & & & & & & & & . \\ . & & & & & & & & & & . \\ 0 & 0 & . & . & . & 1 & p_{i1} & . & . & . & p_{ik} \end{matrix} \right| \qquad (8.15)$$

Dabei ist I_i eine (i, i) Identitätsmatrix und P eine (i, k) „Protection-Matrix", welche die Konstruktionsvorschrift für die Prüfbits enthält. Damit ist das Codewort

$$v = u \cdot G \qquad (8.16)$$

Sind die einzelnen Werte von u gegeben als $(u_1, u_2, u_3, \dots u_i)$, dann gilt für den Vektor v:

$$v = (u_1, u_2, \dots u_i, c_1, c_2, \dots c_k) \qquad (8.17)$$

wobei für die Komponenten c_j gilt:

$$c_j = \sum_{x=1}^{i} u_x p_{xj} \qquad (8.18)$$

d. h. die Prüfbits c_j werden durch modulo-2 Addition gebildet, wobei die P-Matrix jeweils angibt, welche Informationsbits in die Rechnung einbezogen werden.

Beispiel:

Der Vektor v ergibt sich bei einem Vektor u = (01101) und k = 2 Prüfstellen mit einer vorgegebenen P - Matrix zu:

$$v = \underbrace{(0\,1\,1\,0\,1)}_{u} \left| \begin{array}{c} \underbrace{\begin{matrix} 1\,0\,0\,0\,0 \\ 0\,1\,0\,0\,0 \\ 0\,0\,1\,0\,0 \\ 0\,0\,0\,1\,0 \\ 0\,0\,0\,0\,1 \end{matrix}}_{I} : \underbrace{\begin{matrix} 1\,0 \\ 1\,0 \\ 0\,1 \\ 0\,0 \\ 0\,1 \end{matrix}}_{P} \end{array} \right| = (0\,1\,1\,0\,1 : 1\,0)$$

Man erkennt die ersten 5 Stellen des v-Vektors als Informationsstellen - bedingt durch die Identitätsmatrix - und die beiden abgehängten Prüfstellen.

Die Matrix H stellt die „Paritäts-Prüfmatrix" der Größe $k \times \ell$ dar:

$$H = \left| \begin{matrix} h_{11} & \cdots & h_{1\ell} \\ \cdot & & \cdot \\ \cdot & & \cdot \\ \cdot & & \cdot \\ h_{k1} & \cdots & h_{k\ell} \end{matrix} \right| \qquad (8.19)$$

die sich aus der Generatormatrix G = (I, P) (siehe (8.15)) ableiten läßt:

$$H = (-P^T, I_k) \qquad (8.20)$$

Hierbei sind durch I_k auch die Prüfstellen selbst in die Paritätsberechnung miteinbezogen.

Beispiel:

Ist $$G = \left| \begin{matrix} \underbrace{\begin{matrix} 1\,0\,0 \\ 0\,1\,0 \\ 0\,0\,1 \end{matrix}}_{I_3} & \underbrace{\begin{matrix} 1\,1 \\ 1\,0 \\ 0\,1 \end{matrix}}_{P} \end{matrix} \right| = (I_3, P),$$

dann ergibt sich H zu

$$H = \left| \begin{matrix} 1\,1\,0\,1\,0 \\ 1\,0\,1\,0\,1 \end{matrix} \right| = (-P^T, I_2)$$

$$\underbrace{1\,0\,1}_{-P^T}\;\underbrace{0\,1}_{I_2}$$

Bei dem Dekodiervorgang soll bei einem Vektor $v = (a_1, a_2 \dots a_l)$ gelten, daß

$$v\,H^T \stackrel{!}{=} 0 \qquad (8.21)$$

ist.

Mit (8.19) ist H^T:

$$H^T = \left| \begin{matrix} h_{11} & \dots & h_{k1} \\ \cdot & & \cdot \\ \cdot & & \cdot \\ \cdot & & \cdot \\ h_{1\ell} & \dots & h_{k\ell} \end{matrix} \right| \qquad (8.22)$$

Die Aussage von (8.21) ist, daß für alle x

$$\sum_{j=1}^{\ell} a_j\, h_{xj} \stackrel{!}{=} 0 \qquad (8.23)$$

sein soll; d. h. die modulo-2 Addition, die ja eine Paritätsprüfung darstellt, ergibt über jede Reihe von H Null, was einer geraden Parität entspricht! Sind die Spalten von H jeweils unterschiedlich und von Null verschieden, können auf folgende Weise fehlerhafte Bits korrigiert werden:

Ein codierter Vekor sei mit einem Fehlervektor e überlagert

$$v' = v + e \text{ (mod-2 Addition)} \qquad (8.24)$$

Multipliziert man diesen Vektor mit der transponierten Paritäts-Prüfmatrix H^T, so erhält man einen Vektor S („Syndromvektor") der Länge k, der nur noch von dem Fehlervektor abhängig ist:

$$S = v'H^T = (v+e)H^T = vH^T = eH^T = 0 \qquad (8.25)$$

(nach (8.21))

Für jeden Fehler entsteht wegen der Forderung nach voneinander unabhängigen Spalten der H-Matrix ein genau definierter Syndromvektor, so daß die entsprechende Fehlerstelle lokalisiert und damit auch korrigiert werden kann. Zur günstigeren Realisierung eines Coders/ Decoders können die Spalten einer H-Matrix beliebig vertauscht werden, ohne daß dies Einfluß auf die Fehlerkorrekturfähigkeit hat.

Beispiel:

Die Prüfmatrix für l = 6 Codebits und k = 3 Prüfstellen habe folgende Form:

$$H = \begin{vmatrix} 1\,1\,0 & 1\,0\,0 \\ 1\,0\,1 & 0\,1\,0 \\ 0\,1\,1 & \underbrace{0\,0\,1}_{I_3} \end{vmatrix}$$

Mit (8.20) ist dadurch die Generatormatrix gegeben:

$$G = (I,\ P) = \begin{vmatrix} 1\,0\,0 & 1\,1\,0 \\ 0\,1\,0 & 1\,0\,1 \\ \underbrace{0\,0\,1}_{I_3} & \underbrace{0\,1\,1}_{P} \end{vmatrix}$$

Für den Codeiervorgang ergibt sich bei einem angenommenen Informationsvektor der Lange i = l-k = 3 und u = (010):

$$V = (0\,1\,0) \begin{vmatrix} 1\,0\,0 & 1\,1\,0 \\ 0\,1\,0 & 1\,0\,1 \\ 0\,0\,1 & 0\,1\,1 \end{vmatrix} = (0\,1\,0 \quad 1\,0\,1)$$

mit

$$H^T = \begin{vmatrix} 1\,1\,0 \\ 1\,0\,1 \\ 0\,1\,1 \\ 1\,0\,0 \\ 0\,1\,0 \\ 0\,0\,1 \end{vmatrix}$$

erhält man im fehlerfreien Fall (e = 0) für den Syndromvektor

$$S = v'H^T = (0\,1\,0 \quad 1\,0\,1) \begin{vmatrix} 1\,1\,0 \\ 1\,0\,1 \\ 0\,1\,1 \\ 1\,0\,0 \\ 0\,1\,0 \\ 0\,0\,1 \end{vmatrix} = (0\,0\,0),$$

wie nach (8.25) auch zu erwarten war.

Bei der Störung von

Bit					
6	ergibt sich v' zu	110 101	bzw.	e = 100 000	und S = 110,
5		000 101		e = 010 000	S = 101,
4		011 101		e = 001 000	S = 011,
3		010 001		e = 000 100	S = 100,
2		010 111		e = 000 010	S = 010,
1		010 100		e = 000 001	S = 001.

Jedem Einzelfehler ist ein spezieller Syndromvektor, der sich aus der entsprechenden Spalte des H-Vektors ergibt, zugeordnet. Ist kein Fehler vorhanden, ergibt sich S zu Null.

Nach (8.20) ist die H-Matrix direkt aus der G-Matrix abzuleiten, so daß beim Codier- und Decodiervorgang prinzipiell die gleichen Schaltungen für den Paritätsgenerator verwendet werden können, nur müssen im Falle der Decodierung zusätzlich die Paritätsbits mit in die Prüfsummenbildung einbezogen werden. Damit ergibt sich für den Einsatz in Speichersystemen die in Bild 8.9 dargestellte prinzipielle Anordnung zur Fehlerkorrektur.

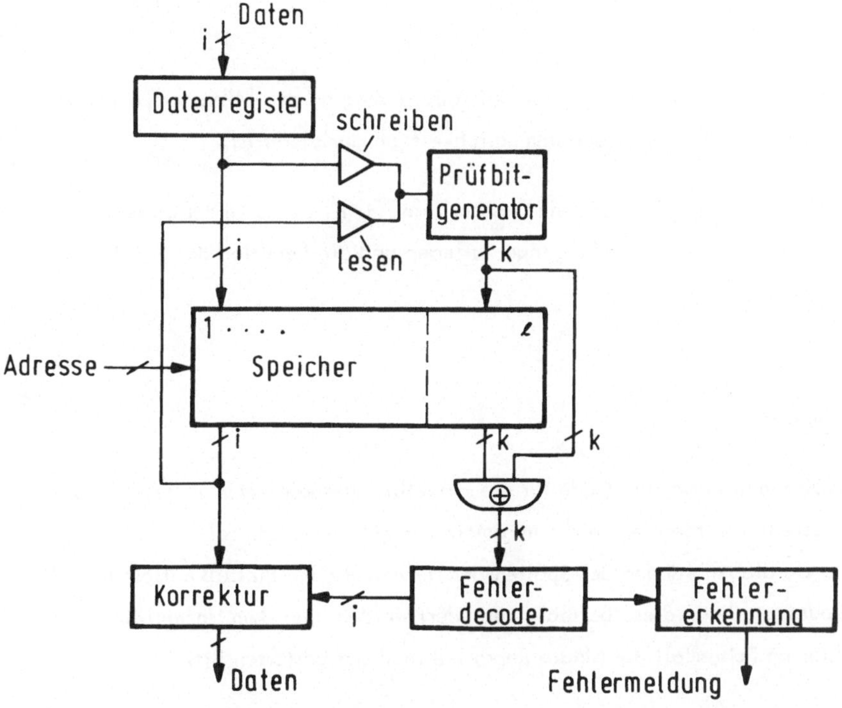

Bild 8.9 Blockschaltbild eines Speichersystems mit Fehlerkorrektur durch Codierung.

Bei einem Schreibvorgang werden aus den i Informationsbits die k Kontrollstellen gebildet, wie es die H bzw. G-Matrix vorschreibt. Diese Paritätsbits werden zusammen mit dem Informationswort in einem Speicherwort mit $\ell = i + k$ Bits abgespeichert. Während des Lesevorgangs werden erneut die Kontrollstellen aus den Informationsbits berechnet und zusätzlich die ausgelesenen Paritätsbits modulo-2 addiert, so daß der Decodiervorgang der H-Matrix genügt und somit der Syndromvektor nach (8.25) erzeugt wird. Ist kein Fehler aufgetreten, enthält der Syndromvektor den Wert Null; im Fehlerfall wird mit Hilfe des Fehlerdecoders die entsprechende gestörte Stelle lokalisiert und in der Korrekturschaltung durch Invertierung korrigiert.

Bei dem Entwurf einer Korrekturanordnung ist besonderer Wert auf eine gute Testbarkeit der Schaltung zu legen, da durch die Fehlerkorrekturfähigkeit die aufgetretenen Fehler „maskiert" werden, d. h. am Ausgang der Schaltung nicht mehr zu bemerken sind. Daher sollten die folgenden Entwurfsrichtlinien genau befolgt werden.

- Es muß möglich sein, die Korrekturanordnung abzuschalten, um den Datenspeicher testen zu können.
- Ebenfalls muß für Testzwecke der Speicherbereich für die Prüfbits vom Rechner aus anzusprechen sein.
- Prüfbits und Fehlerinformationen sollten auf Anforderung an den Mikrocomputer ausgegeben werden, damit eine Diagnosemöglichkeit gewährleistet ist.
- Die Korrekturanordnung sollte getrennt testbar sein, d. h. es muß möglich sein, Fehler- und Datenmuster an die Eingänge zu legen und die Reaktion der Schaltung darauf zu überwachen.

8.3.2 Hammingcode

Hamming hat 1950 einen optimalen Code für die Einzelbitfehlerkorrektur vorgestellt, d. h. für i Informationsstellen werden genau die minimale Anzahl von k Kontrollstellen nach (8.12) benötigt. Da die Anordnung der Spalten der H-Matrix ohne Einfluß auf die Korrekturfähigkeit des Codes ist, kann diese beliebig verändert werden. Bei dem Hammingcode soll der Syndromvektor im Fehlerfall die binäre Repräsentation des gestörten Bits darstellen.

Damit gilt für das erste Prüfbit, daß sämtliche Informationsstellen, die eine Eins in der niederwertigsten Stelle besitzen modulo-2 addiert werden. Ist nämlich dort ein Fehler aufgetreten, so entsteht eine Eins im niederwertigsten Bit des Syndromvektors. Also müssen folgende Positionen in die erste Prüfung einbezogen werden:

$1 = \underline{1}$

$3 = 1\underline{1}$

$5 = 10\underline{1}$

$7 = 11\underline{1}$ usw.

Für die zweite Paritätsprüfung werden die Stellen benutzt, die eine Eins in der zweiten Position haben:

$2 = \underline{1}0$

$3 = \underline{1}1$

$6 = 1\underline{1}0$

$7 = 1\underline{1}1$ usw.

Bei der 3. Paritätsprüfung erhält man entsprechend

$4 = \underline{1}00$

$5 = \underline{1}01$ usw.

Auf die gleiche Art verfährt man mit den folgenden Prüfstellen. Da die Bits 1, 2, 4, 8, 16 usw. nach diesen Regeln nur in einer Paritätsprüfung erscheinen, sind sie voneinander unabhängig und können deswegen für die Abspeicherung der Prüfbits verwendet werden.

Beispiel:

Hamming - Code für ein 16-bit Informationswort.

Nach (8.12) benötigt man für 16 Informationsstellen 5 Prüfbits. Demnach ist dies ein (21,16) Code. Die H-Matrix besitzt mit obiger Regel folgendes Aussehen:

Bit-Nr.

21	20	19	18	17	16	15	14	13	12	11	10	9	8	7	6	5	4	3	2	1
D16	D15	D14	D13	D12	C5	D11	D10	D9	D8	D7	D6	D5	C4	D4	D3	D2	C3	D1	C2	C1
1	0	1	0	1	0	1	0	1	0	1	0	1	0	1	0	1	0	1	0	1
0	0	1	1	0	0	1	1	0	0	1	1	0	0	1	1	0	0	1	1	0
1	1	0	0	0	0	1	1	1	1	0	0	0	0	1	1	1	1	0	0	0
0	0	0	0	0	0	1	1	1	1	1	1	1	1	0	0	0	0	0	0	0
1	1	1	1	1	1	0	0	0	0	0	0	0	0	0	0	0	0	0	0	0

LSB
MSB

Die Prüfbits sind demnach (modulo-2-Addition):

C1 = D1 + D2 + D4 + D5 + D7 + D9 + D11 + D12 + D14 + D16
C2 = D1 + D3 + D4 + D6 + D7 + D10 + D11 + D13 + D14
C3 = D2 + D3 + D4 + D8 + D9 + D10 + D11 + D15 + D16
C4 = D5 + D6 + D7 + D8 + D9 + D10 + D11
C5 = D12 + D13 + D14 + D15 + D16

wird z.B. das Informationswort

0101000000111001

codiert, so erhält man:

C1 = 0
C2 = 1
C3 = 1
C4 = 1
C5 = 1

und das Codewort ist

010101000001111001110.

Ein Fehler z.B. im Datenbit D4 - dies ist im Codewort Bit 7 - verändert das Codewort in

010101000001110001110.

Beim Auslesen wird mit Hilfe der H^T-Matrix der Syndromvektor nach (8.25) gebildet:

S1 = C1 + D1 + D2 + D4 + D5 + D7 + D9 + D11 + D12 + D14 + D16 = C1+ C1'

C1' entspricht der Prüfbiterzeugung aus den ausgelesenen Daten entsprechend der Generierung beim Schreibvorgang (siehe Erzeugung von C1) und C1 ist das abgespeicherte Prüfbit.

S1 = C1 + C1' = 0 + 1 = 1
S2 = C2 + C2' = 1 + 0 = 1
S3 = C3 + C3' = 1 + 0 = 1
S4 = C4 + C4' = 1 + 1 = 0
S5 = C5 + C5' = 1 + 1 = 0

Damit ist der S - Vektor gegeben mit

S = 00111 = 7,

d.h. er definiert als fehlerhaftes Bit die Position Nr. 7.

Nach (8.25) kann man den Syndromvektor auch direkt aus der H-Matrix ablesen. Da nur Einzelbitfehler berücksichtigt werden, entspricht die Spalte der H-Matrix, die durch die Position der Eins im Fehlervektor (hier Nr. 7) bestimmt ist, dem S-Vektor (oberste Stelle der Spalte = LSB).

Der beschriebene Hammingcode läßt sich einfach auf einen einzelbitfehlerkorrigierenden und doppelfehlererkennenden Code (SEC-DEDC) erweitern, indem sämtliche ℓ Bits des Codeworts einer zusätzlichen Paritätsprüfung unterzogen werden.

Damit können drei Fälle unterschieden werden:

- es ist kein Fehler aufgetreten: der Syndromvektor ist Null
- es ist ein Einzelbitfehler aufgetreten: der Syndromvektor definiert die gestörte Bit-Position und das zusätzliche Paritätsbit ist Eins, da dies ja einer einfachen Paritätsprüfung über sämtliche ℓ Stellen entspricht, die Einzelfehler erkennt. Somit kann der Fehler korrigiert werden.
- es ist ein Doppelfehler aufgetreten: Zwei fehlerhafte Bits kann die zusätzliche Paritätsprüfung nicht erkennen, dementsprechend ist dieses Bit = 0. Der Syndromvektor aber ist von Null verschieden, so daß damit der Doppelfehler erkannt werden kann.

Beispiel:

Das vorangegangene Beispiel wird auf Doppelfehlererkennung erweitert.

Die H-Matrix erhält eine weitere Reihe, die nur aus Einsen besteht:

C6 = D1 + D2 + D3 + ...+ D16 = 0

Dieses zusätzliche Paritätsbit C6 kann als Bit 22 abgespeichert werden.
In dem Datenwort

0010101000001111001110

treten z.B. in Bit 7 und Bit 10 gleichzeitig ein Fehler auf:

0010101000000110001110

Damit ergibt sich:

S1 = 1

S2 = 0

S3 = 1

S4 = 1

S5 = 0

C6' = 0.

Ohne diese zusätzliche Paritätsprüfung würde der Doppelfehler als Einzelfehler behandelt und das korrekte Bit 13 invertiert werden, was einen weiteren Fehler verursacht. Daher darf eine Korrektur nur dann durchgeführt werden, wenn C6' = 1 ist.

8.3.3 Hardware-optimierter SEC - DED - Code

Obwohl der Hammingcode in der Anzahl der Prüfbits optimal und die Prüfprozedur recht einfach ist, bringt diese Art der Realisierung doch einige Probleme mit sich. Vor allem ist die Anzahl der benötigten EXOR-Gattereingänge für die Prüfbiterzeugung nicht bei jedem Prüfbit gleich groß (im vorigen Beispiel zwischen 5 und 10), d.h. es werden unterschiedliche Laufzeiten für die Generierung der Kontrollbits benötigt. Das System muß die längste Verzögerungszeit abwarten. Wenn nun die Anzahl der Gattereingänge für alle Prüfbits gleich oder zumindest annähernd gleich ist, wird dadurch die Geschwindigkeit der Coder/Decoder optimiert.

Ein SEC-DED-Code besitzt die Hammingdistanz $d = 4$. Die Spalten der H-Matrix müssen folgenden Bedingungen genügen:

- Es existiert keine 0- Spalte
- Sämtliche Spalten sind unterschiedlich.
- Jede Spalte enthält eine ungerade Anzahl von Einsen. Damit kann die modulo-2 Addition von einer ungeraden Anzahl Spalten niemals Null sein, da dies wieder einen ungerade-gewichtigen Ergebnisvektor erzeugt, während eine gerade Anzahl einen gerade-gewichtigen Vektor ergibt. Dies wird zur Erkennung von Doppelfehlern verwendet.

Die Gesamtzahl der Einsen in der H-Matrix sollte minimal sein, da diese den Hardwareaufwand bestimmt; jede Eins entspricht nämlich einem EXOR-Eingang. Nach der eingangs erwähnten Forderung sollte auch die Anzahl der Einsen in einer Reihe der H-Matrix möglichst gleich groß sein.

Diese Bedingungen ergeben bei einem (ℓ, i) Code folgende Konstruktionsvorschrift für die H-Matrix:

- Für die k-Prüfbits werden sämtliche $\binom{k}{1}$ Spalten, die je eine Eins enthalten, benötigt.

- Falls $\binom{k}{3} \geq i$ ist, werden i Spalten mit je 3 Einsen aus den $\binom{k}{3}$ möglichen Kombinationen ausgewählt. Ist $\binom{k}{3} < i$, müssen sämtliche $\binom{k}{3}$ Spaltenkombinationen mit je 3 Einsen verwendet werden und die restlichen Spalten aus den $\binom{k}{5}$ Kombinationen mit je 5 Einsen genommen werden.

- Sind damit immer noch nicht sämtliche Spalten der H-Matrix bestimmt, wird der Vorgang mit $\binom{k}{7}$, $\binom{k}{9}$ usw. fortgesetzt.

Falls die Codewortlänge

$$\ell = i + k = \sum_{\substack{j=1 \\ j=\text{ungerade}}}^{j \leq k} \binom{k}{j} \qquad (8.26)$$

ist, dann enthält jede Reihe der H-Matrix

$$AE = \frac{1}{k} \sum_{\substack{j=1 \\ j=\text{ungerade}}}^{j \leq k} j\binom{k}{j} \qquad (8.27)$$

Einsen. Falls die Codewortlänge nicht der Gleichung (8.26) genügt, sollte die Anzahl der Einsen möglichst nahe an dem Wert von (8.27) gehalten werden.

Beispiel:

Für einen (22,16) Code, der Einzelbitfehler korrigieren und Doppelfehler erkennen kann, gilt:

Es müssen sämtliche $\binom{6}{1}$ Kombinationen mit je einer Eins pro Spalte und zusätzlich 16 der $\binom{6}{3}$ Kombinatinen mit je 3 Einsen pro Spalte für die Konstruktion der H-Matrix verwendet werden.

Damit ergibt sich eine Gesamtzahl von 54 Einsen in der H-Matrix, wobei im Durchschnitt 9 Einsen pro Reihe vorhanden sind. Eine H-Matrix kann daher folgendes Aussehen haben:

D15	D14	D13	D12	D11	D10	D9	D8	D7	D6	D5	D4	D3	D1	D1	D0	C1	C2	C3	C4	C5	C6
1	1	1	1	1	1	0	0	0	0	1	0	0	0	1	0	1	0	0	0	0	0
1	1	1	0	0	0	1	1	1	1	0	0	1	0	0	0	0	1	0	0	0	0
1	0	0	0	1	0	1	1	1	0	0	0	0	1	1	1	0	0	1	0	0	0
0	0	0	0	0	1	1	0	0	1	1	1	0	1	1	1	0	0	0	1	0	0
0	1	0	1	0	0	0	1	0	1	1	1	1	1	0	0	0	0	0	0	1	0
0	0	1	1	1	1	0	0	1	0	0	1	1	0	0	1	0	0	0	0	0	1

S1
⋮
S6

Die Kombinationen mit je einer Eins entsprechen den Spalten C1 bis C6, die restlichen Spalten mit je drei Einsen werden so ausgesucht, daß in jeder Reihe möglichst die gleiche Anzahl von Einsen vorhanden ist (hier 9 Einsen pro Reihe).

Zur Doppelfehlererkennung genügt es, nur die Parität des Syndromvektors zu überprüfen. Die modulo-2-Addition bei der Prüfbiterzeugung wird durch EXCLUSIV-ODER (EXOR) Gatter durchgeführt (siehe Bild 8.10), die in Baumform zusammengeschaltet werden können, um die Anzahl der Eingänge zu erhöhen. Bild 8.11 zeigt eine derartige Schaltugsanordnung mit 9 Dateneingängen, wobei der 9. Eingang noch über ein zusätzliches Freigabesignal verknüpft ist. Derartige Schaltungen existieren als integrierte Schaltkreise.

X, Y → ⊕ → Z

X	Y	Z
0	0	0
0	1	1
1	0	1
1	1	0

Bild 8.10 EXCLUSIV-ODER Gatter (EXOR)

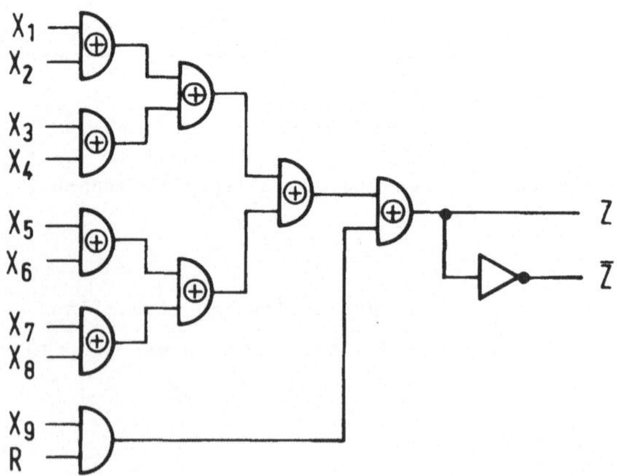

$$Z = X_1 \oplus X_2 \oplus X_3 \oplus X_4 \oplus X_5 \oplus X_6 \oplus X_7 \oplus X_8 \oplus (X_9 \wedge R)$$

Bild 8.11 Prüfbiterzeugung mit EXOR-Gattern

Für die Prüfbitgenerierung gilt nach der H-Matrix:

C1 = D1 + D5 + D10 + D11 + D12 + D13 + D14 + D15

C2 = D3 + D6 + D7 + D8 + D9 + D13 + D14 + D15

C3 = D0 + D1 + D2 + D7 + D8 + D9 + D11 + D15

C4 = D0 + D1 + D2 + D4 + D5 + D6 + D9 + D10

C5 = D2 + D3 + D4 + D5 + D6 + D8 + D12 + D14

C6 = D0 + D3 + D4 + D7 + D10 + D11 + D12 + D13

Bei dem Lesevorgang wird zusätzlich noch das entsprechende aus dem Speicher ausgelesene Prüfbit mit in die Prüfsummenbildung einbezogen (siehe H-Matrix). Um die gleiche Schaltung zur Prüfbiterzeugung sowohl für den Lese- als auch für den

Schreibvorgang benutzen zu können, wird dieses Kontrollbit jeweils an den 9. Eingang des Prüfbitgenerators (Bild 8.11) geschaltet, wobei das Lese-/Schreibsignal als Freigabesignal verwendet wird. Die Schaltung des kompletten Paritätsgenerators ist in Bild 8.12 dargestellt.

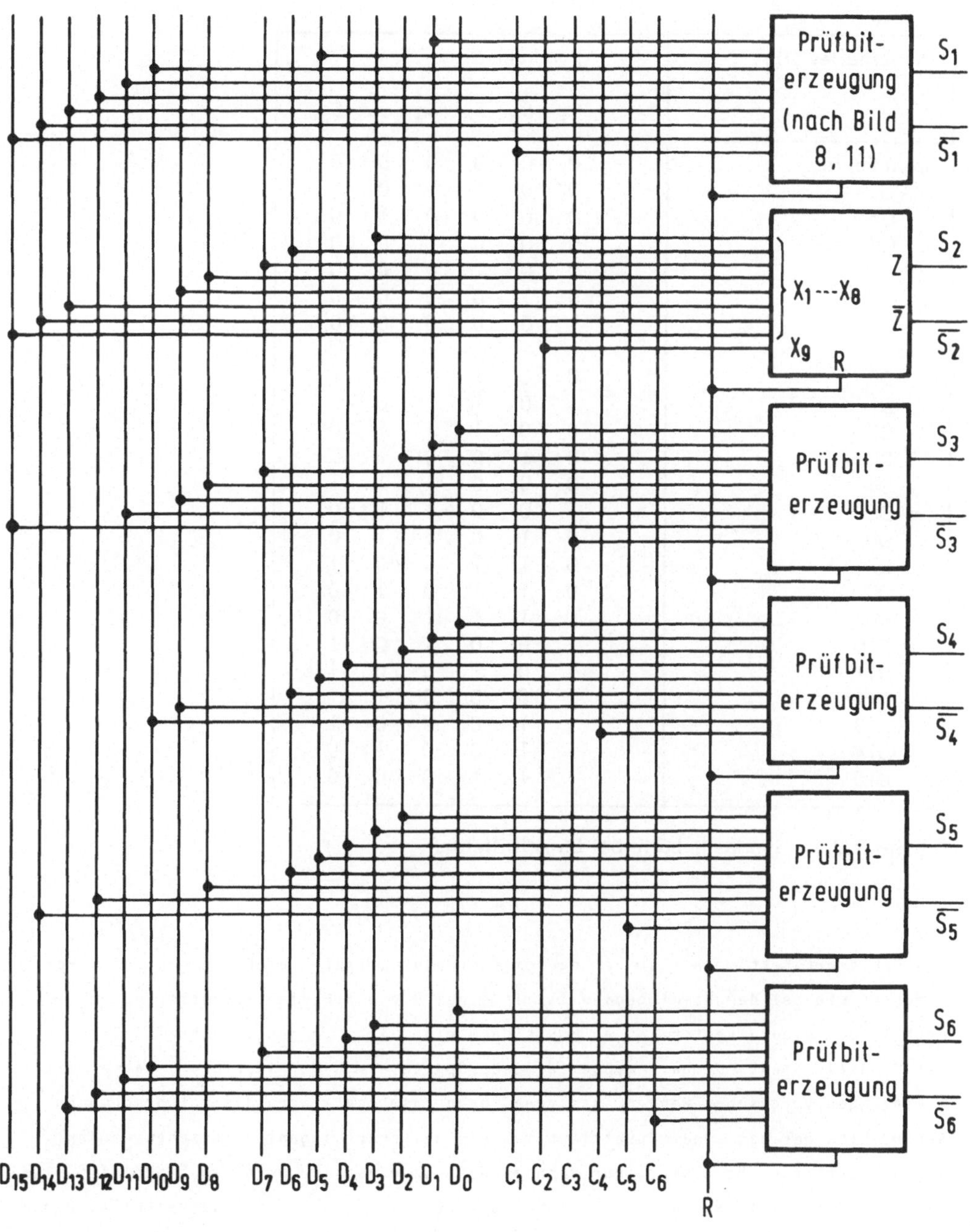

Bild 8.12 Paritätsgenerator für 16 Informationsbits

Nach der Konstruktionsvorschrift erhält man bei Einzelbitfehlern Syndromvektoren mit ungerader Anzahl von Einsen (siehe Tabelle 8.2), bei einem Doppelfehler aber mit gerader Anzahl von Einsen. Ergibt daher die modulo-2-Addition über den Syndromvektor Null, so liegt ein nichtkorrigierbarer Doppelfehler vor. Die Schaltung zur Fehlererkennung ist aus Bild 8.13 zu ersehen.

fehlerhaftes Bit:	Syndromvektor					
	S_1	S_2	S_3	S_4	S_5	S_6
kein Fehler	0	0	0	0	0	0
C6	0	0	0	0	0	1
C5	0	0	0	0	1	0
C4	0	0	0	1	0	0
C3	0	0	1	0	0	0
C2	0	1	0	0	0	0
C1	1	0	0	0	0	0
D0	0	0	1	1	0	1
D1	1	0	1	1	0	0
D2	0	0	1	1	1	0
D3	0	1	0	0	1	1
D4	0	0	0	1	1	1
D5	1	0	0	1	1	0
D6	0	1	0	1	1	0
D7	0	1	1	0	0	1
D8	0	1	1	0	1	0
D9	0	1	1	1	0	0
D10	1	0	0	1	0	1
D11	1	0	1	0	0	1
D12	1	0	0	0	1	1
D13	1	1	0	0	0	1
D14	1	1	0	0	1	0
D15	1	1	1	0	0	0

Tabelle 8.2 Syndromtabelle bei Einzelbitfehlern

Die Fehlerortsbestimmung ist bei diesem Korrekturverfahren nicht so einfach durchzuführen wie bei dem Hammingcode. Ist in einem Bit ein Fehler aufgetreten, so enthält der Syndromvektor an den Positionen eine Eins, in denen auch eine Eins in der H-Matrix steht. Demnach müßte für jede Spalte der H-Matrix ein UND-Gatter mit k Eingängen vorgesehen werden, das genau dann anspricht, wenn die entsprechenden Syndrombits gesetzt sind. Zusätzlich muß ein weiterer Eingang vorgesehen werden, der die Fehlerortsbestimmung nur dann zuläßt, wenn es sich um einen Einzelbitfehler handelt. Die Schaltung für diesen Fehlerdekoder ist in Bild 8.14 dargestellt. Durch den Einsatz von frei programmierbaren logischen Arrays (FPLA) kann eine große Anzahl von Bauteilen für den Fehlerdekoder eingespart werden.

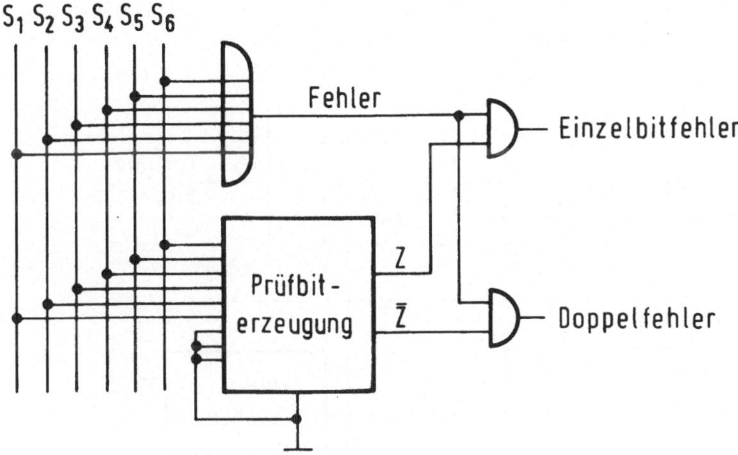

Bild 8.13 Fehlererkennung

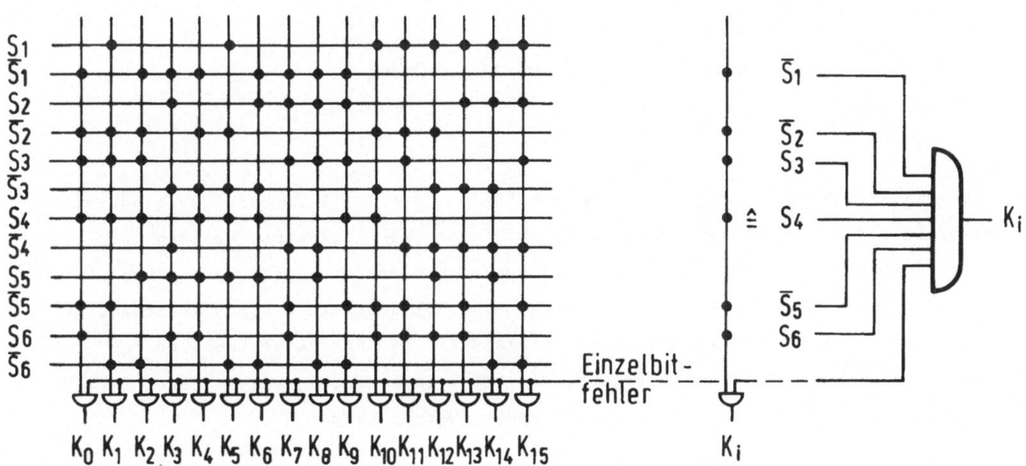

Bild 8.14 Fehlerdekoder

Die Fehlerkorrektur geschieht durch einfache Invertierung des als defekt erkannten Bits (siehe Bild 8.15).

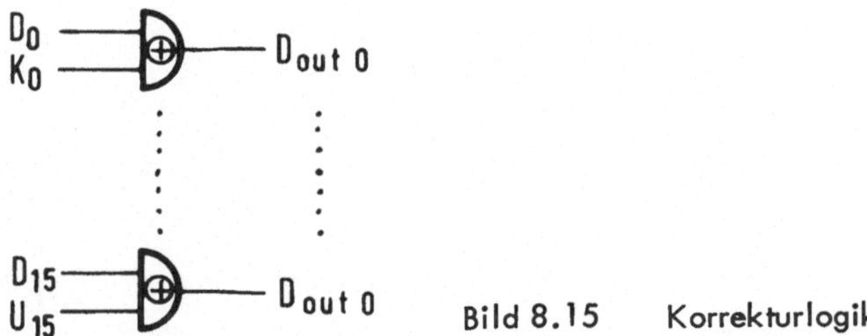

Bild 8.15 Korrekturlogik

Das Blockschaltbild der kompletten Fehlerkorrekturschaltung, die in ähnlicher Form auch als hochintegrierter Baustein erhältlich ist, zeigt Bild 8.16.

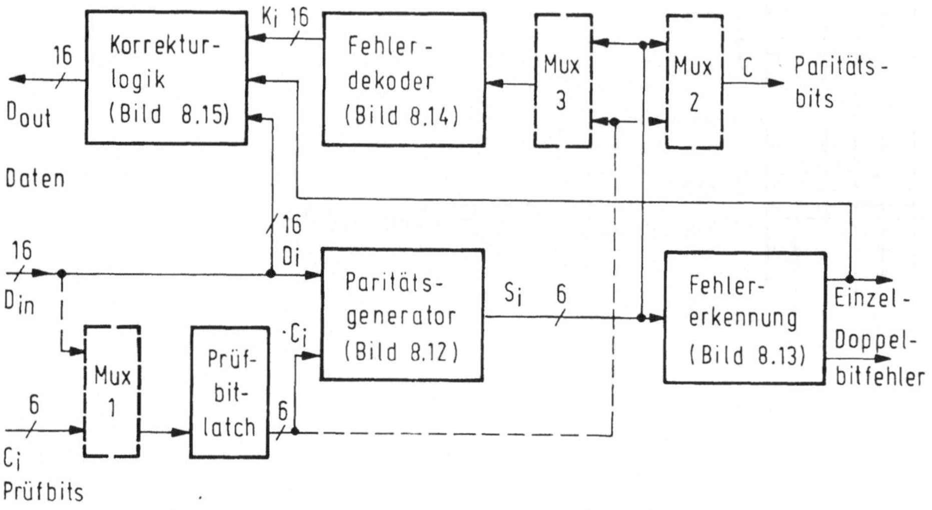

Bild 8.16 Blockschaltbild der Fehlerkorrekturanordnung

Dabei sind zusätzliche Multiplexer zur Erfüllung der Testanforderungen eingesetzt. MUX1 dient dazu, vom Datenbus aus die Prüfbits an die Korrekturschaltung anzulegen, MUX2 schaltet diese ohne Veränderung wieder an den Prüfbitausgang und schreibt sie damit in den Speicher . Mit MUX3 kann man einen Syndromvektor vom Mikroprozessor in die Schaltung einladen, um die Funktionsfähigkeit der Korrekturschaltung zu überprüfen. In Bild 8.17 ist dargestellt, auf welche Weise diese Fehlerkorrekturschaltung bei einem Speichersystem eingesetzt werden kann.

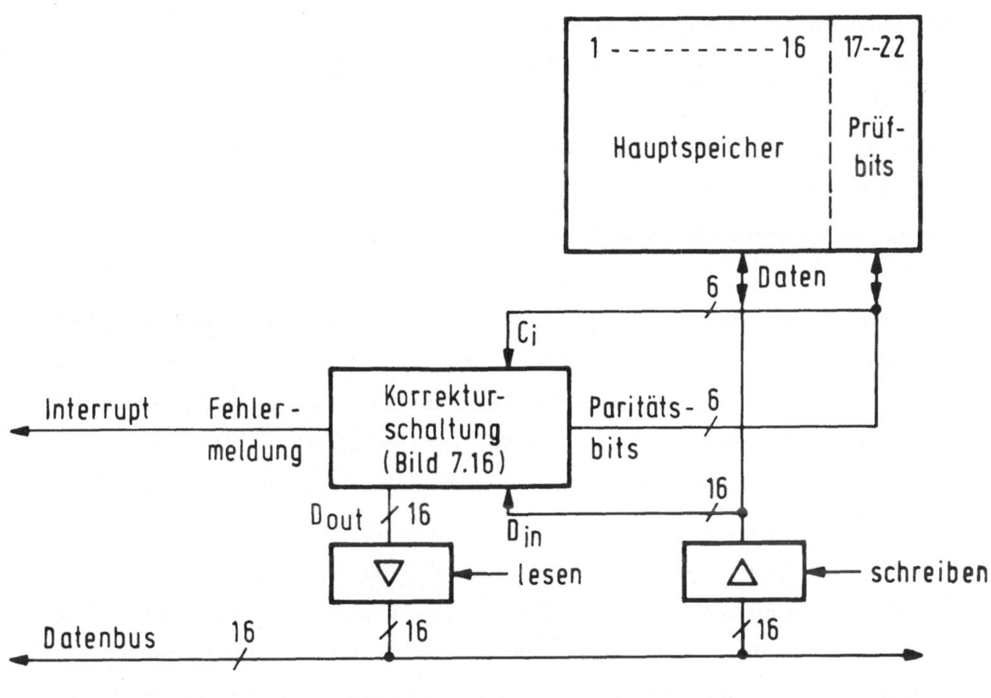

Bild 8.17 Speicher mit Fehlerkorrektur

In der Praxis hat es sich als sehr nützlich erwiesen, die fehlerhaften Adressen, die dem Benutzer in irgendeiner Form für Servicezwecke angezeigt werden müssen, jeweils für eine Adresse direkt dann, wenn der Fehler von der Korrekturanordnung erkannt worden ist, hardwaremäßig (durch das Fehlersignal in Bild 8.16) in ein vom Mikrocomputer lesbares Register (z. B. PORT) zwischenzuspeichern. Dadurch vereinfacht sich das Interruptprogramm zum Ablisten der fehlerhaften Adressen sehr stark, da oftmals - besonders bei höheren Programmiersprachen - die aktuelle Speicheradresse dem Programmierer nicht explizit bekannt ist.

Inzwischen werden von den Bauelementeherstellern verschiedene hochintegrierte Fehlerkorrekturschaltungen angeboten, die direkt in ein Mikroprozessorsystem integriert werden können. Die Datenwortbreite dieser Chips beträgt 8 bzw. 16 Bit, wobei durch Kaskadierung mehrerer Bausteine auch größere Wortlängen möglich sind. Da die Fehlerkorrektur am wirksamsten bei sehr hoch integrierten bitorientierten Speichern arbeitet, die zum größten Teil dynamische Speicherzellen besitzen, ist die Lösung, einen dynamischen RAM - Steuerbaustein mit einem Fehlerkorrekturchip aufzurüsten, eine gute Methode die Zuverlässigkeit eines Speichersystems zu erhöhen. Allerdings verzögert sich dabei die Zugriffszeit (typische Werte sind ca. 50 bis 70ns für die Korrektur). Eine andere Möglichkeit besteht darin, die Fehlerüberwachungsschaltung beim Auslesen nur parallel an den Datenbus anzuschließen und die Überprüfung dort separat durchzuführen. Ist in diesem Fall ein Fehler entdeckt worden, erzeugt dies einen Interrupt bei dem Prozessor, der dann die korrigierten Daten aus dem Fehlerkorrekturchip liest. Damit ist eine Zeitverzögerung nur im Fehlerfall gegeben, die dann allerdings auch größer ist, weil ein entsprechendes Interruptprogramm abgearbeitet werden muß.

Ein Problem ist dem Anwender allerdings noch geblieben: Was macht man, wenn ein nichtkorrigierbarer Fehler gemeldet wurde und der Programmablauf nicht unterbrochen werden soll? Natürlich können die beschriebenen Methoden der Softwareredundanz angewendet werden, die aber nicht immer zu einem befriedigenden Ergebnis führen. Untersuchungen über Fehlerhäufigkeiten in Speichersystemen mit bitorientierten Speicherchips haben folgende Rangfolge aufgezeigt: Der bei weitem häufigste Fehler ist der kurzzeitige Einzelbitfehler, danach folgen 1 statischer Fehler, 1 statischer Fehler + 1 kurzzeitiger Fehler, 2 statische Fehler, 2 kurzzeitige Fehler. Die weiteren Fehlertypen (Dreifachfehler) sind von untergeordneter Bedeutung. Wird ein Mehrfachfehler gemeldet, ist mit einer hohen Wahrscheinlichkeit mindestens ein statischer Fehler vorhanden. Kann man diesen lokalisieren, d.h. durch Invertieren auch korrigieren, ist die Fehlerkorrektur für den verbleibenden Einzelbitfehler wieder anwendbar. Zur Fehlerlokalisierung nutzt man die beschriebenen Testfunktionen der Fehlerkorrekturschaltung aus, indem die Korrekturschaltung außer Funktion gesetzt wird und sowohl das Datenwort als auch die Prüfbits aus dem defekten Speicher gelesen werden. Anschließend werden diese Werte invertiert und wieder an die gleichen Stellen zurückgeschrieben. Liest man dann diese Speicherplätze erneut, wird sich bei einem statischen Fehler das defekte Bit natürlich nicht ändern, so daß der Fehlerort damit bestimmt ist und der Fehler korrigiert werden kann. Die nachfolgende Einzelbitfehlerkorrektur für den zweiten Fehler führt nun zu dem korrekten Datenwort. Da die Wahrscheinlichkeit, daß 2 Fehler gleichzeitig auftreten, äußerst gering ist, sollte eine Fehlerliste mitgeführt werden, in die die statischen Fehler eingetragen werden, um bei dem Versuch der Fehlerkorrektur mit diesem Verfahren eine abgesicherte Aussage über den Fehlerort treffen zu können. Hierbei haben sich Speicherprüfverfahren bewährt, die z.B. beim Einschalten des Gerätes statische Fehler entdecken und auflisten.

8.4 Codierverfahren für serielle Datenübertragung und Speicherung

Im Gegensatz zur parallelen Datenübertragung, die meist nur bei relativ kleinen Entfernungen Anwendung findet, wird die serielle Form des Datentransfers vorwiegend bei größeren

Leitungslängen eingesetzt. Hierbei gehören oftmals Sender und Empfänger zu unterschiedlichen Rechnersystemen, so daß bestimmte Vereinbarungen über das Übertragungsformat - Protokolle - von beiden Seiten eingehalten werden müssen. Eine Anzahl solcher Protokolle sind bereits genormt. Geht man davon aus, daß die Daten auf der Senderseite noch korrekt sind, so können auf der Übertragungsstrecke durch Störungen Fehler in dem Datenstrom auftreten, die von dem Empfänger erkannt werden müssen. Nun ist es bei den meisten Datenübertragungsprotokollen erforderlich, daß die empfangende Seite dem Sender die Datenübernahme quittiert. Ist ein Fehler entdeckt worden, so wird das dem Sender in der Quittungsnachricht mitgeteilt. Damit wird er dazu veranlaßt, die letzte Datenübertragung erneut zu starten. Somit können kurzzeitige Fehler auf der Übertragungsstrecke durch nochmaliges Wiederholen der Meldung beseitigt werden. Bei der seriellen Datenübertragung werden daher Codes zur Fehlererkennung in großem Umfang eingesetzt -, oft auch mit der Möglichkeit mehrere Fehler zu erkennen, da eine Störung u. U. eine längere Zeit anhalten und somit mehrere aufeinanderfolgende Bits („burst-errors") verfälschen kann -, während die Verfahren zur Fehlerkorrektur vorwiegend den seriellen Speicherungen, z. B. auf Magnetband oder Platte, vorbehalten sind.

Bei der seriellen Übertragung bzw. Speicherung werden meist zyklische Codes eingesetzt. Deren Eigenschaft besteht darin, daß man aus einer zulässigen Codecombination durch zyklische Verschiebung der Bits wieder ein erlaubtes Codewort erhält. Weitere Codeworte kann man dadurch erzeugen, daß man die bereits ermittelten Kombinationen modulo-2 addiert.

Ein großer Vorteil zyklischer Codes liegt in den leicht zu realisierenden Codier- und Decodiereinrichtungen. So würde z. B. ein Flip-Flop genügen, um die Prüfsummenbildung bei einem beliebig langem Codewort durchzuführen, da die einzelnen Daten ja in serieller Form anliegen und nacheinander bearbeitet werden können.

8.4.1 Grundlagen zyklischer Codes

Ebenso wie bei der parallelen Datenverarbeitung existieren auch für die serielle Fehlererkennung und -korrektur bereits hochintegrierte Schaltkreise, die direkt an den Mikroprozessorbus anschließbar sind. Für die Beschreibung zyklischer Codes erweist es sich als vorteilhaft, zu der Polynomdarstellung überzugehen. Um eine Nachricht N(x) gegen Fehler zu schützen, kann man diese Bitfolge mit einem Polynom G(x) („Generatorpolynom") multiplizieren:

$$N(x)\ G(x) = F(x) \qquad (8.28)$$

Der Empfänger dividiert das Codewort F(x) wieder durch G(x) und enthält somit im fehlerfreien Fall das Informationswort. Ein Fehler bei der Übertragung wird dadurch erkannt, daß bei der Division ein Rest entstanden ist. Hierbei ist allerdings die Zuordnung im Codewort der i Informationsstellen und k Redundanzstellen nicht eindeutig, so daß man einen anderen Weg gewählt hat, um ein Codewort zu erzeugen:

- Die Nachricht N(x) wird mit der höchsten Potenz des Generatorpolynoms multipliziert. Dies entspricht einer Verschiebung um k Stellen nach links, wobei k Nullen nachgezogen werden.

- Der so entstandene Ausdruck $N(x)\,X^k$ wird durch das Generatorpolynom G(x) dividiert

$$\frac{N(x)X^k}{G(x)} = Q(x) + \frac{R(x)}{Q(x)} \qquad (8.29)$$

- Die Kontrollstellen R(x) werden zu dem Ausdruck $N(x)\,X^k$ addiert, d. h. die höherwertigen Stellen des Codeworts entsprechen der Nachricht N(x) und die k niederwertigen den Prüfbits.

$$N(x)X^k + R(x) = G(x)\;Q(x) \qquad (8.30)$$

- Da die rechte Seite der Gleichung (8.30) ersichtlich durch G(x) ohne Rest teilbar ist, muß es im fehlerfreien Fall auch die linke Seite sein. Dazu wird im Empfänger die übertragene Nachricht wieder durch das Generatorpolynom dividiert. Entsteht dabei ein Rest, so ist mit Sicherheit anzunehmen, daß mindestens ein Fehler in dem Codewort vorhanden ist.

Die Eigenschaften des Codes sind von der Wahl des Generatorpolynoms abhängig. Allgemein gilt für einen Code der Länge ℓ, daß G(x) Teiler des „Hauptpolynoms" $X^{\ell}-1$ ist. Für beliebige Codes ist es allerdings schwierig, diese Teiler zu finden. In der Praxis werden sie am günstigsten aus Tabellen bestimmt (z. B. aus Peterson, Weldon: „Error-Correcting Codes", siehe auch Tab. 8.3).

Treten während der Übertragung Fehler auf, wird die Nachricht N(x) in der Regel nicht mehr ohne Rest durch G(x) dividierbar sein. Die Verfälschung von F(x) kann als modulo-2 Addition mit dem Fehlervektor E(x) aufgefaßt werden. Damit gilt für das empfangene Wort:

$$F'(x) = N(x)X^k + R(x) + E(x) \qquad (8.31)$$

Daraus ist zu ersehen, daß Fehler nur dann erkannt bzw. korrigiert werden können, wenn das Fehlermuster E(x) kein Vielfaches von G(x) ist. Weiter gilt:

- Ein Einzelfehler kann durch das Polynom E(x) X^i dargestellt werden. Besitzt das Generatorpolynom mehr als einen Term, ist das gestörte Wort F'(x) nicht durch G(x) teilbar, d. h. alle Einzelfehler sind erkennbar.

- Doppelfehler können als Polynom $E(x) = X^i + X^j = X^i\,(1 + X^{j-i})$ $(i<j)$ interpretiert werden. Besteht das Generatorpolynom mindestens aus drei Termen, ist weder X^i noch $1 + X^{j-i}$ durch G(x) teilbar, d. h. alle Doppelfehler in beliebigen Positionen des Codeworts sind erkennbar.

- Ungeradzahlige Fehlermuster: Verwendet man ein Generatorpolynom mit einem Term $x + 1$, können sämtliche ungeradzahligen Fehler erkannt werden.

- Fehlerbündel - dies sind fehlerhafte Bits in aufeinanderfolgenden Positionen - der Länge $b \leq k$ (k = Anzahl der Prüfbits) sind erkennbar.

8.4.2 Schaltungen für zyklische Codes

Die Codierung zur Erzeugung zyklischer Codes basiert auf der Multiplikation bzw. Division von binären Polynomen, die sich durch rückgekoppelte Schieberegister realisieren lassen.

a.) Multiplikation

Ein Eingangspolynom

$$A(x) = a_i X^i + a_{i-1} X^{i-1} + \dots + a_1 X + a_0 \qquad (8.32)$$

wird mit einem vorgegebenen Polynom

$$G(x) = g_k X^k + g_{k-1} X^{k-1} + \dots + g_1 X + g_0 \qquad (8.33)$$

multipliziert. Das Produkt ist

$$A(x)G(x) = a_i g_k X^{i-k} + (a_{i-1} g_k + a_i g_{k-1}) X^{i-k-1} + \dots \qquad (8.34)$$

$$+ (a_0 g_2 + a_1 g_1 + a_2 g_0) X^2 + (a_0 g_1 + a_1 g_0) X + a_0 g_0$$

Dies kann hardwaremäßig durch ein Schieberegister realisiert werden (Bild 8.18).

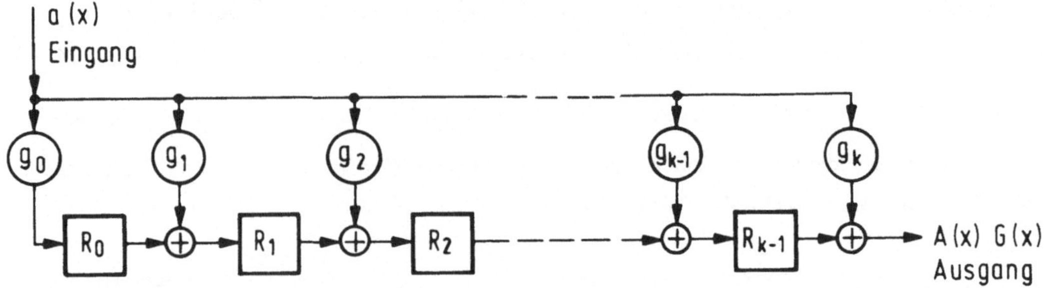

Bild 8.18 Multiplizierer für zwei Polynome A(x) und G(x)

Zu Beginn der Operation besitzen sämtliche Register den Wert Null.

Angefangen mit dem höchstwertigen Bit des Eingangspolynoms werden die einzelnen Koeffizienten mit jedem Takt in die Schaltung eingeschoben. Demnach liegt zunächst der Wert $a_i\, g_k + 0$ am Ausgang an und nach dem nächsten Takt ist das Register mit $a_i\, g_0,\ a_i\, g_1, \ldots$ $a_i\, g_{k-1}$ geladen. Der nachfolgende Eingabewert ist nun a_{i-1} und am Ausgang ergibt sich $a_i\, g_{k-1} + a_{i-1}\, g_k$. Die Operation wird in gleicher Weise weitergeführt. Man erkennt, daß die Ausgangswerte den Koeffizienten in (8.34) entsprechen. Ist ein Koeffizient g_i des Generatorpolynoms Null, so erhält man die entsprechende Schaltung durch Eliminieren des jeweiligen Rückkoppelzweigs g_i.

b.) Division

Ähnlich wie bei der Multiplikation ist auch die Division durch rückgekoppelte Schieberegister zu realisieren. Eine mögliche Schaltung ist in Bild 8.19 dargestellt.

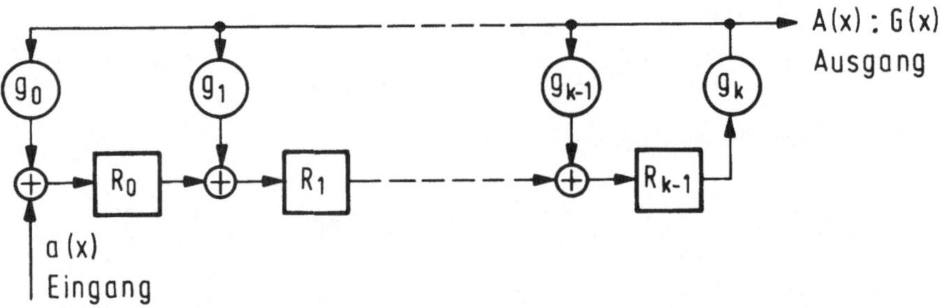

Bild 8.19 Dividierer für zwei Polynome A(x) : G(x)

Der Inhalt der Registerzellen muß zu Anfang auf Null gesetzt werden. Für die ersten k Takte bleibt der Ausgang auf dem Wert Null, da erst dann der höchste Koeffizient durchgeschoben worden ist. Für die Division muß bei jedem Ausgabewert das Polynom von Dividenden subtrahiert werden, was durch die Rückkoppelzweige durchgeführt wird. Nach i Takten ist die Division beendet und die einzelnen Quotienten sind nacheinander am Ausgang erschienen. Der Rest der Division entspricht dem Inhalt des Schieberegisters.

Beispiel:

Das Eingangspolynom $A(x) = X^5 + X + 1$ soll durch das Generatorpolynom $G(x) = X^4 + X^2 + X + 1$ dividiert werden.

Rechnerisch gilt:

$$\underbrace{X^5+0+0+0+X+1}_{A} : X^4+0+X^2+X+1 = X$$

$$X^5+0+\underbrace{X^3+X^2+X}_{B}$$

$$\overline{X^3+X^2+0+1 \quad \text{Rest}}$$

Die Divisionsschaltung hat folgendes Aussehen (da $g_3 = 0$ ist, fehlt diese Rückkopplung):

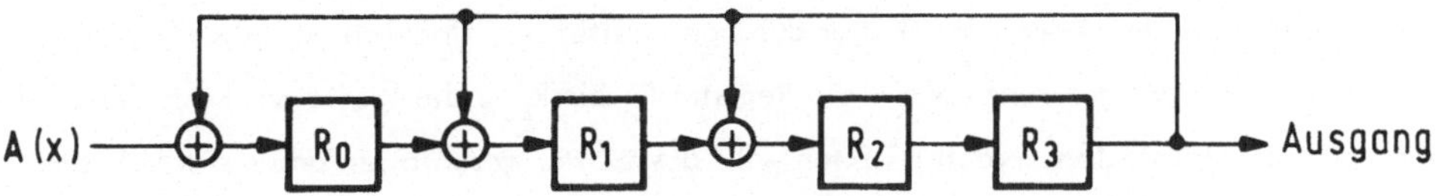

Takt	Eingang	Rückkoppelmuster	R_0 R_1 R_2 R_3	Ausgang
0	-	- - - -	0 0 0 0	-
1	1	0 0 0 0	1 0 0 0	0
2	0	0 0 0 0	0 1 0 0	0
3	0	0 0 0 0	0 0 1 0	0
4	0	0 0 0 0	0 0 0 1	0
5	1	1 1 1 0 B	0 1 1 0	1
6	1	0 0 0 0	1 0 1 1	Rest
	A	X^0 X^1 X^2 X^3		

Während der ersten Takte bleibt der Ausgang auf dem Wert Null; demzufolge ist auch das Rückkoppelmuster Null. Ist der Ausgang = 1, dann entspricht dieses Muster dem Ausdruck B der Rechnung, der vom Eigabemuster subtrahiert wird. Man beachte, daß die Reihenfolge der Datenbits mit der niederwertigsten Stelle beginnt. Der Rest der Division ist nach Beendigung der Schiebeoperation aus dem Inhalt der Register zu ersehen.

c.) Encoder

Nach (8.29) muß zunächst das Informationswort mit dem Faktor X^k multipliziert und anschließend durch G(x) dividiert werden. Deswegen ist es sinnvoll die Divisionsschaltung durch ein zusätzliches Gatter zu modifizieren (Bild 8.20).

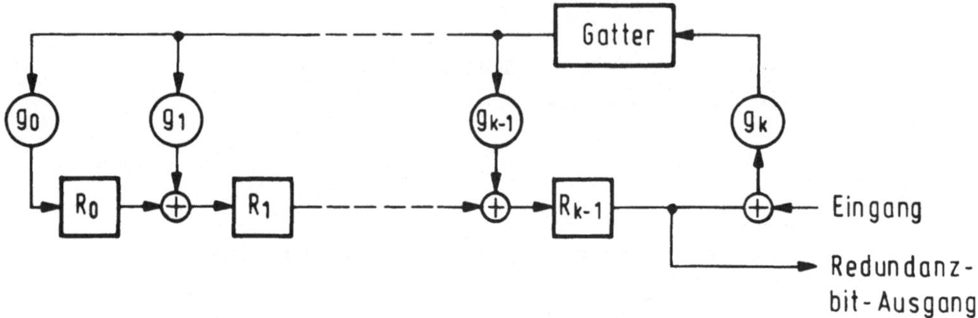

Bild 8.20 Encoder für zyklische Codes

Die Funktionsweise ist folgende:
Gleichzeitig mit dem gesendeten Informationswort werden diese i Bits auch in die Divisionsschaltung eingelesen, wobei das Gatter durchgeschaltet ist. Dadurch enthalten - wie bei der Divisionsschaltung beschrieben - die Register R_o bis R_{k-1} die Werte des Rests der Division, also die Prüfstellen. Nach i Takten wird das Gatter geschlossen und der Inhalt des Schieberegisters in k Schritten an den Ausgang gelegt. Auf diese Weise werden zunächst die i Informationsstellen mit dem höchstwertigen Bit zuerst und danach die Prüfbits, ebenfalls mit dem höchstwertigen Bit zuerst, übertragen.

d.) Fehlererkennung

Im Empfänger wird die gleiche Division durchgeführt, wie beim Sender und danach die empfangenen Prüfbits von den neu erzeugten subtrahiert. Ist das Ergebnis Null, so ist bei der Übertragung kein Fehler aufgetreten. Diese Überprüfung kann mit der gleichen Schaltung wie beim Sender (Bild 8.20) durchgeführt werden, wenn statt der i Taktschritte $\ell = i + k$ Takte - also genausoviel wie Codebits vorhanden sind - verwendet werden, wobei das Gatter geöffnet bleibt, da eine modulo-2 Subtraktion der modulo-2 Addition entspricht. Am Ende der Überprüfung enthalten im Fehlerfall die Register eine dem Fehler entsprechende Bitkombination. Daher wird diese Schaltung, ähnlich wie bei den parallelen Codes, Syndromgenerator genannt.

Beispiel:

Mit den Werten des letzten Beispiels gilt:

Generatorpolynom	$G(x) = X^4 + X^2 + X + 1$
Informationswort	$A(x) = X^5 + X + 1$
Prüfbits	$P(x) = X^3 + X^2 + 1$

d.h. das empfangene Codewort ist 100011 (i-Stellen Information) 1101 (k-Stellen Prüfwort)

Die Schaltung ist durch Bild 8.20 und das Generatorpolynom gegeben.

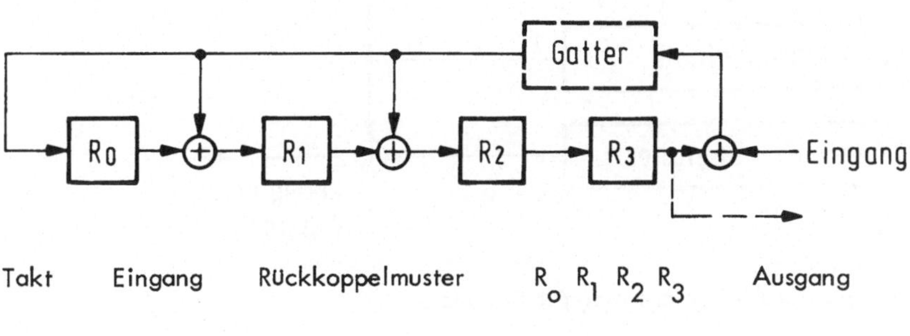

Takt	Eingang	Rückkoppelmuster	R_0 R_1 R_2 R_3	Ausgang
0	-		0 0 0 0	-
1	1	1 1 1 0	1 1 1 0	0
2	0	0 0 0 0	0 1 1 1	0
3	0	1 1 1 0	1 1 0 1	1
4	0	1 1 1 0	1 0 0 0	1
5	1	1 1 1 0	1 0 1 0	0
6	1	1 1 1 0	1 0 1 1	0
7	1	0 0 0 0	0 1 0 1	1
8	1	0 0 0 0	0 0 1 0	1
9	0	0 0 0 0	0 0 0 1	0
10	1	0 0 0 0	0 0 0 0	1

Bis zum 6.Takt arbeitet die Empfängerschaltung wie der Encoder, d.h. die Register enthalten danach die Prüfstellen. Nach l = i + k Takten muß das Schieberegister im fehlerfreien Fall den Wert Null enthalten.

e.) Fehlerkorrektur

Bei zyklischen Codes gibt es verschiedene Ansätze für Schaltungen zur Korrektur von Fehlern, die je nach verwendetem Code mehr oder weniger gut zum Einsatz geeignet sind. In dieser Übersicht wird als Beispiel das Decodierverfahren nach Meggitt näher erläutert, da dieser Decoder prinzipiell bei jedem beliebigen Code einsetzbar ist. In der Praxis bleibt dieses Verfahren allerdings auf Codewortlängen $\ell \leq 30$ und eine Anzahl von korrigierbaren Fehlern $t \leq 2$ beschränkt, da der Aufwand für die Realisierung sonst zu groß wird.

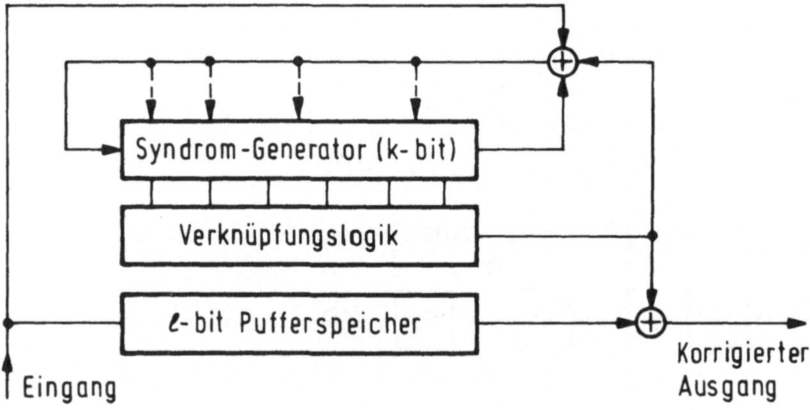

Bild 8.21 Prinzipieller Aufbau des Meggitt Decoders

Die prinzipielle Schaltung des Meggitt-Decoders ist in Bild 8.21 dargestellt. Der Syndromgenerator entspricht der Decoderschaltung Bild 8.20. Die ℓ empfangenen Bits des Codewortes werden in den Syndromgenerator und gleichzeitig in den Pufferspeicher übernommen, der ℓ Bitstellen enthält. Nach ℓ Schiebetakten entspricht der Inhalt des Syndromgenerators dem entsprechenden Syndrom, im ferhlerfreien Fall also dem Wert Null. Bei den nachfolgenden ℓ Takten werden die Nachrichtenbits aus dem Pufferspeicher geschoben, während gleichzeitig das Schieberegister des Syndromgenerators weiterarbeitet. Die Verknüpfungslogik muß so konstruiert sein, daß sie bestimmte Bitmuster des Syndromworts erkennt, wenn die fehlerhaften Nachrichtenbits an den Ausgang geschoben werden. Dort werden die Fehler durch invertieren mit dem EXOR-Gatter korrigiert. Da die Nachricht korrigiert wurde, muß auch das Syndrom diese Korrektur mitberücksichtigen, d. h. es wird eine modulo-2 Addition auch bei dem Eingang des Syndromgenerators durchgeführt. Sind sämtliche Fehler eines Wortes korrigierbar, muß am Ende der $2\cdot\ell$ Takte, also wenn die gesamte Nachricht den Puffer verlassen hat, das Syndromregister den Wert Null annehmen. Ist dies nicht der Fall, so sind nichtkorrigierbare Fehler aufgetreten.

Für einen einzelbitfehlerkorrigierenden zyklischen Code kann die Verknüpfungslogik sehr einfach aufgebaut werden, da nur auf ein Syndromwort geprüft werden braucht. Bei größeren Werten von tolerierbaren Fehlern wächst die Anzahl von möglichen Fehlermustern und damit die Komplexität der Schaltung. So muß diese Logik z. B. bei einer Codelänge von $\ell = 15$ und $t = 3$ korrigierbare Fehlern schon über 200 unterschiedliche Fehlermuster erkennen können. Ist beim Empfang der Nachricht genügend Zeit vorhanden, kann diese Fehlerüberprüfung auch softwaremäßig vom Mikroprozessor durchgeführt werden.

Beispiel:

Ein (15,11) zyklischer Code wird mit dem Generatorpolynom

$G(x) = X^2 + X + 1$ codiert.

Die Nachricht sei

A = 10011011000

Damit ergibt sich für den Sender folgende Schaltung:

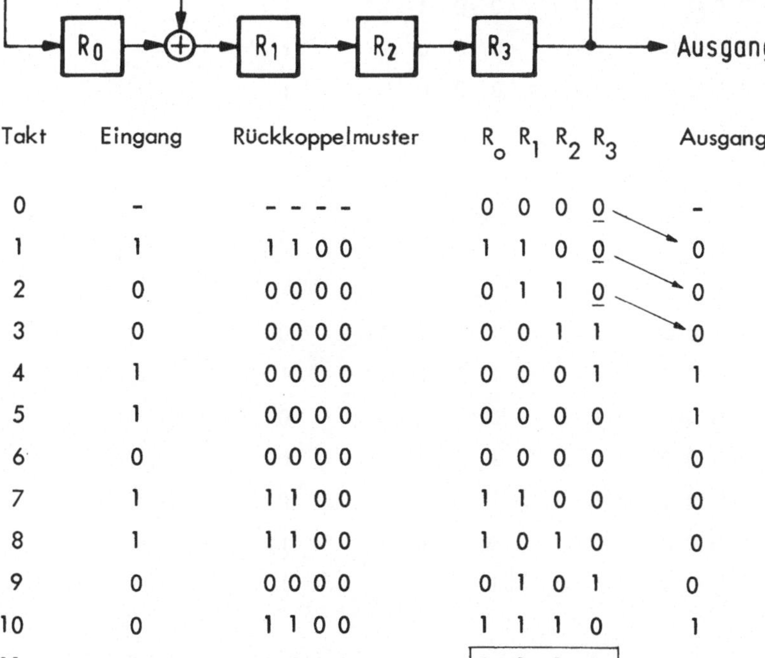

Takt	Eingang	Rückkoppelmuster	R_o	R_1	R_2	R_3	Ausgang
0	-	- - - -	0	0	0	0	-
1	1	1 1 0 0	1	1	0	0	0
2	0	0 0 0 0	0	1	1	0	0
3	0	0 0 0 0	0	0	1	1	0
4	1	0 0 0 0	0	0	0	1	1
5	1	0 0 0 0	0	0	0	0	1
6	0	0 0 0 0	0	0	0	0	0
7	1	1 1 0 0	1	1	0	0	0
8	1	1 1 0 0	1	0	1	0	0
9	0	0 0 0 0	0	1	0	1	0
10	0	1 1 0 0	1	1	1	0	1
11	0	0 0 0 0	0	1	1	1	0

Es wird demnach die Nachricht

10011011000 1110

gesendet.

Der Empfänger besitzt folgende Schaltung, da bei dem angegebenen Code für die Verknüpfungslogik auf den Wert 0001 des Syndromregisters geprüft werden muß:

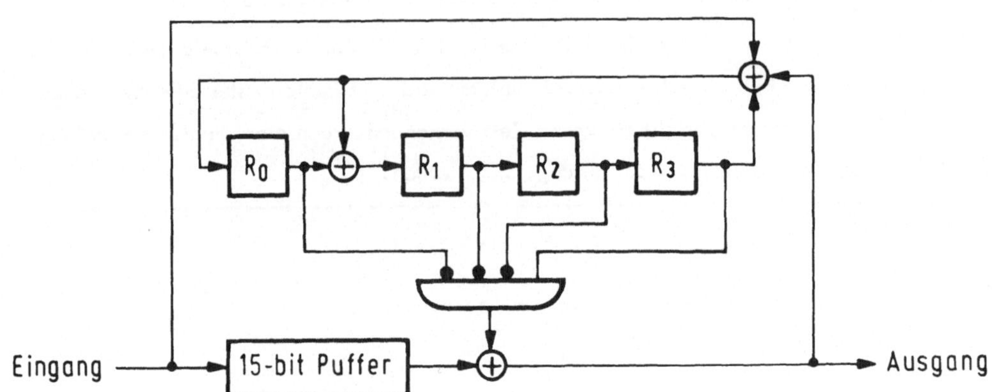

Im fehlerfreien Fall ergibt sich:

Takt	Eingang	Rückkopplung	R_0 R_1 R_2 R_3	Ausgang
0-11	wie beim Sender			
12	1	0 0 0 0	0 0 1 1	1
13	1	0 0 0 0	0 0 0 1	1
14	1	0 0 0 0	0 0 0 0	1
15	1	0 0 0 0	0 0 0 0	0

Ist beim Empfang z.B. das Bit 9 gestört, so erhält man:

Takt	Eingang	Rückkopplung	R_0 R_1 R_2 R_3	Ausgang
0-8	wie beim Sender			
9	1	1 1 0 0	1 0 0 1	0
10	0	1 1 0 0	1 0 0 0	1
11	0	0 0 0 0	0 1 0 0	0
12	1	1 1 0 0	1 1 1 0	0
13	1	1 1 0 0	1 0 1 1	0
14	1	0 0 0 0	0 1 0 1	1
15	0	1 1 0 0	1 1 1 0	1

Zur Korrektur:

Takt		Eingang	Rückkopplung	R_o R_1 R_2 R_3	Ausgang	
16	(1)	-	0 0 0 0	0 1 1 1	0	
17	(2)	-	1 1 0 0	1 1 1 1	1	
18	(3)	-	1 1 0 0	1 0 1 1	1	
19	(4)	-	1 1 0 0	1 0 0 1	1	
20	(5)	-	1 1 0 0	1 0 0 0	1	
21	(6)	-	0 0 0 0	0 1 0 0	0	
22	(7)	-	0 0 0 0	0 0 1 0	0	
23	(8)	-	0 0 0 0	0 0 0 1	0	
24	(9)	-	0 0 0 0	0 0 0 0	1	Korrektur !
25	(10)	-	0 0 0 0	0 0 0 0	0	
26	(11)	-	0 0 0 0	0 0 0 0	0	
27	(12)	-	0 0 0 0	0 0 0 0	0	
28	(13)	-	0 0 0 0	0 0 0 0	0	
29	(14)	-	0 0 0 0	0 0 0 0	0	
30	(15)	-	0 0 0 0	0 0 0 0	0	kein weiterer Fehler

8.4.3 Beispiele zyklischer Codes

Für den Einsatz von zyklischen Codes gibt es eine Reihe von unterschiedlichen Anwendungsgebieten. Hier gilt es, genau die Erfordernisse zu spezifizieren und dann den geeigneten Code auszuwählen. Die Anzahl der Prüfbits, d.h. der Grad des Generatorpolynoms, bestimmt zusammen mit der verwendeten Wortlänge die Fehlererkennungs- bzw. -korrektureigenschaft des Codes. Auch innerhalb eines Codewortes sind die Fehlerwahrscheinlichkeiten für die möglichen Bitkombinationen unterschiedlich. Daher muß die Wahl der Koeffizienten des Generatorpolynoms - dies sind die Rückkoppelzweige des Schieberegisters - darauf abgestimmt werden, denn diese bestimmen die Codiereigenschaften und damit die Effizienz eines Codes, der mit hoher Wahrscheinlichkeit beim Auftreten von Fehlern ein Nichtcodewort erzeugen soll. Die hier angegebenen Beispiele stellen nur eine kleine Auswahl der heute verwendeten Codes dar.

- <u>CRC - Prüfungen</u>

Die am weitesten verbreitete Anwendung der zyklischen Codes ist die CRC (cyclic-redundancy-check) - Prüfung, die nur Fehler erkennen, aber nicht korrigieren kann.

Diese Codes werden vorwiegend bei der Datenübertragung eingesetzt. Da die Übertragungswege eine Fehlerrate von ca. 10^{-4} bis 10^{-7} aufweisen und ein Datentransfer im Fehlerfall meistens noch einmal wiederholt werden kann, ist eine Korrektur nicht erforderlich, eine Fehlererkennung aber notwendig. Die heute verwendeten Übertragungsprotokolle benutzen dafür CRC-Prüfungen.
Am weitesten verbreitet ist das HDLC-Protokoll (High Level Data Link Control), das auch in der CCITT-Empfehlung X.25 verwendet wird. Das gleiche CRC - CCITT Polynom verwendet das von IBM entwickelte SDLC-Protokoll (Serial Data Link Control). Bei dem BSC-Protokoll (Binary Synchronous Communications) können unterschiedliche Übertragungscodes verwendet werden, wobei jeweils verschiedene Generatorpolynome benutzt werden (CRC-16, CRC-12, LRC).

In verschiedenen Protokollen sind die verwendeten Generatorpolynome genormt. Die bekanntesten sind:

CRC-16: $G(x) = X^{16}+X^{15}+X^{2}+1$ (8.35)
(BSC-Protokoll)

CRC-12: $G(x) = X^{12}+X^{11}+X^{3}+X^{2}+X+1$ (8.36)

CRC-CCITT: $G(x) = X^{16}+X^{12}+X^{5}+1$ (8.37)

LRC-8: $G(x) = X^{8}+1$ (8.38)

Wichtig ist bei diesen Codes eine hohe Fehlerentdeckungswahrscheinlichkeit. Nach den eingangs erwähnten Eigenschaften von zyklischen Codes gilt für die CRC-Prüfungen:
alle Einzelbitfehler sind erkennbar,
alle Doppelfehler sind erkennbar,
alle Fehlerbündel, deren Länge nicht größer ist als die Anzahl der verwendeten Prüfbits, sind erkennbar.
Nimmt man vereinfachend an, daß sämtliche Fehlerkombinationen gleiche Häufigkeit haben, so ist die Fehlerentdeckungswahrscheinlichkeit bei einem Code mit

k Prüfstellen $1 - 2^{-k}$. Für ein 16 bit Schieberegister bedeutet dies eine Wahrscheinlichkeit von 0,999985.

Viele Halbleiterhersteller bieten inzwischen für diese Protokolle buskompatible hochintegrierte Übertragungsbausteine an, die CRC - Prüfungen durchführen.

- Hamming-Code

Der zyklische Hammingcode hat die Eigenschaft Einzelbitfehler zu korrigieren. Der in Kap. 8.3.2 beschriebene (ℓ, 2) Hammingcode kann auch als zyklischer Code verwendet werden. Mit ℓ ist die Länge des Codewortes gegeben, die bei k Prüfbits

$$\ell = 2^k - 1 \qquad (8.39)$$

entspricht (siehe auch 8.11). Die Anzahl der Informationsstellen beträgt

$$i = \ell - k = 2^k - 1 - k \qquad (8.40)$$

Als Generatorpolynom besitzt dieser Code ein primitives Polynom vom Grad k.

Beispiel:

(15,11) Hammingcode

Dieser Code benötigt nach (8.39) 4 Prüfstellen. Damit ist der Grad des primitiven Polynoms 4 und z.B.

$$G(x) = X^4 + X + 1$$

(G(x) erhält man z.B. aus Tabellen, siehe Tab. 8.3). Dieser Code wurde für das vorangegangene Beispiel gewählt.

Der zyklische Hammingcode kann für Doppelfehlererkennung (d = 4) durch das Generatorpolynom

$$G(x) = (X+1)\ p(X) \qquad (8.41)$$

erzeugt werden, wobei p (x) das primitive Polynom darstellt.

BCH - Code (Bose-Chaudhuri-Hocquenhem)

Die BCH-Codes stellen eine sehr wichtige Gruppe von fehlerkorrigierenden Codes dar. Sie werden vorwiegend dort verwendet, wo mit relativ wenigen fehlerhaften Bits pro Übertragungsblock gerechnet wird. Da die Konstruktion eines derartigen Codes nicht einfach herzuleiten ist, gibt es Tabellen, aus denen die benötigten Polynome entnommen werden können (z.B. Peterson, Weldon : "Error-Correcting-Codes").

Für sämtliche positiven Integerwerte m und $t < \ell/2$ (t = Anzahl der korrigierbaren Fehler und ℓ = Länge des Codes) existiert ein binärer BCH-Code der Länge $\ell = 2^m - 1$, der alle Kombinationen von t oder weniger Fehler korrigiert und nicht mehr als mt Prüfstellen benötigt. Der Grad des Generatorpolynoms G(x) ist damit maximal mt.

Das Generatorpolynom hat die Form:

$$G(x) = G_1(x)M_3(x)M_5(x)\dots M_{2t-1}(x) \qquad (8.42)$$

G_1 (x) ist ein primitives Polynom vom Grad m. Die anderen Polynome M_i sind Minimalpolynome und werden aus $G_1(x)$ errechnet, wobei deren Grad ebenfalls maximal m ist. Die Bestimmung der M_i geschieht am einfachsten über Tabellen (siehe Tab. 8.3).

Beispiel:

Ein Codewort habe die Länge l = 15, wobei t = 3 Fehler korrigiert werden sollen.

Der maximale Grad des $G_1(x)$ Polynoms ist

$$m = ld(l + 1) = 4.$$

Für diesen Code werden höchstens $m \cdot t = 12$ Prüfstellen benötigt. Das Generatorpolynom hat die Form

$$G(x) = G_1(x)M_3(x)M_5(x)$$

Die Polynome erhalt man aus Tabellen. Ein primitives Polynom $G_1(x)$ vom Grad 4 ist z.B.

$$G_1(x) = X^4 + X + 1$$

und die Minimalpolynome

$$M_3(x) = X^4 + X^3 + X^2 + X + 1$$

$$M_5(x) = X^2 + X + 1$$

Damit ist

$$G(x)=(X^4 + X + 1)(X^4 + X^3 + X^2 + X + 1)(X^2 + X + 1) = X^{10} + X^8 + X^5 + X^4 + X^2 + X + 1$$

- Fire - Code

Fire-Codes können neben Einzelbitfehlern auch mehrere aufeinanderfolgende Fehler ("burst-errors") entdecken und korrigieren. Daher eignen sie sich vor allem für den Einsatz bei Speichern mit magnetischen Datenträgern, da fehlerhafte Magnetschichten, Kratzer oder Staubpartikel bei den heute üblichen Speicherdichten zu derartigen Fehlern führen. Auch für diesen Code existieren bereits hochintegrierte Bauelemente, die die Prüfbitbildung beim Schreiben und die Syndromerzeugung beim Lesen durchführen.

Das Generatorpolynom hat die Form:

$$(X^k + 1)(X^c + \ldots + 1)$$

Die Werte für k und c müssen je nach Anwendung bestimmt werden. Damit kann eine Codewortlänge von $k(2^c-1)$, inclusive der Prüfbits, geschützt werden, wobei Fehlerbündel bis zur Länge c korrigierbar und bis (k+1-c) erkennbar sind (vorausgesetzt, daß k+1-c größer oder gleich c ist).

Beispiele für diesen Code sind:

Für eine maximale Codelänge von 120 bit, von denen 12 bit für die Prüfinformation benötigt wird, und eine korrigierbare Fehlerbündellänge von 4 bit wird das Polynom

$$(X^8 + 1)(X^4 + X + 1) \qquad \text{angewendet.}$$

Für eine maximale Codelänge von 42987 bit, inclusive 32 Prüfbits, wird für die Korrektur eines Fehlerbündels von 11 bit das Polynom

$$(X^{21} + 1)(X^{11} + X^2 + 1) \qquad \text{verwendet.}$$

Ist die angegebene Codewortlänge zu groß, kann der Codevektor dadurch gekürzt werden, indem die höherwertigen Informationsbits zu Null gesetzt und weggelassen werden. Allerdings sollte dann auch die Korrekturschaltung modifiziert werden, da sonst beim Korrekturvorgang die gesamte Anzahl von Taktzyklen wie für den ungekürzten Code benötigt würden. Daher kann bei einigen Anwendungen die Zeit für die Korrektur bei sehr großen Datenwörtern unakzeptierbar lang werden. Hier gibt es die "chinese remainder" Methode zur Fehlerkorrektur, bei der der Eingangsdatenstrom gleichzeitig durch alle Faktoren des Polynoms dividiert wird. Dadurch ist der Korrekturvogang komplizierter, dafür aber schneller geworden.

Tabelle einiger irreduzierbarer Polynome

Die Polynome in der Tabelle 8.3 sind nach dem Grad geordnet und in oktaler Form dargestellt, z. B. ist $13_{Oktal} = 001 \vdots 011 = X^3 + X + 1$. Der erste angegebene Wert entspricht bei den BCH-Codes jeweils $G_1(x)$, die nachfolgenden Werte M_3, M_5, M_7 .. usw. Die vollständige Liste ist z. B. aus dem Buch Peterson, Weldon: "Error-Correcting Codes" zu entnehmen.

Grad	G_1	M_3	M_5	M_7	M_9	M_{11}	M_{13}
2	07						
3	13						
4	23	37	07				
5	45	75	67				
6	103	127	147	111	015	155	
7	211	217	235	367	277	325	203
8	435	567	763	551	675	747	453
9	1021	1131	1461	1231	1423	1055	1167
10	2011	2017	2415	3771	2257	2065	2157
11	4005	4445	4215	4055	6015	7413	4143
12	10123	12133	10115	12153	11765	15647	12513
13	20033	23261	24623	23517	30741	21643	30171
14	42103	40547	43333	51761	54055	40503	77141
15	100003	102054	110013	125253	102067	104307	100317
16	210013	215435	227215	234313	225657	233303	307107

Tabelle 8.3: Einige irreduzierbare Polynome

Literaturverzeichnis

zu Kapitel 1 und 2:

/ 1/ R. Pashley, K. Kokonnen, R. Jecmen, S. Liu, W. Owen
H-MOS Scales Traditional Devices to Higher Performance Level
Electronics, 18 Aug 1977, pp. 94 - 99

/ 2/ E. R. Hnatek
Semiconductor Memory Attrition Summary
Semiconductor Test Symposium 1976, pp. 35 - 40

/ 3/ Intel Appl. Staff
1702A Silicon Gate MOS 2k PROM
Intel RR-6, 1976

/ 4/ B. Pascoe
2107A/2107B N-channel Silicon Gate MOS 4k RAMs
Intel RR-7, 1975

/ 5/ B. Pascoe
Polysilicon Fuse Bipolar PROMS
Intel RR-8, 1975

/ 6/ B. Pascoe
MOS static RAMs
Intel RR-9, 1975

/ 7/ B. Pascoe
8080/8080A Microcomputer
Intel RR-10, 1976

/ 8/ G. Gear
Intel 2708 8k UV Erasable PROM
Intel RR-12, 1976

/ 9/ B. Euzent
2115/2125 N-channel Silicon Gate MOS 1k Static RAMs
Intel RR-14, 1976

/10/ D. Crook
Intel 2104A N-channel Silicon Gate 4k Dynamic RAM
Intel RR-15, 1977

/11/ J. Haynes
Intel SBC 80/10 Single Board Computer
Intel RR-17, 1977

/12/ B. Euzent, S. Rosenberg
H-MOS Reliability
Intel RR-18, 1978

/13/ D. Crook
Intel 2117 N-channel Silicon Gate 16k Dynamic RAM
Intel RR-20, 1979

/14/ D. A. Brown
iAPX 86, 88 Microprocessor Family
Intel RR-27, 1981

/15/ J. Haynes
Intellec Series II Microcomputer Development System
Intel RR-28, 1980

/16/ Monolithic Memories
Programmable Read Only Memory Reliability Report II
MMi, 1974

/17/ Advanced Micro Devices
AM 9016 16k Dynamic RAM Reliability Report
AMD, 1981

/18/ A. Aitken, P. Kung
The Influence of Design and Process Parameters on the Reliability of CMOS Integrated Circuits
Microelectronics and Reliability vol. 17, 1978; pp. 201-210

/19/ L. J. Gallace, H. L. Pujol, G. L. Schnable
CMOS Reliability
Microelectronics and Reliability, vol. 17, 1978, pp. 287-304

/20/ Texas Instruments
Preliminary Reliability Report for TI Series TMS 4030, TMS 4050, TMS 4060 4k RAMs
TI bulletin CR-112

/21/ G. L. Schnable, R. S. Keen
Failure Mechanism in Large-scale Integrated Circuits
IEEE Trans on E. D. vol ED-16, No. 4, Apr 1969, pp. 322-332

/22/ H. C. Rickers
Microcircuit Device Reliability Memory/LSI Data Winter 75-76
Reliability Analysis Center RADC

/23/ Messerschmitt-Bölkow-Blohm
Technische Zuverlässigkeit
Springer-Verlag Berlin, Heidelberg, New York 1971

/24/ Digest of Paper
Semiconductor test symposium
1973, 1974, 1975, 1976, 1977

/25/ R. V. Pappa, E. Harris, M. Yates
Screening Methods and Experience with MOS Memory
Microelectronics and Reliability Vol. 17, 1978 pp. 193-200

/26/ E. R. Hnatek
Microprocessor Device Reliability
Microelectronics and Reliability Vol. 17, 1978 pp. 379-385

/27/ L. K. Anderson
Some Package Reliability Implications of Current Trends in Large-scale Silicon Integrated Circuits
Reliability Pysics 1978 pp. 121-123

/28/ A. A. Lakner, R. T. Anderson, A. Di Gianfi Lippo
Cost Effective Reliability Testing
Proceedings 1978 Annual Reliability and Maintainability Symposium, pp. 271-278

/29/ T. C. May, M. H. Woods
A New Physical Mechanism for Soft-Errors in Dynamic Memories
Reliability Physics 1978, pp. 30-40

/30/ R. P. Capece
Alpha Stymie Statics
Electronics, Mar 15, 1979, pp. 85-86

/31/ M. Brodsky
Hardening RAMs Against Soft Errors
Electronics, Apr. 24, 1980, pp. 117-122

/32/ R. Mc Partland, J. Nelson, W. Huber
Alpha-Particle-Induced Soft Errors and 64k Dynamic RAM Interaction
International Reliability Physics Symposium, Apr. 8-10, 1980

zu Kapitel 3:

/33/ W. Görke
Zuverlässigkeitsprobleme elektronischer Schaltungen
B. I-Hochschulskripten, Mannheim/Wien/Zürich, 1969

/34/ W. Hilberg
Elektronische digitale Speicher
R. Oldenbourg Verlag München - Wien, 1975

/35/ Koslow, Uschakow
Handbuch zur Berechnung der Zuverlässigkeit für Ingenieure
Carl Hanser Verlag München, Wien 1979

/36/ W. Hilberg
Die Auswirkungen von Integrationsfortschritten und Produktionsverbesserungen auf die mittlere Lebensdauer von Halbleiterschaltungen
Frequenz 31, Heft 10, 1977, S. 302-311

/37/ W. G. Tees
Predicting Failure Rates of Yield Enhanced LSI
Computer Design, Febr. 1971, pp. 65-71

/38/ Blakeslee
Digital Design with Standard MSI and LSI
Wiley Interscience, 1975

/39/ TI
Pocket Guide
Texas Instruments Deutschland 1978

/40/ B. Halil
The Microprocessor Failure Rate Predictions
Microelectronics and Reliability, Vol. 17, 1978, pp. 211-222

/41/ G. Kasouf, S. Mercurio
Evaluation of LSI/MSI Reliability Models
Proc 1978 Annual Reliability and Maintainability Symposium

/42/ L. Mattera
Component Reliability, Part 1
Electronics, Oct 2, 1975, pp. 91-98

/43/ T. Lehtinen, S. Nikkilä
On Microcomputer Based Multiprocessor System Reliability
Euromicro 1978 Symposium, pp. 175-183

/44/ G. G. Peattie etal
Elements of Semiconductor Device Reliability
Proc. of the IEEE, Vol. 62, No.2, 1974, pp. 149-168

/45/ Military Standardization Handbook 217-B
US Departement of Defence, 1974

/46/ S. Rosenberg, D. Crook, B. Euzent
H-MOS Reliability
Reliability Physics 1978, pp. 19-22

außerdem: / 3/, / 4/, / 5/, / 6/, / 7/, / 8/, / 9/, /10/, /11/, /12/, /13/, /14/, /15/, /16/, /17/, /20/

zu Kapitel 4:

/47/ W. Auth
Prüfstrukturen auf hochintegrierten LSI-Schaltkreisen
NTG-Fachberichte Bd. 68, 1979, S. 159-161

/48/ B. Könemann, J. Mucha, G. Zwiehoff
Signaturregister für selbsttestende ICs
NTG-Fachberichte Bd. 68, 1979, S. 109-112

/49/ J. Mucha
Testfreundliche VLSI-Schaltungen - Entwurfs- und Prüfprinzipien ntz Bd. 32 (1979) Heft 7, S. 442-447

/50/ W. Barraclough, A. C. L. Chiang, W. Sohl
Techniques of Testing the Microcomputer Family
Proceedings of the IEEE, Vol. 64, No. 6, 1976

/51/ M. A. Breuer, S. Chang, S. Y. H. Su
Identification of Multiple Stuck-Type Faults in Combinational Networks
IEEE Transactions on Computers, Vol. C-25, No. 1, 1976

/52/ H. Y. Chang
An Algorithm for Selecting an Optimum Set of Diagnostic Tests
IEEE Transactions on Electronic Computers, Vol. EC-14, No. 5, 1964

/53/ A. C. L. Chiang, R. Mc Caskill
Two new approaches simplify testing of microprocessors
Electronics, January 22, 1976, pp. 100-105

/54/ A. C. L. Chiang
Test Schemes for Microprocessor Chips
Computer Design; April 1975, pp. 87-92

/55/ R. W. Cook, W. H. Sisson, T. F. Storey, W. N. Toy
Design of a Self-Checking Microprogram Control
IEEE Transaction on Computers, Vol. C-22, No. 3, March 1973

/56/ B. Ebel
Mikroprozessor Selbsttest
Elektron. Rechenanlag. 20 (1978), H. 4, S. 186-194

/57/ B. Ebel
Automatische Testerstellung zur Fehlerdiagnose in Schaltwerken
Elektron. Rechenanlag. 19 (1977), H. 5, S. 226-232

/58/ D. Hackmeister, A. C. L. Chiang
Microprocessor Test Technique Reveals Instruction Pattern Sensivity
Computer Design, December 1975, pp. 81-85

/59/ E. R. Hnatek
4 - Kilobit Memories Present a Challenge to Testing
Computer Design, May 1975, pp. 117-125

/60/ W. Görke
Testmöglichkeiten für LSI - Schaltkreise
Elektron. Rechenanlag. 20 (1978), H. 5, S. 220-227

/61/ C. W. Green
Checking out semiconductor memories for electronic switching systems
Bell Laboratories Record; May 1977, pp. 131-136

/62/ K. P. Parker
Adaptive Random Test Generation
Design Automation + Fault-Tolerant Computing
No. 1 (1977), pp. 62-83

/63/ C. V. Ramamoorthy, L. C. Chang
System Modeling and Testing Procedures for Microdiagnostics
IEEE Transactions on Computers, Vol. C-21, No. 11 Nov. 1972

/64/ R. J. Leaman, M. H. Lloyd, C. S. Repton
The development and testing of a processor self- test program
The Computer Journal, Vol. 16, No. 4

/65/ S. A. Nilson
M3R - Ein modulares Mehrmikrorechner-System mit Restverfügbarkeit und Prozeßsicherungsstruktur
Elektron. Rechenanlag. 20 (1978); H. 3, S. 115-123

/66/ V. P. Scrini
Fault Diagnosis of Microprocessor Systems
Computer, January 1977, pp. 60-65

/67/ B. Schusheim
A Felxible Approach to Microprocessor Testing
Computer Design, March 1976, pp. 67-72

/68/ W. Görke
Mikroprozessoren-Zuverlässigkeitsangaben und Testverfahren
Mikroprozessoren und ihre Anwendungen 2, 1979 S. 216-230
Oldenbourg Verlag München, Wien

/69/ R. E. Huston
Testing Semiconductor Memories
Symposium on Semiconductor Memory Testing 1973, pp. 27-62

/70/ R. Brown
Pattern Sensitivity in MOS Memories
Digest of Papers 1972, Testing to Integrate Semiconductor Memories into Computer Mainframes, pp. 33-46

/71/ T. Palfi
Dynamic Memories
Symposium on Semiconductor Memory Testing 1973, pp. 1-6

/72/ J. E. Fischer
Test Problemes and Solutions for 4k RAMs
Semicconductor Test Symposium 1974, pp. 53-71

/73/ R. Nevala, A. Pelletier
Testing of Static Bipolar RAMs
Semiconductor Test Symposium 1974, pp. 72-86

/74/ J. Beaston, M. Scott
RAM Diagnostic Performs Nondestructive Check
Electronics, Nov. 22, 1979, pp. 148-149

zu Kapitel 5:

/75/ R. T. Yeh (Hrsg.)
Current Trends in Programming Methodology Vol I + II
Prentice-Hall, Inc., New Jersey, 1977

/76/ S. S. Yau, R. C. Chung
Design of Self-Checking Software
International Conference on Reliable Software 1975, pp. 450-457

/77/ O. J. Dahl, E. W. Dijkstra, C. A. R. Hoare
Structured Programming
Academic Press, New York, 1972

/78/ E. W. Dijkstra
A Discipline of Programming
Prentice-Hall, Inc, New Jersey, 1976

/79/ W. C. Hetzel
Program Test Methods
Prentice-Hall,. Inc, New Jersey, 1973

/80/ J. R. Kane, S. S. Yau
Concurrent Software Fault Detection
IEEE Trans on Software Engineering, Vol 1, No. 1, 1974

/81/ N. Wirth
An Assesment of the Programming Language PASCAL
International Conference on Reliable Software 1975, pp. 23-30

/82/ J. B. Goodenough, C. L. Mc Growan
Software Quality Assurance: Testing and Validation
Proceedings of the IEEE Vol 68, No. 9, 1980, pp. 1093-1098

/83/ K. Gewald, G. Haake, W. Pfadler
Software Engineering
Oldenbourg-Verlag München, Wien, 1979

/84/ H. Wedekind
Systemanalyse
Carl Hanser Verlag 1973

/85/ W. F. Danzer (Hrsg.)
Systems Engineering
Peter Hanstein Verlag 1976

/86/ J. L. Peterson
Petri Netz
Computing Surveys, Vol 9, No. 3, 1977, pp. 223-249

/87/ H. Dreßler
Problemlösung mit Entscheidungstabellen
Oldenbourg Verlag München, Wien, 1975

/88/ E. Yourdon, L. Constantine
Structured Design
Yourdon Inc, New York

zu Kapitel 6:

/89/ Das TTL-Kochbuch
Texas Instruments Deutschland GmbH, 1972

/90/ TTL-Applikationsbuch 2
Texas-Instruments Deutschland GmbH

/91/ G. Wolf
Digitale Elektronik
Franzis Verlag München 1977

/92/ Lewin
Theory and Design of Digital Computers
Mc Graw Hill Book Company, New York

/93/ J. Altnether
High Speed Memory System Design Using 2147 H
Intel Application Note AP-74, 1980

/94/ B. Pöhlmann, D. Giesbrecht
Schnelle Fehlerdiagnose an bestückten Leiterplatten
Elektronik, Heft 5, 1979, S. 53-56

/95/ Designing with MECL 10.000
Motorola Inc, Semiconductor Products Division 1974

/96/ U. Tietze, Ch. Schenk
Halbleiter-Schaltungstechnik
Springer Verlag Berlin Heidelberg, New York 1980

zu Kapitel 7:

/97/ M. Dal Cin
Fehlertolerante Systeme
Teubner Studienbücher Bd 50, Teubner Verlag Stuttgart 1979

/98/ E. Maehle
Fehlertolerante Rechnerstrukturen
Arbeitsbericht Bd 10, Nr. 4, 1977, Universität Erlangen Nürnberg

/99/ W. C. Carter, W. G. Bouricius
A Survey of Fault-Tolerant Computer Architecture and ist Evaluation
Computer, Vol 4, No. 1, 1971, pp. 9-16

/100/ F. P. Mathur
Trends in Fault-Tolerant Computer Architecture
Int. Workshop on Computer Architecture, Grenoble, 1973, pp. 1-44

/101/ A. Avizienis
Architecture of Fault-Tolerant Computing Systems
1975 Int. Symposium of Fault-Tolerant Computing, pp. 3-16

/102/ A. Avizienis
Fault-Tolerant Systems
IEEE Trans on Com. C-25, No. 12, 1976, pp. 1304-1311

/103/ A. Avizienis
Fault-Tolerant Computing-Progress, Problems, and Prospects
1977 IFIP Congress Proceedings, pp. 405-420

/104/ D. R. Ballard
Designing Fail-Save Microprocessor Systems
Electronics, Jan 4, 1979, pp. 139-143

/105/ B. Courtois
Some Results About the Efficiency of Simple Mechanisms for the Detection of Microcomputer Malfunctions
1979 Int. Symposium of Fault Tolerant Computing, pp. 71-74

/106/ F. Ruf
Aspekte bei der Zuverlässigkeit integrierter Schaltungen
Elektronik 1980, Heft 23, S. 43-47

/107/ G. Saucier
Design Methodology of High Safety Systems on Microprocessors
Euromicro Symposium 1978, pp. 160-166

/108/ J. C. Geffroy, M. Diaz
Unified Approach to the Study of Self-Checking Systems
Digital Processes, 3, 1977, pp. 289-306

/109/ J. F. Wakerly
Partially Self-Checking Circuits and their Use in Performing Logical Operations
IEEE Trans on Comp C-23, No. 7, 1974, pp. 658-666

/110/ W. C. Carter, K. A. Duke, D. C. Jessep
A Simple Self-Testing Decoder Checking Circuit
IEEE Trans on Comp. Vol. C-20, 1971, pp. 1413-1414

/111/ R. E. Lyons, W. Vanderkulk
The Use of Triple Modular Redundancy to Improve Computer Reliability
IBM Journal of Res. and Develop. Vol. 6, No. 2, 1962

/112/ D. P. Sieworek
Reliability Modeling of Compensating Module Failures in Majority Voted Redundancy
IEEE Trans on Comp. Vol. C-24, No. 5, 1975

/113/ W. G. Broucious, W. C. Carter, P. R. Schneider
Reliability Modeling Techniques for Self-Repairing Computer Systems
Proc. of 24th Nat. Conf. of ACM, 1969, pp. 295-383

/114/ F. P. Mathur
On Reliability Modeling an Analysis of Ultrareliable Fault-Tolerant Digital Systems
IEEE Trans on Comp., Nov. 1971, pp. 1376-1381

/115/ C. A. Papenfuss
The Availability, Reliability and Maintainability of Redundant Systems
General Electric Company, Sept. 1974

/116/ H. Y. H. Chuang, S. Das
An Approach to the Design of Highly Reliable and Fail-Safe Digital Systems
National Computer Conference 1974, pp. 637-642

/117/ J. F. Wakerly
Microcomputer Reliability Improvement Using Triple-Modular Redundancy
Proc. of the IEEE, Vol. 64, No. 6, 1976, pp. 889-895

/118/ B. R. Borgerson, R. F. Freitas
A Reliability Model for Graceful Degradation and Standby Sparing Systems
IEEE Trans on Comp. Vol. C-24, 1975, pp. 517-525

/119/ J. Goldberg, K. W. Levitt, J. H. Wensley
An Organization for a Highly Survivable Memory
IEEE Trans on Comp. Vol. C-23, 1974, pp. 693-705

/120/ F. P. Mathur, A. Avizienis
Reliability Analysis for a Hybrid-Redundant Digital System: Generalized Triple Modular Redundancy with Self Repair
AFIPS Conf. Proc. Vol. 36, 1970, pp. 375-383

/121/ W. C. Carter et al
A Theory of Design of Fault-Tolerant Computer Using
Standby Sparing
1971 Int. Symposium of Fault-Tolerant Computing, pp. 83-86

/122/ D. P. Siėworek, E. J. Mc Clusky
Switch Complexity in Systems with Hybrid Redundancy
IEEE Trans on Comp. Vol. C-22, No. 3, 1973, pp. 276-282

/123/ A. D. Ingle, D. P. Sieworek
A Reliability Model for Various Switch Designs in Hybrid Redundancy
IEEE Trans on Comp. Vol. C-25, No. 2, 1976, pp. 115-133

/124/ A. Avizienis et al
The STAR (Self-Testing- and - Repair) Computer: An Investigation of
the Theory and Practice on Fault-Tolerant Computer Design
IEEE Trans on Comp. Vol. C-20, No. 11, 1971, pp. 1312-1321

/125/ C. V. Ramamoorthy, Y. Han
Reliability Analysis of Systems with Concurrent Error Detection
IEEE Trans on Comp. Vol. C-24, No. 9, 1975, pp. 868-878

/126/ R. E. Kuehn
Computer Redundancy: Design, Performance, and Future
IEEE Trans on Rel. Vol. R-18, No. 1, 1969, pp. 3-11

/127/ R. Hedtke
Fehlertolerante Halbleiterspeicher
D 17 Darmstädter Dissertation, 1979

zu Kapitel 8:

/128/ W. W. Peterson, E. J. Weldon
Error-Correcting Codes
The MIT Press, Cambridge, London, 1972

/129/ J. Swoboda
Codierung zur Fehlerkorrektur und Fehlererkennung
R. Oldenbourg Verlag München, 1973

/130/ S. Lin
An Introduction to Error-Correcting Codes
Prentice-Hall Inc New Jersey, 1970

/131/ E. R. Berger-Damiani
Nachrichtentheorie und Codierung
in: Taschenbuch der Informatik, Springer Verlag, 1972

/132/ R. W. Hamming
Error Detecting and Error Correcting Codes
Bell Systems Techn. Journ, Apr. 1950, pp. 147-160

/133/ L. Levine, W. Meyers
Semiconductor Memory Reliability with Error Detecting and Correcting Codes
Computer, Oct. 1976, pp. 43-50

/134/ F. Gliem
Die Ausfallwahrscheinlichkeit von Speichermodulen mit Fehlerkorrektur
Elektron. Rechenanlagen 20 (1978), H. 4, S. 170-177

/135/ M. Y. Hsiao
A Class of Optimal Minimum Odd-weight-column SEC-DED Codes
IBM Journal of Res. and Develop., 1970, pp. 395-401

/136/ V. K. Malhotra, R. D. Fisher
A Double Error-Correction Scheme for Peripheral Systems
IEEE Trans on Comp, Vol. C-25, N. 2, 1976, pp. 105-114

/137/ S. J. Hong, A. M. Patel
A General Class of Maximal Codes for Computer Applications
IEEE Trans on Comp, Vol. C-21, No. 12, 1972, pp. 1322-1331

/138/ R. Swanson
Matrix Technique Leads to Direct Error Code Implementation
Computer Design, Aug. 1980, pp. 101-108

/139/ R. A. Comley
Error Detection and Correction for Memories
Microprocessors, Vol. 2, No. 1, 1978, pp. 29-33

/140/ J. Altnether
Error Detecting and Correcting Codes Part 1
Intel AP-46, 1979

/141/ G. Tate, W. Miller
EDC Chip Boosts Memory Reliability
Electronic Design, Sept 1, 1980, pp. 151-155

/142/ D. Hunt, T. J. Tyson
Error Detection and Correction Using SN 54/74 LS 630 or SN 54/74 LS 361
TI Application Report, Bulletin CA-201

/143/ K. Rallapalli
CRC Error-Detection Schemes Ensure Data Accuracy
EDN, Sept. 5, 1978 pp. 119-123

/144/ J. Wong, W. Kolofa, J. Krause
Software Error Checking Procedures for Data Communication Protocols
Computer Design, Febr. 1979, pp. 122-125

außerdem: /34/, /96/, /127/

/145/ F.J. Furrer
Fehlererkennende Block - Codierung für die Datenübertragung
Birkhäuser Verlag, Basel - Boston - Stuttgart 1981

/146/ M. Maniar, K. Rallapalli
Fire Codes in Custom Chip Clean Up Hard Disk Data
Electronics, May 5, 1981, pp. 122 - 125

/147/ R.H. Sartore, D.W. Gulley
Fire Codes Detects and Corrects Errors in Wide Words for Large RAMs
Electronics, June 2, 1982, pp. 154 - 157

Stichwortverzeichnis

T. Flik, H. Liebig

16-Bit-Mikroprozessorsysteme

Aufbau, Arbeitsweise und Programmierung

Unter Mitarbeit von J. Wazeck
1982. 185 Abbildungen, 27 Tabellen. X, 246 Seiten
DM 42,-
ISBN 3-540-11469-6

Inhaltsübersicht: Einführung in den Aufbau und die Programmierung eines Mikroprozessorsystems. - Der 16-Bit-Mikroprozessor. - Programmierungstechniken. - Systemstruktur. - Ein/Ausgabeorganisation. - Ein/Ausgabe-Controller und Ein/Ausgabe-Computer. - 16-Bit-Mikroprozessoren der Firmen Motorola, Zilog und Intel. - Literaturverzeichnis. - Sachverzeichnis.

Das Buch behandelt den Entwurf und die Programmierung von 16-Bit-Mikroprozessorsystemen. Die Stoffauswahl orientiert sich an Systemen, die zur Zeit auf dem Markt sind; die Darstellung des Stoffes ist jedoch nicht firmenspezifisch, sondern erfolgt in einer nach methodischen Gesichtspunkten aufbereiteten Form (und ist insofern neu). Viele Bilder und Beispiele veranschaulichen das komplizierte Zusammenwirken der einzelnen Bausteine.

Das Buch ermöglicht es, sich in die Technik der 16-Bit-Mikroprozessorsysteme einzuarbeiten und steht damit Anwendern in den verschiedensten technischen und wissenschaftlichen Disziplinen offen. Es soll sie in die Lage versetzen, sich für die für ihr Anwendungsgebiet am besten geeigneten Bausteine zu entscheiden, den Systemaufbau selbst zu planen und die dazugehörige Software selbst zu entwerfen. - Daneben bietet das Werk aus der Sicht des Informatikers eine Einführung in die Rechnerorganisation und die Assemblerprogrammierung und vermittelt Einblicke in die internen Funktionsabläufe der einzelnen Bausteine von Digitalrechnern.

U. Höfle-Isphording

Zuverlässigkeitsrechnung

Einführung in ihre Methoden

1978. Mit zahlreichen Darstellungen. VIII, 179 Seiten
DM 54,–
ISBN 3-540-08412-6

Inhaltsübersicht: Mathematische Hilfsmittel. – Die Zuverlässigkeit einer Einheit. – Das Boolesche Modell. – Das Markowsche Modell.

H. Rosemann

Zuverlässigkeit und Verfügbarkeit technischer Anlagen und Geräte

Mit praktischen Beispielen von Berechnung und Einsatz in Schwachstellenanalysen

1981. 96 Abbildungen. XI, 188 Seiten
DM 48,–
ISBN 3-540-11000-3

Inhaltsübersicht: Vorbemerkung. – Grundlagen der Wahrscheinlichkeitsrechnung. – Einfache Anordnungen. – Methoden für die Analyse von Anordnungen. – Zuverlässigkeit im zeitlichen Verlauf. – Zuverlässigkeit und Verfügbarkeit. – Schwachstellenanalyse. – Literaturverzeichnis. – Sachverzeichnis.

W. Schneeweiss

Zuverlässigkeitstheorie

Eine Einführung über Mittelwerte von binären Zufallsprozessen

1973. 41 Abbildungen. VIII, 144 Seiten
DM 48,–
ISBN 3-540-06193-2

Inhaltsübersicht: Monoton steigende boolesche Funktionen zur Zustandsbeschreibung von redundanten Systemen. – Bestimmung der Verfügbarkeit redundanter Systeme als Erwartungswert der booleschen Systemfunktion. – Verfügbarkeit von Systemen mit vielen Untersystemen. – Berechnung der Verfügbarkeit ohne Verwendung von Erwartungswerten. – Mittlere ausfallfreie Betriebsdauer (MTBF) redundanter Systeme ohne und mit Reparatur. – Berechnung von Verfügbarkeit und mittlerer Betriebsdauer bei speziellen Reparaturstrategien. – Intermittierende Betriebsanforderungen. – Digitalrechnerprogramme. – Anhang: Einige Grundbegriffe der Laplace - ($\mathcal{L}$-) Transformation.

Springer-Verlag
Berlin
Heidelberg
New York
Tokyo